单片机
应用技术
项目化教程

毕克玲 编著

首都经济贸易大学出版社
Capital University of Economics and Business Press
·北 京·

图书在版编目(CIP)数据

单片机应用技术项目化教程/毕克玲编著. --北京:首都经济贸易大学出版社,2019.9

ISBN 978-7-5638-3016-9

Ⅰ.①单… Ⅱ.①毕… Ⅲ.①单片微型计算机—教材 Ⅳ.①TP368.1

中国版本图书馆 CIP 数据核字(2019)第 230490 号

单片机应用技术项目化教程

毕克玲 编著

Danpianji Yingyong Jishu Xiangmuhua Jiaocheng

责任编辑	刘元春
封面设计	**风得信·阿东** FondesyDesign
出版发行	首都经济贸易大学出版社
地　址	北京市朝阳区红庙(邮编100026)
电　话	(010)65976483　65065761　65071505(传真)
网　址	http://www.sjmcb.com
E-mail	publish@cueb.edu.cn
经　销	全国新华书店
照　排	北京砚祥志远激光照排技术有限公司
印　刷	北京建宏印刷有限公司
开　本	787 毫米×1092 毫米　1/16
字　数	563 千字
印　张	22
版　次	2019 年 9 月第 1 版　2019 年 9 月第 1 次印刷
书　号	ISBN 978-7-5638-3016-9
定　价	45.00 元

前　言

　　单片机技术是一门实践性非常强的专业技术课程。单片机是单片微型计算机（Single Chip Microcomputer）的简称，具有集成度高、处理功能强、可靠性好、系统结构简单、体积小、速度快、价格低廉等特点，在武器装备、航空航天、机器人、智能仪器仪表、工业检测控制、机电一体化、家用电器等许多领域得到广泛的应用，并对人类社会产生巨大的影响。

　　传统的单片机原理与应用课程教学模式中的教学顺序一般为单片机的指令系统、汇编语言程序设计、C 语言程序设计、I/O 口、定时/计数器、中断系统、串行通信、I/O 扩展、A/D 转换、D/A 转换，授课方式都是先理论后实践的方式。学习内容枯燥乏味，学生学习兴趣不大，积极性不高，导致几周教学结束之后，学生的学习兴趣全无，放弃了本课程的学习。本教材采用项目驱动的方式，通过项目设计带动知识点的学习，提高学生的学习兴趣，让学生边做边实践。各章设计基本思路为：知识点介绍、硬件设计（Proteus 仿真）电路、软件编程（C 语言）、运行结果等。

　　该书主要具有以下几个特点：

　　1.从工程应用的实际出发，优化了教学内容，删繁就简，抓住核心知识，摒弃过时的理论与技术，补充新技术、新方法，直接培养学生的单片机 C 语言编程应用能力。

　　2.以项目设计任务为主线带动相关知识点的介绍和应用技能训练，通过对多个训练项目的设计与实现，达到对 51 单片机所有知识单元和功能模块的系统学习和训练。

　　3.项目设计案例能把理论知识和实践应用密切联系，设计方案紧扣工程实际，注重引导读者了解工程应用中需要考虑的实际问题和解决思路，培养工程化设计意识，锻炼分析问题、解决问题的能力。

　　4.项目知识点的掌握由浅入深，先进行基本编程方法练习，在此基础上，进一步开展工程项目的综合设计与编程。

　　5.每一个项目的设计均在 Proteus 仿真软件中运行通过，便于读者实践练习。

　　全书共分两大部分。第一部分为基本内容介绍，共有 14 章：第 1 章单片机概述，第 2 章单片机硬件基础，第 3 章单片机系统的设计与开发环境，第 4 章 C51 程序设计基础，第 5 章项目一——单片机控制 LED 流水灯，第 6 章项目二——中断，第 7 章项目三——数码管，第 8 章项目四——单片机定时器/计数器，第 9 章项目五——键盘，第 10 章项目六——单片机控制字符液晶显示，第 11 章项目七——单片机串口，第 12 章项目八——ADC0809，第 13 章项目九——DAC0832，第 14 章项目十——I^2C 串行总线。第二部分为提高篇,共有 3 章:第 15 章数字温湿度测量系统设计,第 16 章基于单片机的可扩展智能插座,第 17 章智能养鱼一体化系统。每章紧跟项目进行设计训练,通过项目有效促进对知识的理解并提高实践应用能力。

本书由辽东学院信息工程学院的宁靖、姜大为等老师和学生帮助组稿和编写。再次感谢提供帮助的各方人士。

(下载 PPT 请扫二维码)

目　录

1 单片机概述

　　1946年第一台电子计算机诞生至今,依靠微电子技术和半导体技术的进步,从电子管→晶体管→集成电路→大规模集成电路的不断发展,使得计算机体积更小,功能更强。特别是近20年时间里,计算机技术获得了飞速的发展,计算机在工业、农业、科研、教育、国防和航空航天领域获得了广泛的应用,计算机技术发展水平的高低已经是一个国家现代科技强弱的重要标志。

　　单片机诞生于20世纪70年代,例如Fairchild公司研制的F8单片微型计算机。所谓单片机,是利用大规模集成电路技术把中央处理单元(Central Processing Unit,CPU)和数据存储器(RAM)、程序存储器(ROM)及其他I/O通信口集成在一块芯片上,构成一个最小的计算机系统,而现代的单片机则加上了中断单元、定时单元及A/D转换等更复杂、更完善的电路,这使得单片机的功能更强大,应用更广泛。

1.1 单片机的发展

　　单片机是一种集成电路芯片,采用超大规模技术把具有数据处理能力(如算术运算、逻辑运算、数据传送、中断处理)的微处理器(CPU),随机存取数据存储器(RAM),只读程序存储器(ROM),输入输出电路(I/O口),可能还包括定时计数器,串行通信口(SCI),显示驱动电路(LCD或LED驱动电路),脉宽调制电路(PWM),模拟多路转换器及A/D转换器等电路集成到一块单块芯片上,构成一个很小却很完善的计算机系统(如图1.1所示)。这些电路能在软件的控制下准确、迅速、高效地完成程序设计者事先规定的任务。由此来看,单片机有着微处理器所不具备的功能,它可单独地完成现代工业控制所要求的智能化控制功能,这是单片机最大的特征。

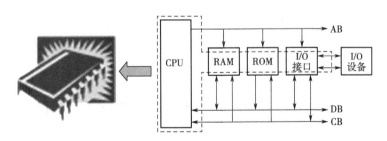

图1.1　单片机组成结构图

　　然而单片机又不同于单板机,芯片在没有开发前,它只是具备功能极强的超大规模集成电路,如果赋予它特定的程序,它便是一个最小的、完整的微型计算机控制系统,它同单板机或个人电脑(PC机)有着本质的区别。单片机的应用属于芯片级应用,需要用户了解单片机芯片的结构和指令系统,以及其他集成电路应用技术和系统设计所需要的理论和技术,可以用此特定的芯片设计应用程序,从而使该芯片具备特定的功能。

不同的单片机有着不同的硬件特征和软件特征,即它们的技术特征均不尽相同,硬件特征取决于单片机芯片的内部结构,用户要使用某种单片机,必须了解该型产品是否满足需要的功能和应用系统所要求的特性指标。此处技术特征包括功能特性、控制特性和电气特性,等等,这些信息需要从生产厂商的技术手册中得到。软件特征是指指令系统特性和开发支持环境。指令系统特性即我们熟悉的单片机的寻址方式、数据处理和逻辑处理方式、输入输出特性,以及对电源的要求,等等。开发支持环境包括指令的兼容性及可移植性,支持软件(包含可支持开发应用程序的软件资源)及硬件资源。如果要利用某型号单片机开发自己的应用系统,掌握其结构特征和技术特征是必须的。

单片机控制系统能够取代以前利用复杂电子线路或数字电路构成的控制系统,可以通过软件控制来实现,并能够实现智能化。现在单片机控制范畴无所不在,例如通信产品、家用电器、智能仪器仪表、过程控制和专用控制装置,等等,可见单片机的应用领域越来越广泛。诚然,单片机的应用意义远不限于它的应用范畴或由此带来的经济效益,更重要的是它已从根本上改变了传统的控制方法和设计思想,此改变是控制技术的一次革命,更是单片机技术改革路上的里程碑。

1.2　单片机的应用

单片机具有体积小、功耗低、控制功能强、扩展灵活、微型化和使用方便等优点,广泛应用于仪器仪表、家用电器、医用设备、航空航天、专用设备的智能化管理及过程控制等领域,主要应用如下。

1.2.1　在仪器仪表中的应用

单片机结合不同类型的传感器,可实现电压、功率、频率、湿度、温度、流量、速度、厚度、角度、长度、硬度、元素、压力等物理量的测量。单片机的控制使得仪器仪表更加数字化、智能化、微型化,其功能比采用电子或数字电路更强大。

1.2.2　在家用电器中的应用

单片机广泛应用于电饭煲、洗衣机、电冰箱、空调机、彩电以及其他各类电器设备中。

1.2.3　在医用设备中的应用

单片机在医用设备中的应用相当广泛,例如医用呼吸机、各种分析仪、监护仪、超声波诊断设备以及病床呼叫系统。

1.2.4　在工业控制中的应用

用单片机可以构成形式多样的控制系统和数据采集系统。例如,工程流水线的智能化管理、电梯智能化控制以及与计算机构成二级控制系统等。

1.2.5　在计算机网络和通信中的应用

现代的单片机普遍具备通信接口,可以方便地与计算机进行数据通信,为计算机网络和通信设备间的应用提供了良好的物质基础。现在的通信设备基本上实现了单片机智能控制,从手机、座机、小型程控交换机、楼宇自动通信呼叫系统、列车无线通信,到日常工作中随处可见的其他移动电话、集群移动通信、无线对讲机等,均应用了单片机。

1.2.6　在各种大型电器中的应用

某些专用单片机用于实现特定功能,从而在各种电路中进行模块化应用,不要求使用人员了解其内部结构,如音乐集成单片机。

1.2.7　在汽车设备中的应用

单片机在汽车电子中的应用非常广泛,例如汽车中的发动机控制器、GPS 导航系统、ABS 防抱死系统、制动系统等。

此外,单片机在工商、金融、科研、教育、国防等领域也都有广泛用途。

1.3　常用单片机型号简介

1.3.1　51 系列及与之兼容的 80C51 系列单片机

Intel 公司的 51 系列及与之兼容的 80C51 系列单片机(以下简称 80C51 系列单片机)是国内应用最为广泛的单片机,也是最多被电子设计工程师掌握的单片机,市场上关于单片机的书籍资料有很大部分是基于 80C51 系列的,各种 80C51 系列单片机的开发工具如汇编器、编译器、仿真器和编程器等也很容易找到。另外, 除 了 Intel 公 司, 还 有 Atmel、Winbond、Philips、TEMIC、ISSI、LG 等公司都生产兼容 80C51 的产品,因此用户在采购时具有广泛的选择余地,而且由于激烈的竞争关系,各兼容生产厂家不断推出性价比更高的产品,选用该系列的用户可以获得更大的价值。大量熟练的用户群、充足的支持工具、充沛的货

图 1.2　80C51 单片机

源,是 80C51 兼容系列单片机的市场优势。所以自从 80C51 系列单片机推出以来,虽然其他的公司也推出许多新的单片机系列,但是 80C51 系列单片机及其兼容产品仍然占据了国内市场的很大份额(80C51 单片机如图 1.2 所示)。

1.3.2　TI 公司的超低功耗 Fhash 型 MSP430 系列单片机

TI 公司的 MISPI30 Flash 系列单片机,是目前业界所有内部集成闪建寄存器 Flash ROM 产品中功耗最低的,消耗功率为其他闪速微控制器(Flash MCUs)的 1/5,有业界最佳"绿色微控制器(Green MCUs)"称号。在 3V 工作电压下其耗电量低于 350μA/MHz,待机模式仅为 1.5μA/MHz,具有 5 种节能模式。该系列产品的工作温度范围为-40~+85℃,可满足工业应用要求。

MSP430 微控制器可广泛地应用于煤气表、水表、电子电度表、医疗仪器、火警智能探头、通信产品、家庭自动化产品、便携式监视器及其他低功耗产品。由于 MSP430 微控制器的功耗极低,可设计出只需块电池就可以使用长达 10 年的仪表应用产品。MSP430 Flash 系列产品的确是不可多得的高性价比单片机(MSP430 单片机如图 1.3 所示)。

图 1.3　MSP430 单片机

1.3.3　OKI 公司的低电压、低功耗单片机

OKI 公司的高性价比的 4 位机 MSM64K 系列也是低功耗低电压的微控制器,其工作电压可低至 1.25V,使用 32kHz 的工作频率,典型工作电流可低至 3~5μA,HALT(关断)模式下小于 1μA。片内集成了 LCD(液晶显示器)驱动器,可方便地与液晶显示器接口连接,且具有片内掩膜(Mask)的程序存储器。有些型号还带有串口、RC 振荡、看门狗、ADC(模/数转换器)、PWM(脉宽调制)等,几乎不需要外扩芯片即可满足应用,工作温度可达 -40~+85℃,能提供 PGA 封装和裸片,该系列微控制器应用广泛,适用于使用 LCD 显示、电池供电的设备,如掌上游戏机、便携式仪表(体温计、温度计)、智能探头、定时器(时钟)等低成本、低功耗的产品(MSM 单片机如图 1.4 所示)。

图 1.4　MSM 单片机

1.3.4　ST 公司的 ST62 系列单片机

美国 ST 公司是一家独立的全球性公司,专门从事半导体集成电路的设计、生产制造和销售以及生产各种微电子应用的器件。其产品应用领域涉及电子通信系统、消费类产品、汽车应用、工艺自动化和控制系统等。ST 公司可提供满足各种场合的单片机或微控制器。其中,ST62 系列 8 位单片机因其简单、灵活、价格低等特点,特别适用于汽车、工业、消费领域的嵌入式微控制系统。ST62 系列提供多种不同规格的单片机以满足各种需要,存储器容量从 1KB 到 8KB,有 ROM、OTP、EPROM、EEPROM、FlashEEPROM,I/O 口从 9 个到 22 个,引脚从 16 个到

图 1.5　ST62 单片机

42 个,还有 ADC、LCD 驱动、看门狗、定时器、串行口、电压监控等部件。ST62 单片机采用独特的制造工艺技术,能适应各种恶劣环境,大大提高了抗干扰能力(ST62 单片机如图 1.5 所示)。

1.3.5　基于 ARM 核的 32 位单片机

ARM7 单片机如图 1.6 所示,是一种通用的 32 位 RISC 处理器。32 位是指处理器的外部数据总线是 32 位的,同 8 位和 16 位的相同主频处理器相比性能更强大,ARM 是一种功耗很低的高性能处理器,如 ARM7T DMI 具有每瓦产生 690MIPS(每秒百万条指令)的能力,被工业界证明处于世界领先水平。ARM 公司并不生产芯片,而是将 ARM 的技术授权其他公司生产。

ARM 本身并不是一种芯片,而是一种芯片结构技术,不涉及芯片生产工艺。授权生产 ARM 结构芯片的公司采用不同的半导体技术,面对不同的应用技术进行扩展和集成,标有不同的系列号。目前可提供含 ARM 核 CPU 芯片的著名公司有英特尔、德州仪器、三星半导体、摩托罗拉、飞利浦半导体等。

图 1.6　ARM7 单片机

ARM 应用范围非常广泛,嵌入式控制如汽车、电子设备、保安设备、大容量存储器、调制解调器、打印机等,数字消费产品如数码相机、数字相机、数字式电视机、游戏机、GPS、机顶盒等,便携式产品如手提式计算机、移动电话、PDA 灵巧电话等。

2 单片机硬件基础

要想掌握 MCS-51 单片机的使用方法,必须先要对其硬件结构、工作特点等基本知识有全面的了解。下面就 MCS-51 单片机的内部结构、引脚功能、存储器结构等进行详细介绍。

2.1 单片机内部结构

平常使用的 MCS-51 单片机分为普通型和增强型两种。普通型的称为 80C51,增强型的称为 89C52,二者都以 8051 单片机为核心,只是集成的外部资源有差别。如图 2.1 所示是以增强型单片机 89C52 为例给出的内部结构图。

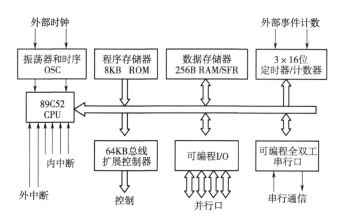

图 2.1　增强型单片机 89C52 内部结构图

从图 2.1 中可以看到,增强型单片机结构主要包括片内振荡器和时钟产生电路、1 个 8 位的 CPU、片内 256B 的数据存储器(含特殊功能寄存器 SFR)、片内 8KB 的程序存储器(Flash ROM)、4 个并行可编程接口、外接 6 个中断源的中断系统、3 个 16 位定时器/计数器、1 个全双工的串行接口。

以上几部分通过内部数据总线相互连接。振荡器和时钟产生电路需要外接石英晶体和微调电容,最高允许振荡频率为 24MHz,也可以直接接入外部时钟源,数据存储器用于存放可读写的数据,如运算的中间结果、最终结果及预显示的数据,程序存储器用于存放二进制目标代码、程序执行需要使用的原始数据等,中断管理 6 个中断源,其中 4 个内部中断源,2 个外部中断源,可根据中断事件来控制单片机的程序运行,16 位定时器/计数器既可以工作于定时方式以产生一定的时间间隔,也可以工作于计数方式对外部事件进行计数,系统根据计数或定时的结果进行计算机控制。

普通型单片机的片内 ROM 容量为 4KB,片内 RAM 容量为 128B +SFR,2 个 16 位的定时器/计数器,中断源包括 3 个内部中断源和 2 个外部中断源,其他方面和增强型单片机基本相同。

2.2 单片机引脚及其功能

MCS-51 是标准的 40 引脚双列直插式集成电路芯片,其封装形式分为 40DIP 和 44PLCC 两种。实物外形如图 2.2 所示。其中,DIP 封装比较常用。

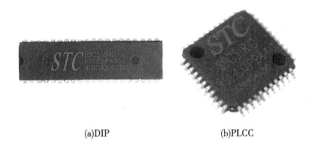

(a)DIP   (b)PLCC

图 2.2　MCS-51 芯片图

引脚分布请参照单片机引脚图,如图 2.3 所示。

2.2.1 输入/输出引脚

4 种 I/O 口具体如下:①P0.0~P0.7 P0 口 8 位准双向口线(在引脚的 21~28 号端子),②P1.0~P1.7 P1 口 8 位准双向口线(在引脚的 1~8 号端子),③P2.0~P2.7 P2 口 8 位准双向口线(在引脚的 32~39 号端子),④P3.0~P3.7 P2 口 8 位准双向口线(在引脚的 10~17 号端子)。

这 4 种 I/O 口具有不完全相同的功能,具体如下。

2.2.1.1 P0 口的功能

(1)外部扩展存储器时,当作数据总线可单独控制。

(2)外部扩展存储器时,当作地址总线可单独控制。

(3)不扩展时,可做一般的 I/O 使用,但内部无上拉电阻,为高阻状态,不能正常输出高低电平,作为输入或输出时应在外部接上拉电阻。

2.2.1.2 P1 口的功能

(1)只做 I/O 口使用。

(2)其内部有上拉电阻。

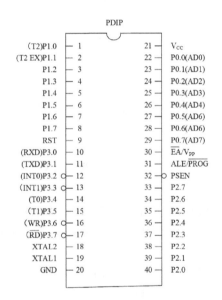

PDIP		
(T2)P1.0	1	21　V$_{CC}$
(T2 EX)P1.1	2	22　P0.0(AD0)
P1.2	3	23　P0.1(AD1)
P1.3	4	24　P0.2(AD2)
P1.4	5	25　P0.3(AD3)
P1.5	6	26　P0.4(AD4)
P1.6	7	27　P0.5(AD6)
P1.7	8	28　P0.6(AD6)
RST	9	29　P0.7(AD7)
(RXD)P3.0	10	30　$\overline{EA}$/V$_{PP}$
(TXD)P3.1	11	31　ALE/$\overline{PROG}$
(INT0)P3.2	12	32　$\overline{PSEN}$
(INT1)P3.3	13	33　P2.7
(T0)P3.4	14	34　P2.6
(T1)P3.5	15	35　P2.5
($\overline{WR}$)P3.6	16	36　P2.4
($\overline{RD}$)P3.7	17	37　P2.3
XTAL2	18	38　P2.2
XTAL1	19	39　P2.1
GND	20	40　P2.0

图 2.3　MCS-51 引脚图

2.2.1.3 P2 口的功能

(1)扩展外部存储器时,当作地址总线使用。

(2)做一般 I/O 口使用,其内部有上拉电阻。

2.2.1.4 P3 口的功能

(1)作为 I/O 使用(其内部有上拉电阻)。

(2)有一些特殊功能,由特殊寄存器来设置。

2.2.2 控制信号引脚

2.2.2.1 ALE/$\overline{PROG}$(30 引脚)地址锁存控制信号

在系统扩展时,ALE 用于控制把 P0 口输出的低 8 位地址送锁存器锁存起来,以实现低位地址和数据的隔离。

在没有访问外部存储器期间,ALE 以 1/6 振荡周期频率输出(即 6 分频),当访问外部存储器以 1/12 振荡周期输出(12 分频)。从这里我们可以看到,当系统没有进行扩展时 ALE 会以 1/6 振荡周期的固定频率输出,因此可以作为外部时钟,或者外部定时脉冲使用。

$\overline{PROG}$ 为编程脉冲的输入端,在前面单片机的介绍中,我们已知道,在 8051 单片机内部有一个 4KB 或 8KB 的程序存储器(ROM),ROM 的作用是用来存放用户需要执行的程序,那么怎样把编写好的程序存入这个 ROM 中的呢?实际上是通过编程脉冲输入才能写进去,这个脉冲的输入端口就是 $\overline{PROG}$。

PSEN 外部程序存储器读选通信号:在读外部 ROM 时 $\overline{PSEN}$ 低电平有效,以实现外部 ROM 单元的读操作。

(1)内部 ROM 读取时,$\overline{PSEN}$ 不动作。

(2)外部 ROM 读取时,在每个机器周期会动作两次。

(3)外部 RAM 读取时,两个 PSEN 脉冲被跳过不会输出。

(4)外接 ROM 时,与 ROM 的 OE 脚相接。

2.2.2.2 $\overline{EA}$/VPP(31 引脚)访问和程序存储器控制信号

(1)接高电平时:CPU 读取内部程序存储器(ROM)。

扩展外部 ROM:当读取内部程序存储器超过 0FFFH(8051)1FFFH(8052)时自动读取外部 ROM。

(2)接低电平时:CPU 读取外部程序存储器(ROM)。

8031 单片机内部是没有 ROM 的,那么在应用 8031 单片机时,这个脚是一直接低电平的。

2.2.2.3 RST 复位信号

当输入的信号连续 2 个机器周期以上高电平时即为有效,用以完成单片机的复位初始化操作,当复位后程序计数器 PC=0000H,即复位后将从程序存储器的 0000H 单元读取第一条指令码。

2.2.3 晶振引脚

XTAL1(19 引脚)和 XTAL2(18 引脚)外接晶振引脚。当使用芯片内部时钟时,此二引脚用于外接石英晶体和微调电容;当使用芯片外部时钟时,用于接外部时钟脉冲信号。

2.2.4 单片机总线结构

总线是指从任意一个源点到任意一个终点的传输数字信息的通道。MCS-51 单片机内部有总线控制器,其总线结构为三总线,即数据总线、地址总线和控制总线。单片机系统总线主要用于扩展外部数据存储器和程序存储器。

MCS-51 单片机三总线结构的引脚分配如图 2.4 所示。P2 口和 P0 口构成了 16 位地址总线,P0 口为 8 位数据总线,$\overline{WR}$、$\overline{RD}$、ALE、$\overline{PSEN}$、$\overline{EA}$、RST 等引脚构成控制总线。由于 P0 口要分时输出地址低 8 位和传输数据,在传输数据之前,必须要把输出的低 8 位地址先锁存起来以免丢失,因此需要在 P0 口外接一个地址锁存器。

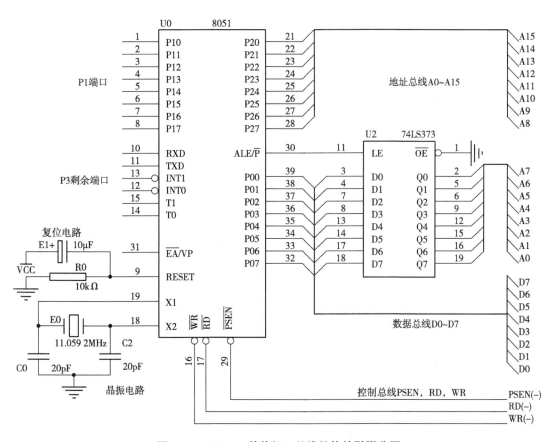

图 2.4 MCS-51 单片机三总线结构的引脚分配

2.2.5 电源引脚

VCC:电源+5V 输入。

VSS:GND 接地。

2.2.6 第二功能引脚定义

P3 口第二功能引脚定义如表 2-1 所示。

表 2-1 P3 口第二功能引脚定义

引脚	第二功能
P3.0	RXD:串行口输入
P3.1	TXD:串行口输出
P3.2	INT0:外部中断 0 请求输入
P3.3	INT1:外部中断 1 请求输入
P3.4	T0:定时器/计数器 0 外部计数脉冲输入
P3.5	T1:定时器/计数器 1 外部计数脉冲输入
P3.6	WR:外部数据存储器写控制信号输出
P3.7	RD:外部数据存储器读控制信号输出

2.3 单片机存储器结构

单片机的存储器结构特点是,将程序存储器和数据存储器分开,并有各自的寻址机构和寻址方式,这种结构称为哈佛结构。我们使用的 PC 机是将 ROM 和 RAM 统一编址的,称为冯·诺依曼结构。

MCS-51 单片机的存储器在物理上有四个相互独立的存储空间:片内程序存储器、片外程序存储器、片内数据存储器、片外数据存储器。这四个存储空间又在逻辑上分为三类:片内、外统一编地址的 64KB 程序存储空间,256B 的片内数据存储空间,最大可扩展 64KB 的片外数据存储空间。

2.3.1 程序存储器

基本型单片机 89C51 片内有 4KB 的 Flash ROM,地址为 0000FFH,由于片内、片外程序存储器是统一编址的,最大地址只能到 64KB,所以片外最多可以扩展 60KB 的程序存储器,地址为 1000H~ FFFH。

增强型单片机 89C52 片内有 8KB 的 Flash ROM,地址为 000~FFFH,片外最多可以扩展 56KB 的程序存储器,地址为 2000H~FFFFH。

如果单片机既有片内程序存储器,同时又扩展了片外程序存储器。那么,单片机在刚开始执行指令时,是先从片内程序存储器取指令,还是先从片外程序存储器取指令呢?这主要取决于程序存储器选择引脚$\overline{EA}$的电平状态。

2.3.2 数据存储器

2.3.2.1 片内数据存储器

89C51单片机的片内数据存储器按照寻址方式可以分为两个部分:低128B数据区、特殊功能寄存器区。具体如图2.5(a)所示。89C52单片机的片内数据存储器按照寻址方式可以分为三个部分:低128B数据区、高128B数据区、特殊功能寄存器区。具体如图2.5(b)所示。

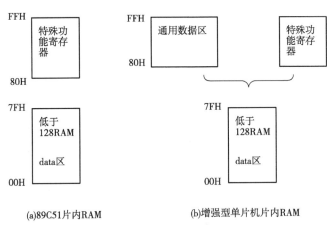

(a)89C51片内RAM   (b)增强型单片机片内RAM

图2.5　片内数据存储器结构

(1)低128B数据区。低128B数据区地址范围为00H~7FH,又划分为工作寄存区、位寻址区和通用数据区三个区域,如图2.6所示。

(2)工作寄存器区。地址范围为00H~1FH,共32个字节。共分四个组:第0组、第1组、第2组和第3组。这四组工作寄存器的物理地址不同,但每组的8个工作寄存器名都叫R0,R1,R2,…,R7。在使用时,只能同时使用一组工作寄存器。使用过程中,可以通过修改程序状态字PSW中的RS1和RS0位来更换工作寄存器组。

使用C语言编程时,可以在定义函数时选择寄存器组。

(3)位寻址区。地址范围为20H~2FH,共16个字节。这16个字节一共有128位,每一位都可以单独进行位操作。为了使用方便,给每一位编了一个位地址:00H~7FH。

对位寻址区,既可以单独按位操作,也可以按字节操作。

(4)通用数据区。地址范围为30H~7FH,共80个字节。主要用于存放数据、程序运行的中间结果等,也可以将堆栈区设置到这里。

(5)高128B RAM。地址范围为80H~FH,128B,用途与低128B中的通用数据区完全一样,用于存放数据、程序运行中间结果和作为堆栈使用等。

(6)特殊功能寄存器(SFR)。特殊功能寄存器是控制单片机工作的专用寄存器,它们散布于高128B RAM中,主要功能包括:①控制单片机的各个部件的运行,②反映各部分的运行状态,③存放数据或者地址。

基本型单片机特殊功能寄存器总数为21个,其中可位寻址的有11个,特殊功能寄存器的复位值及地址分配情况如表2-2所示(其中带 * 号的为52系列所增加的特殊功能寄存器)。

通用数据区

7F	7E	7D	7C	7B	7A	79	78
77	76	75	74	73	72	71	70
6F	6E	6D	6C	6B	6A	59	58
57	56	55	54	53	52	51	50
4F	4E	4D	4C	4B	4A	39	38
37	36	35	34	33	32	31	30
2F	2E	2D	2C	2B	2A	19	18
17	16	15	14	13	12	11	10
0F	0E	0D	0C	0B	0A	09	08
07	06	05	04	03	02	01	00

位寻址区

工作寄存器区

R7 ～ R0	3组
R7 ～ R0	2组
R7 ～ R0	1组
R7 ～ R0	缺省寄存器组(0组)

图 2.6　低 128B 数据区地址

表 2-2　基本型单片机特殊功能寄存器一览表

符号	地址	功能介绍
B	F0H	B 寄存器
ACC	E0H	累加器
PSW	D0H	程序状态字
TH2 *	CDH	定时器/计数器 2(高 8 位)
TL2 *	CCH	定时器/计数器 2(低 8 位)
RCAP2H *	CBH	外部输入(P1.1)计数器/自动再装入模式时初值寄存器高 8 位
RCAP2L *	CAH	外部输入(P1.1)计数器/自动再装入模式时初值寄存器低 8 位
T2CON *	C8H	T2 定时器/计数器控制寄存器
IP	B8H	中断优先级控制寄存器

符号	地址	功能介绍
P3	B0H	P3 口锁存器
IE	A8H	中断允许控制寄存器
P2	A0H	P2 口锁存器
SBUF	99H	串行口锁存器
SCON	98H	串行口控制寄存器
P1	90H	P1 口锁存器
TH1	8DH	定时器/计数器 1(高 8 位)
TH0	8CH	定时器/计数器 1(低 8 位)
TL1	8BH	定时器/计数器 0(高 8 位)
TL0	8AH	定时器/计数器 0(低 8 位)
TMOD	89H	T0、T1 定时器/计数器方式控制寄存器
TCON	88H	T0、T1 定时器/计数器控制寄存器
DPH	83H	数据地址指针(高 8 位)
DPL	82H	数据地址指针(低 8 位)
SP	81H	堆栈指针
P0	80H	P0 口锁存器
PCON	87H	电源控制寄存器

2.3.2.2 片外数据存储器

当单片机片内 RAM 不够用时可以外扩,最大扩展容量为 64KB,地址范围为 0000H ~ FFFFH。对片外 RAM 的访问一般采用总线操作方式。在进行读/写操作时,硬件会自动产生相应的读/写控制信号$\overline{RD}$和$\overline{WR}$,作用于片外 RAM 实现读/写操作。片外 RAM 可以作为通用数据区使用,用于存放大量的中间数据,也可以作为堆栈使用。

2.4 单片机时钟

数字电路离不开时钟信号,在时钟的同步下各逻辑单元之间才能够有序地工作。单片机属于数字电路,因此必须要在时钟信号的驱动下,执行指令进行工作。

单片机的定时控制功能是由片内的时钟电路来完成的,而片内的时钟产生有两种方式,一种是内部时钟方式,另一种是外部时钟方式。

2.4.1 内部时钟方式

内部时钟方式是采用单片机内部振荡器来工作的,其内部包含了一个高增益的单级反相放大器,引脚 XTAL1 和 XTAL2 分别为片外反相放大器的输入和输出端口,其工作频率为 0～33MHz,对于 Intel 8051,其工作频率为 1.2～12MHz。

当单片机工作于内部时钟方式时,只需在 XTALI 引脚和 XTAL2 引脚连接一个晶体振荡器或陶瓷振荡器,并接两个电容后接地即可,如图 2.7 所示。

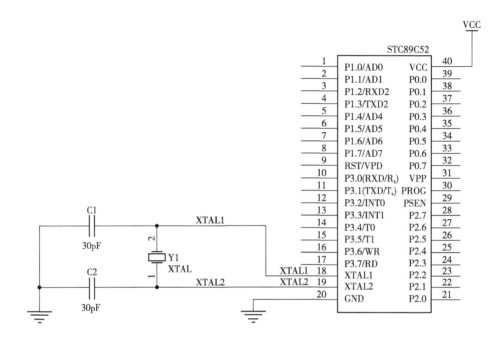

图 2.7　内部时钟方式

使用时,对于电容的选择有一定的要求。当外接晶体振荡器时,电容值一般选择 C1＝C2＝30±10pF;当外接陶瓷振荡器时,电容值选择 C1＝C2＝40±10pF。

在实际电路设计时应注意保证外接的振荡器和电容尽可能靠近单片机的 XTAL1 和 XTAL2 引脚,这样可以减少寄生电容的影响,使振荡器能够稳定可靠地为单片机 CPU 提供时钟信号。

2.4.2　外部时钟方式

外部时钟方式是采用外部振荡器产生时钟信号,直接提供给单片机使用。对于不同结构的单片机,外部时钟信号接入的方式按不同工艺制造的单片机芯片,其接法各不相同,具体如表 2-3 所示。

表 2-3　不同工艺制造的芯片外部时钟信号接入的方式

芯片型号	XTAL1 接法	XTAL2 接法
MOS 型	接地	接片外振荡器输入端(带上拉电阻)
CMOS 型	接片外振荡器输入端(带上拉电阻)	悬浮

对于普通的 8051 系列单片机,外部时钟信号由 XTAL2 引脚引入后直接送到单片机内部的时钟发生器,而引脚 XTAL1 则直接接地。要注意,由于 XTAL2 引脚的逻辑电平不是 TTL 信号,因此建议外接一个上拉电阻。

对于 CMOS 型的 80C51、80C52、AT89S52 等单片机,与普通的 8051 不同的是其内部时钟发生器的信号取自于反相放大器的输入端。因此,外部的时钟信号应该接到单片机的 XTAL1 端,而 XTAL2 端悬空即可。

外部时钟信号的频率应该满足不同单片机的工作频率要求。普通的 8051 频率应该低于 12MHz,AT89S52 则为 0~3MHz,如果采用其他的型号,则应具体考虑单片机的数据手册中的说明。

2.4.3 CPU 时钟

计算机在执行指令时,是将一条指令分解为若干个基本的微操作,这些微操作所对应的脉冲信号,在时间上的先后次序称为计算机时序。51 系列单片机的时序由 4 种周期构成,即振荡周期、状态周期、机器周期和指令周期,各种周期的关系如图 2.8 所示。

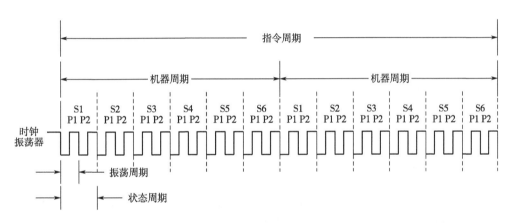

图 2.8　4 种指令周期的关系

(1)振荡周期。振荡周期是单片机系统中最小的单位,我们把振荡脉冲 2 分频后的信号称为时钟信号。作为基本的时序信号,其每个时钟信号包含两个振荡脉冲。

(2)状态周期。两个振荡周期为一个状态周期,也称为时钟周期,用 S 表示。每个状态分为两个节拍:节拍 1 和节拍 2。在状态筑起的前半个周期 P1 有效时,通常完成算数逻辑运算操作;在后半个周期 P2 有效时,一般进行内部寄存器之间的传输。在一个时钟周期内,CPU 完成一个最基本的动作。

(3)机器周期。一个机器周期包括 6 个状态周期,用 S1,S2,…,S6 表示,共 12 个节拍,一次可表示为 S1P1,S1P2,S2P1,…,S6P1,S6P2。

(4)指令周期。执行一次指令所占用的全部时间,以机器周期为单位。51 系列单片机除了乘法、除法指令是 4 周期指令外,其余都是单周期指令和双周期指令。若用 12MHz 晶振,则单周期指令和双周期指令时间分别为 $1\mu s$ 和 $2\mu s$,乘法和除法的指令为 $4\mu s$。

各周期的指令时序如图 2.9 所示。

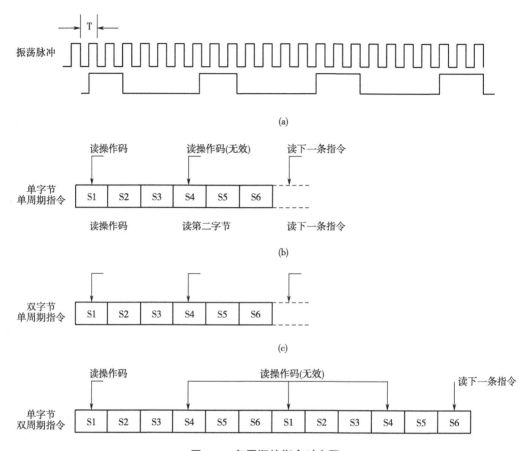

图 2.9　各周期的指令时序图

从图 2.9 中可知,CPU 在固定时刻执行某种内部操作时,都是在 S1P2 和 S2P1 期间,由 CPU 取指令将指令码读入指令寄存器,同时程序计数器 PC 加 1。双字节单周期指令在同一机器周期的 S4P2 再读第二字节,只是第一个 ALE 信号有效时读的是操作码,第二个 ALE 信号有效时读的是操作数。

如果是双字节指令,会在 S4P2 状态读第二个字节;如果是单字节指令,在 S4 状态仍然读指令,但随后丢弃,程序计数器 PC 的值也不会加 1。

2.5　单片机最小系统的设计

2.5.1　时钟电路

时钟是单片机的心脏,单片机各外围部件的运行都是以时钟频率为基准的,有条不紊、一拍一拍地工作。因此,时钟频率直接影响单片机的速度,时钟电路的质量也直接影响单片机系统的稳定性。常用的时钟电路有两种方式:一种是内部时钟方式,另一种是外部时钟方式。

STC89C52 使用 11.059 200MHz 的晶体振荡器作为振荡源,由于单片机内部带有振荡电路,所以外部只要连接一个晶振和两个电容即可,电容容量一般在 15pF 至 50pF 之间。时钟振荡电路如图 2.10 所示。

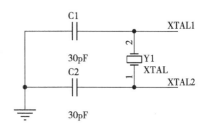

图 2.10　STC89C52 时钟振荡电路

MCS-51 单片机内部有一个用于构成振荡器的高增益反相放大器,该高增益反向放大器的输入端为引脚 XTAL1,输出端为引脚 XTAL2。这两个引脚外部跨接石英晶体振荡器和微调电容,共同构成一个稳定的自激振荡器。

2.5.2　复位电路

单片机的置位和复位,都是为了把电路初始化到一个确定的状态。一般来说,单片机复位电路的作用是把一个状态机初始化到空状态,而在单片机内部,是把一些寄存器以及存储设备装入厂商预设的一个值。

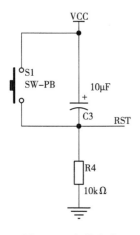

图 2.11　复位电路

单片机复位电路工作原理是在单片机的复位引脚 RST 上外接电阻和电容,实现上电复位。当复位电平持续两个机器周期以上时复位有效,复位电平的持续时间必须大于单片机的两个机器周期。具体数值可以由 RC 电路计算出时间常数。

复位电路由上电复位和按键复位两部分组成(如图 2.11 所示)。

(1)上电复位。STC89 系列单片机为高电平复位,通常在复位引脚 RESET 上连接一个电容到 VCC,再连接一个电阻到 GND,由此形成一个 RC 充放电回路,保证单片机在上电时,RESET 脚上有足够时间进行高电平复位,随后回归到低电平,进入正常工作状态,此时,电阻和电容的典型值分别为 10kΩ 和 10μF。

(2)按键复位。按键复位就是在复位电容上并联一个开关,当开关按下时,电容被放电、RST 被拉到高电平,而且由于电容的充电,会保持一段时间的高电平使单片机复位。

3 单片机系统的设计与开发环境

为了快速掌握单片机应用系统硬件原理图设计,以及软件系统调试的方法,本章通过一个较小的单片机应用系统"点亮一个 LED 灯"为例,对单片机的系统设计和开发环境的使用进行简单的介绍说明。

3.1 实例——用单片机点亮一个 LED 灯

单片机应用系统的设计可简单分为系统设计分析(总体设计)、系统硬件设计(电路原理图设计)、系统软件设计(程序调试)、系统硬件仿真调试、实物设计调试、现场调试等若干步骤。

3.1.1 系统设计分析(总体设计)

该系统为简单的单片机应用系统,可简单描述为"单片机最小系统+一个 LED 灯"

3.1.2 系统硬件设计(电路原理图设计)

系统所用元件为单片机 AT89C51、晶振 CRYSTAL 12MHz、电阻 RES(200,1K)、瓷片电容 CAP(30pF)、电解电容 CAP-ELEC(22μF)、发光二极管 LED-RED。系统硬件电路如图 3.1 所示。

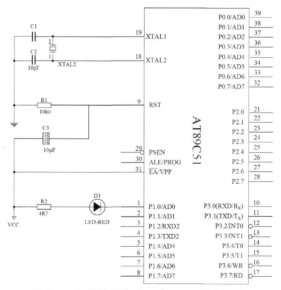

图 3.1 用单片机点亮一个 LED 灯电路图

3.1.3 系统软件设计(程序调试)

用 C 语言编写的程序清单如下:

```
#include <reg52. h>
#define uint unsigned int
#define uchar unsigned char
sbit led0 = P1^0;
main( )
{
    uint i;
    while(1)
    {
        led0 = 0;
        for(i = 50000;i>0;i--);
        led0 = 1;
        for(i = 50000;i>0;i--);
    }
}
```

3.1.4 系统硬件仿真调试

以 Keil C 作为 51 系列单片机应用系统的软件开发平台,可对单片机应用系统的软件进行编译和仿真调试,最后生成单片机所能识别的"机器语言"文件,供单片机使用。以 Proteus 作为 51 系列单片机硬件开发平台和系统仿真平台,可对单片机系统的硬件进行设计、仿真及调试检测等,可在 Keil C 平台上进行联合调试。通过仿真调试,可发现硬件和软件设计中所存在的问题,并加以改进和完善。

3.2 Keil 软件的安装

从本小节开始详细介绍单片机程序常用编译软件 Keil 的用法,包括 Keil 的安装,Keil 工程的建立、工程的配置,单步、全速、断点设置,变量的查看等。并从这一节开始将讲解单片机 C 语言的编程,对于初学者这将是一个非常好的开头。

(1)打开下载的安装包后,会看见共有四个文件,如图 3.2 所示,双击"C51V900. exe"进行安装。

图 3.2 安装包内容

（2）弹出一个窗口，如图 3.3 所示，点击【Next】。

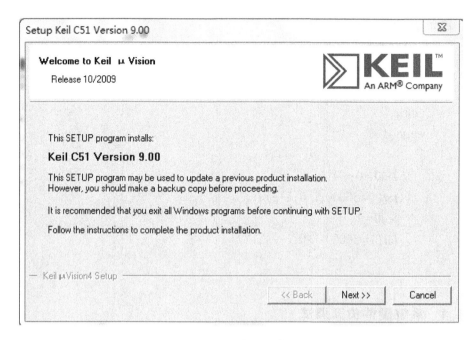

图 3.3　确认安装

（3）弹出图片，勾选"I agree to…"，如图 3.4 所示，再次点击【Next】。

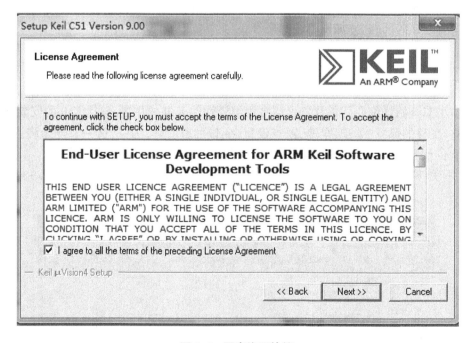

图 3.4　同意许可协议

（4）弹出窗口,如图 3.5 所示,在这里我们可以选择安装路径,点击【Browse...】更改安装路经,也可以选择默认路径,点击【Next】。

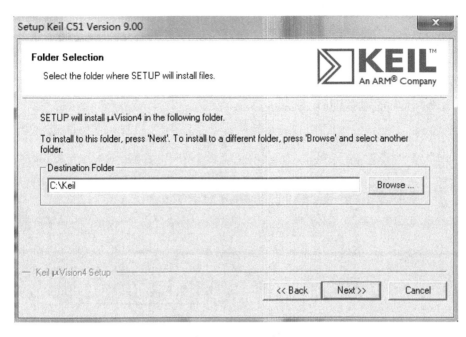

图 3.5　Keil 的安装路径

（5）弹出窗口,窗口中的四项内容为必须填,可以任意填写,如图 3.6 所示,点击【Next】。

图 3.6　填写基本信息

(6)安装开始,耐心等候,如图 3.7 所示。安装完成后,如图 3.8 所示,点击【Finish】。

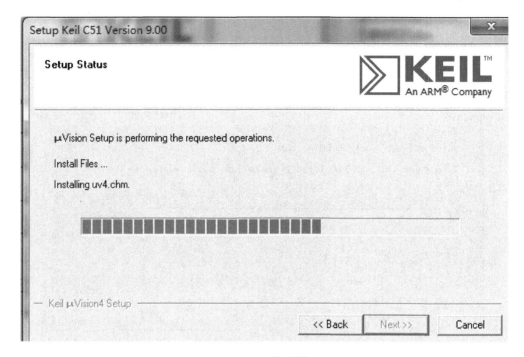

图 3.7　开始安装

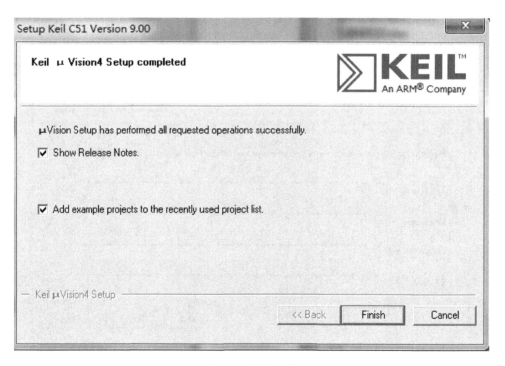

图 3.8　安装完成

（7）接着，快捷方式会出现在我们的桌面上，如图 3.9 所示。

（8）双击快捷方式，进入 Keil 后，屏幕会出现编译界面，如图 3.10 所示，点击 File 按钮，会出现以下选项，如图 3.11 所示，点击"License Management..."，会出现如图 3.12 所示的窗口。

图 3.9　桌面此快捷方式

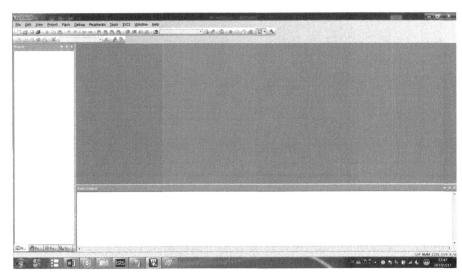

图 3.10　打开界面

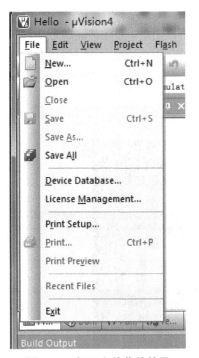

图 3.11　打开文件菜单效果

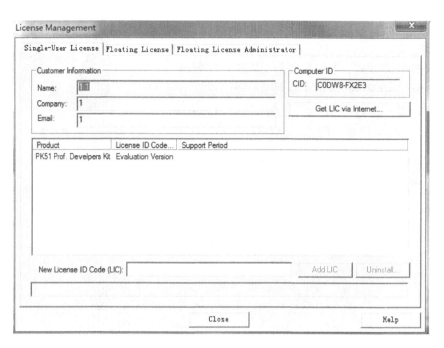

图 3.12 许可文件安装

(9)保持以上步骤不变,点击图 3.13 安装包中的注册机文件夹,里面有两个文件,双击 KEIL_Lic.exe,会弹出一个黑色的窗口(注册机窗口)。

名称	修改日期	类型	大小
KEIL_Lic.exe	2008-02-27 17:42	应用程序	18 KB
注册机使用方法.txt	2009-12-13 1:19	文本文档	1 KB

图 3.13 注册机文件

(10)将图 3.12 窗口中的 CID 复制到左侧的注册机的 CID 后面,如图 3.14 所示。

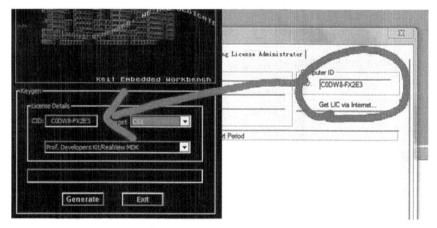

图 3.14 CID 的录入

（11）在 Target 一栏选择 C51 即可，如图 3.14 所示。

（12）点击【Generate】，出现一串激活码，如图 3.15 所示。

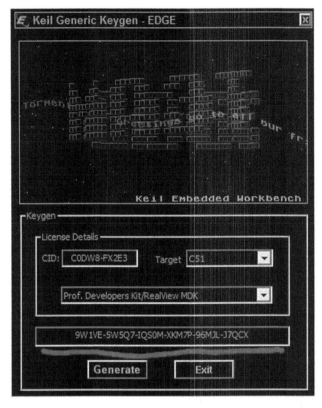

图 3.15　生成的注册码

（13）将形成的激活码，复制到图 3.12 上，点击【Add LIC】，下面会出现【LIC Added successfully】，完成后，可以关闭所有的窗口，此时安装完成。如图 3.16 所示。

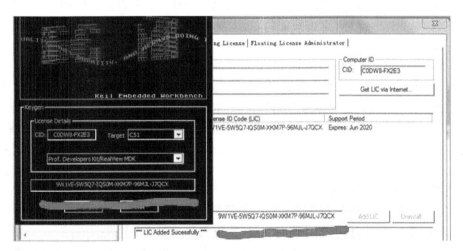

图 3.16　复制激活码

3.3 Keil 工程的建立

（1）进入 Keil 后，新建工程，单击【Project】菜单中的【New μVision Project...】选项，如图 3.17 所示。

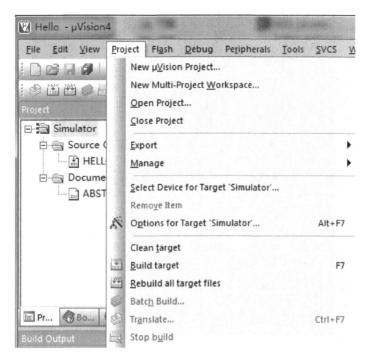

图 3.17 点击 Project 菜单

（2）如图 3.18 所示，选择工作要保存的路径，输入工程文件名。通常，在 Keil 的一个工程中会有很多小文件，为了方便区分，可以先建立一个独立的文件夹。比如要保存到预先创建的文件夹 test 中，打开 test 文件夹的目录，工程名这里也叫 test（没有规定文件夹名一定与工程名一致），然后点击【保存】。

（3）弹出一个对话框，如图 3.19 所示，要求用户选择单片机的型号，可以根据用户使用的单片机来选择。Keil C51 几乎支持所有的 51 内核的单片机，实验中常用 STC89C52 单片机，但在对话框中找不到这个型号的单片机。因为 51 内核的单片机具有通用性，所以在这里可以任选一款 89C52 就可以。Keil 软件的关键是程序代码的编写，而非用户选择什么硬件，在这里我们选择 Atmel，如图 3.20 所示，这里有很多内核，找到 AT89C52，选择之后，右边 Description 栏里是对该型号单片机的基本说明。我们也可以单击其他型号的单片机浏览一下其功能特点，然后点击【OK】。

（4）完成以上步骤，得到窗口，如图 3.21 所示。到现在为止，我们还没有完成一个完整的功能，在工程中也没有任何的代码及文件，接下来开始添加文件及代码。

（5）如图 3.22 所示，点击【File】菜单中的"New..."，或者单击 File 下面的快捷图标 🗋。

图 3.18　建立 test 文件夹

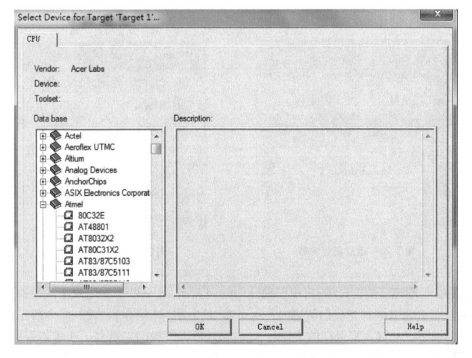

图 3.19　选择 Atmel

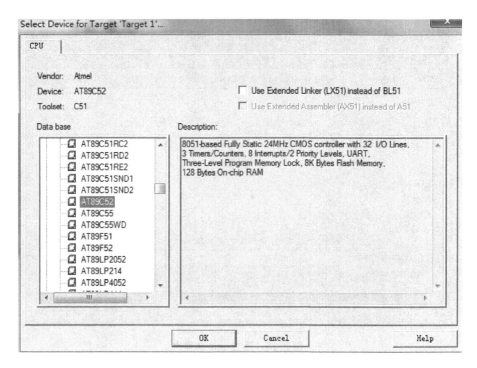

图 3.20 选择 AT89C52

图 3.21 建立项目内容

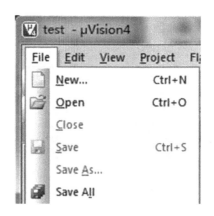

图 3.22 点击"File"

(6)此时,在编译的窗口中,出现了编译的空白页面,这个界面是用户输入的应用程序。此时,新文件还没有添加到我们新建的工程里面,单击图标【保存】,如图 3.23 所示,在文件名(N)的编辑框中,输入需保存的文件名,同时必须输入正确的扩展名。注意如果用 C 语言编写程序,则扩展名必须是 .C;如果用汇编语言编写程序,扩展名是 .c。文件名不一定要和工程名相同,用户可以随意填写文件名,然后点击【保存】按钮。

(7)回到编译界面,单机【Target】前面的"+",然后在【Source】选项上点击右键,弹出如图 3.24 所示菜单,选中【Add Files to Group...】。

图3.23 保存成 *.c 文件

图3.24 添加文件到组

(8)完成上面的步骤后,弹出如图 3.25 所示对话框,点击需要添加的编程文件,点击【Add】后,点击【Close】按钮即可。

(9)这时可以看到在新建的工程里出现了 test.c 文件,当一个工程需要多个代码文件时,都需添加到这个文件夹下,此时源代码文件就与工程进行了关联,如图 3.26 所示。

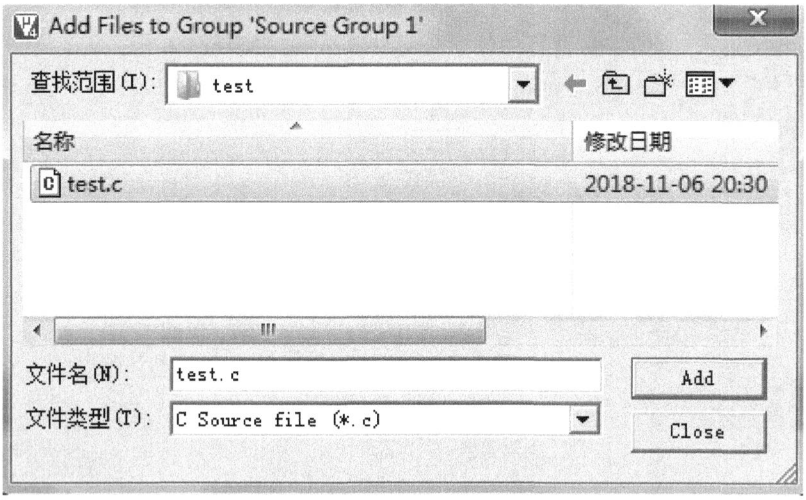

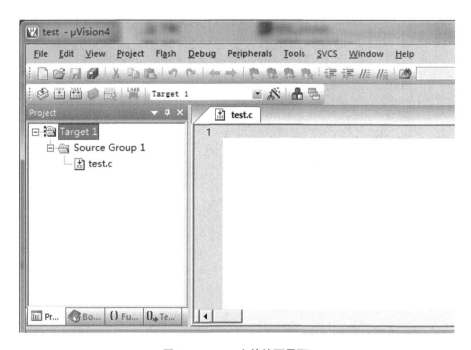

图 3.25　选择添加的 *.c 文件

图 3.26　*.c 文件编写界面

(10)常用按钮的介绍。

按钮——用来编译修改过的文件,并生成应用程序供单片机直接下载。

按钮——用来重新编译当前工程中的原有文件,并生成应用程序供单片机直接下载,因为很多工程中有不止一个文件,当有多个文件时,我们可使用此按钮进行编译。

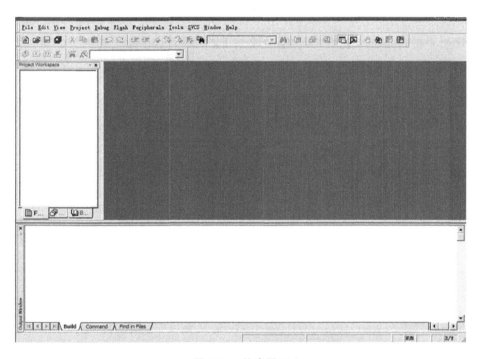 按钮——用于打开【Options for Target】对话框,也就是进行当前的工程设置。使用该对话框可以对当前的工程详细设置,关于该对话框的设置方法将在使用时做详细的操作说明。

3.4 Keil 调试

编译成功后,便可以进行程序调试与仿真(如图 3.27 所示)。选择【Project】中的"Start/Stop Debug Session"(或者按快捷键 Ctrl+F5),或者单击工具栏中的快捷图标就可以进入调试界面。

左面的工程项目窗口给出了常用的寄存器 R0~R7 以及 A、B、SP、DPTR、PC、PSW 等特殊功能寄存器的值。在执行程序的过程中可以看到,这些值会随着程序的执行发生相应的变化。

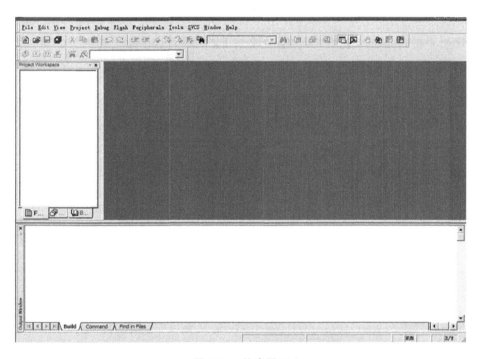

图 3.27　仿真界面

如果在存储器窗口的地址栏处输入 d:0x30 后按 Enter 键,叮以查看并修改片内数据存储器的内容,如图 3.28 所示。

在 30H 单元数据位置上右击,在弹出的快捷菜单中选择 Modify→Memory→d:0x30 命令,在随后的输入栏中输入数据,就把新数据写入到了该单元中,依次进行,分别设置 30H~35H 单元中的数据,其余单元数据为 0,如图 3.28 所示。同时在左边的"Locals"中变量观察窗口,以便观察程序执行完以后的结果。在联机调试状态下可以启动程序全速运行、单步运行、设置断点等方式进行调试,选择【Debug】中的"GO"命令,启动用户程序全速运行。

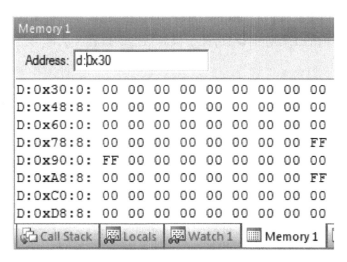

图 3.28 修改存储器数据

程序如需在 Proteus 中仿真,文件需生成 . HEX 文件。点击 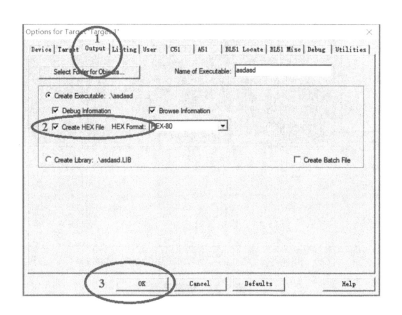,如图 3.29 所示,按照顺序点击,就会生成芯片识别的文件(. hex)。

图 3.29 生成 HEX 文件

3.5 Proteus 开发平台

Proteus 软件是英国 Labcenter Electronics 公司开发的 EDA 工具软件,从 1989 年问世至今,已有 20 多年的历史,在全球得到广泛的应用。Proteus 软件除具有和其他 EDA 软件一样的数字电路、模/数混合的电路设计与仿真平台以外,更是世界上目前最先进、最完整的多种型号微处理系统设计,从仿真系统测试与功能验证到形成印制电路板的完整电子系统设计与仿真平台研发过程的软件。

Proteus 软件由 ISIS 和 ARES 两个软件组成。其中 ISIS 是一个智能电路原理图输入系统软件,可作为电子系统仿真平台;ARES 是一款高级布线编辑软件,用于制作 PCB。

下面开始进行安装。

(1)首先进行软件的安装,这里以 Proteus7.5 版本为例。当打开安装包之后,会出现三个文件夹、一个说明文件和一个应用程序。然后双击"Proteus 7.5 SP3 Setup. exe"应用程序,如图 3.30 所示,即可进入安装流程。

crack	2018-11-14 19:29	文件夹	
Keil驱动	2018-11-14 19:29	文件夹	
汉化	2018-11-14 19:29	文件夹	
Proteus 7.5 SP3 Setup.exe	2009-03-21 0:42	应用程序	65,568 KB
安装_破解_汉化 说明.txt	2010-01-29 13:31	文本文档	1 KB

图 3.30　安装包内容

(2)接着,会弹出以下窗口,选择【是】即可,如图 3.31 所示。

图 3.31　确认运行安装

(3)弹出独立安装程序的窗口,点击【确定】即可。

(4)下面开始进行安装,会弹出如图 3.32 的窗口,点击【Next】。

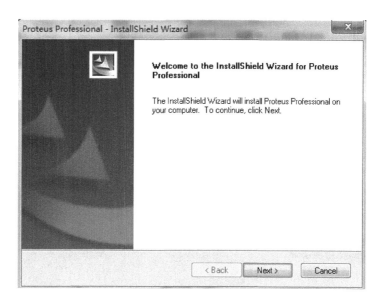

图 3.32　安装 Proteus

(5)弹出下面"License Agreement"对话框,如图 3.33 所示。点击【Yes】按钮。

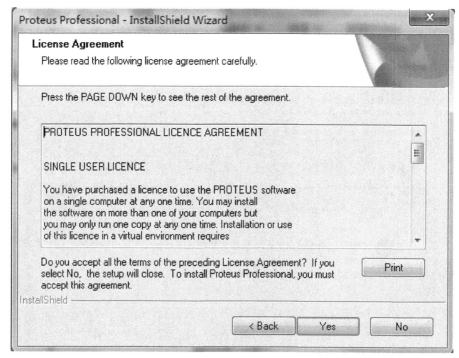

图 3.33　确认许可协议

（6）弹出如图 3.34 所示的窗口,选中"Use a locally installed Licence Key"并点击【Next】。

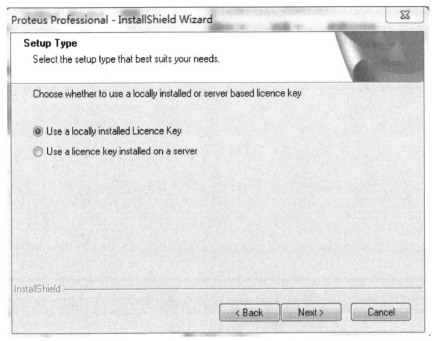

图 3.34　使用本地安装许可密钥进行安装

（7）这一步是添加密钥的部分,添加密钥时,如图 3.35 所示,提示"No licence key is installed(没有安装许可密钥)",点击【Next】,加载密钥。

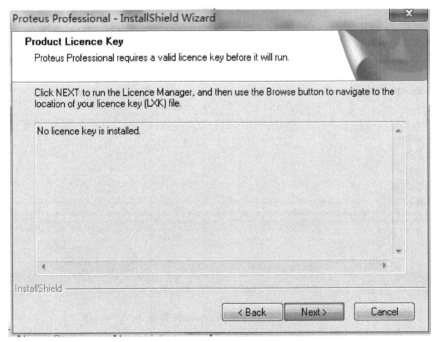

图 3.35　点击下一步进行密钥加载

（8）如图 3.36 所示，是加载密钥窗口，首先要加载密钥"Browse For Key File"，会弹出安装包窗口。然后进入 crack 文件夹，如图 3.37 所示，里面有一个 .lxk 文件，双击或者选中打开即可，如图 3.38 所示。

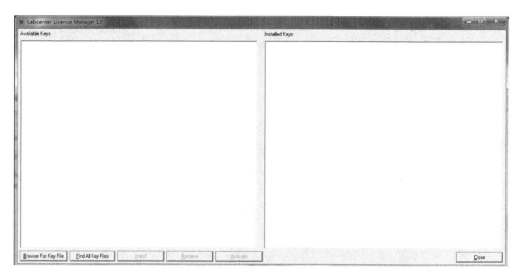

图 3.36　加载密钥

图 3.37　找到 crack 文件夹

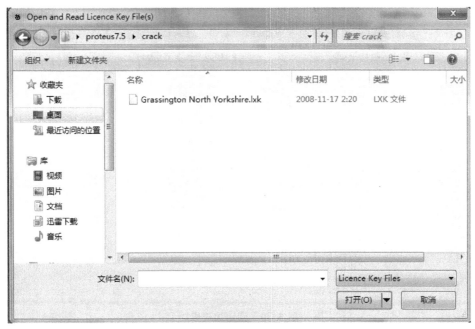

图 3.38　选中密钥文件

（9）加载完成后,会出现以下窗口,如图 3.39 所示,点击【Install】按钮,按照步骤选择【Yes】即可。加载完后关闭该窗口,如图 3.40 所示,进行下一步的安装。

图 3.39　点击 Install 安装密钥

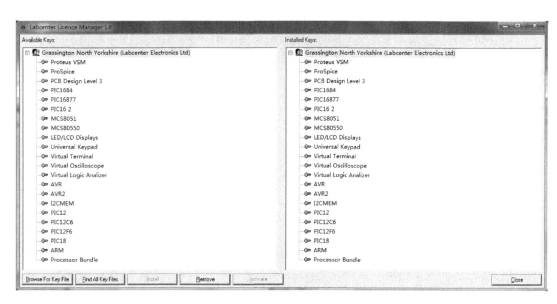

图 3.40 密钥加载成功

(10) 如图 3.41 所示,显示加载完成的窗口,点击"Next",进行下一步的安装。

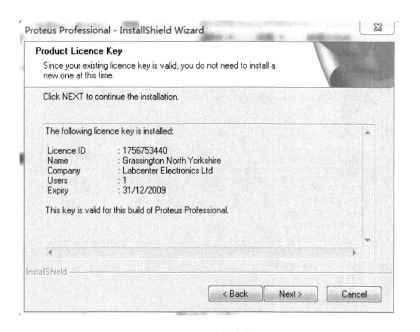

图 3.41 继续安装

(11) 图 3.42 窗口是安装软件的安装目录,可以根据所给出的默认目录进行安装,也可以在别的盘里重新建立一个目录进行安装。安装的文件夹一定要记住,因为这要考虑到后面的软件升级和破解,选择文件,点击【Next】按钮。

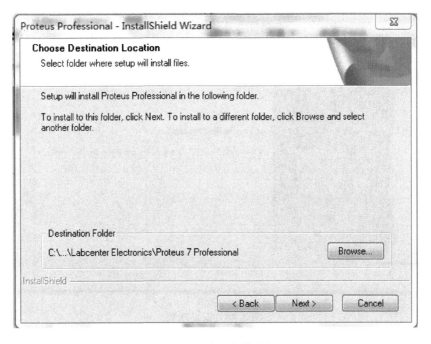

图 3.42　确定安装路径

(12)剩下的几步直接选择【Next】,如图 3.43、图 3.44 所示。

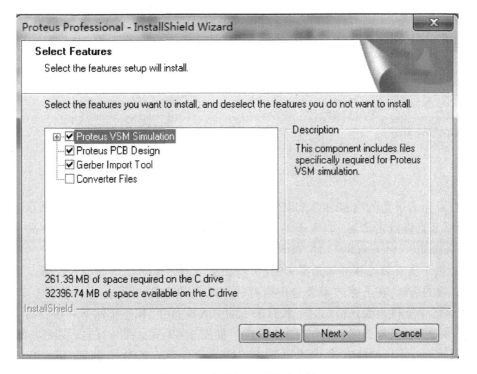

图 3.43　点击【Next】继续安装

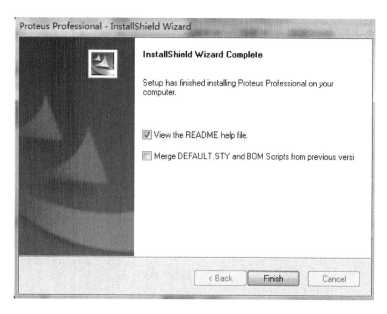

图 3.44　安装成功

（13）完成了简单的安装，找到安装包里的 crack 文件，里面有两个文件，点击 .exe 文件进行软件的升级和破解，双击文件即可，如图 3.45 所示。

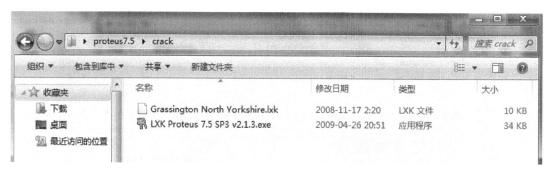

图 3.45　软件的升级破解

（14）点击右下角的"Update"，如图 3.46 所示。需要注意的是如果选择了默认的软件安装目录，那么直接点击即可，如果不是，那么就要找到安装目录下的 BIN 文件夹。当出现"Update installed successfully！"时，如图 3.47 所示，软件就安装成功了。

（15）由于所安装的软件都是英文的，所以在必要的时候可以破解成中文版。下面的过程是英文版的破解，在下载的安装包中会有一个汉化的文件，里面有两个文件。如图 3.48 所示，把这两个文件复制并粘贴到安装目录下的 BIN 文件下，BIN 文件下一定会有与这两个文件名一样的文件，那么把它们"复制和替换"，如图 3.49 所示，此时的安装就彻底完成了。如果在桌面上找不到快捷方式，那么就到安装目录下的 BIN 文件中，找到"ISIS. EXE"，单击并发送到桌面快捷方式即可。

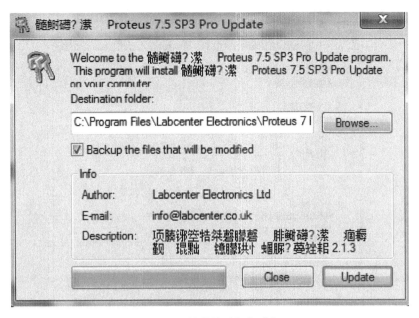

图 3.46 软件的破解与升级

图 3.47 安装成功

图 3.48 找到汉化文件

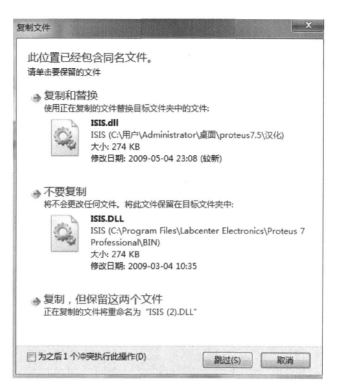

图 3. 49　替换进行成功汉化

3. 6　进入 Proteus ISIS

双击桌面上的快捷方式,如果出现如图 3. 50 所示,就说明已经成功进入 Proteus ISIS 集成环境。

图 3. 50　Proteus 的运行界面

（1）工作界面。Proteus 的工作界面是一种标准的 Windows 界面,包括标题栏、主菜单、标准工具栏、绘图工具栏、状态栏、对象选择按钮、预览对象方位控制按钮、仿真进程控制按钮、预览窗口、对象选择器窗口、图形编辑窗口等,如图 3.51 所示。

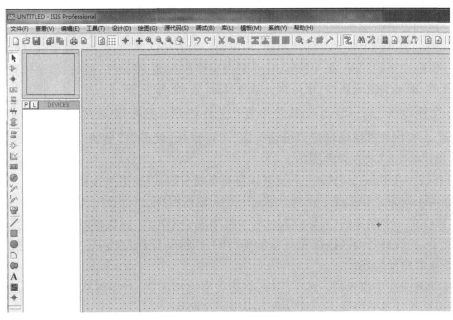

图 3.51　Proteus 的工作界面

（2）设定图的大小。执行 System→Set Sheet Size 命令,在弹出的"Sheet Size Configura"对话框中选择 A4 选项,单击"OK"按钮完成图纸的设置。

（3）添加元器件。按照硬件原理图添加元器件,在元器件选择按钮 P L DEVICES 中单击 P 按钮或执行 Library→Pick Device/System 命令,弹出如图 3.52 所示的对话框。

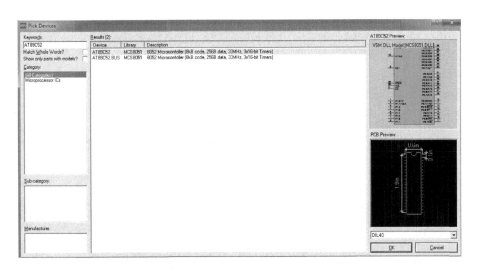

图 3.52　添加元器件

在关键字中输入元件名称,如 AT89C52,则出现与关键字匹配的元件列表,如图 3.52 所示。选中并双击 AT89C52 所在行后,单击"OK"按钮或按"Enter"键,可将元器件 AT89C52 加入 ISIS 对象选择器中。

(4)放置及编辑对象。将元器件添加到 ISIS 对象选择器后,在对象选择器中单击要放置的元件。彩色条出现在该元件名称上时,移动该元件放在该元件预定的位置,单击即可放置一个元件。如果若干个元件外观相同,可按同样的方法陆续放置。如果要移动元件,也可以在按住鼠标左键的同时,移动鼠标,在合适位置释放左键,将元件放置在预定位置。此时,右击元器件,即可编辑元器件,也可将元器件移动、旋转、删除等。

(5)放置电源、地。单击工具箱中的"元件终端"图标 ≡ ,在对象选择器中单击"POWER"。再在原理图编辑窗口合适位置,单击鼠标,就可将"电源"放置在原理图中,同样操作,也可将"地"放在原理图中。

(6)布线。在 Proteus ISIS 中系统默认自动布线有效,因此可直接断线。

①在两个对象之间连线。将指针靠近一个对象的引脚,该处会出现一个光点,单击并拖动鼠标,放在另一个对象的引脚末端,此时也会出现一个光点,再次单击即可完成整个连线。默认情况下,连线都是与网格线垂直或者平行的,在拖动鼠标过程中,按住 Ctrl 键就可以手动画一条任意角度的连线。

②移动画线并更改线型。选中连线,将指针靠近该画线,当出现双箭头时,按住鼠标左键,拖动鼠标改变线的位置。也可以选多根线同时拖动。

③总线及支线的画法。单击工具箱中的BusesMode图标,此时在原理图编辑区即可画出总线,然后将元器件相应引脚与总线连线。但是,通过总线连接的引脚实际上并没有连接在一起,必须要对各引脚进行标注,单击工具箱中的图标 B,再在各个分支线上单击,出现如图 3.53 所示的对话框,输入线路标号,然后在另一个要与之对应连接分支线上标出相同的线路标号,这时两个引脚才实际连接在一起。

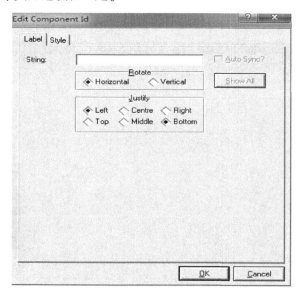

图 3.53　定义元件标签

(7)单片机程序的录入。当我们需要利用电路仿真时,给单片机录入程序,双击选定的芯片,会弹出如图 3.54 所示的对话框。点击图中圈定的文件夹,找到工程所在路径,双击 .hex 文件(仿真以及芯片下载程序都要下载 .hex 文件)。

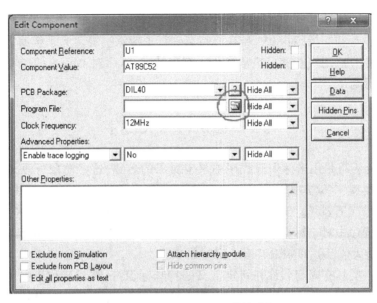

图 3.54　仿真时 .hex 文件的选择

这几个按钮可令下载程序运行 。

注意:这个软件在第二次安装时,会出现很多问题。例如卸载的时候,没有卸载干净,还有一些关于 Proteus 的文件在电脑上。所以当再一次安装时,一定要再次运行 remove,再重新安装即可。另外在下载的时候,crack 中的密钥文件有时会被删除,所以建议在安装软件的时候,把电脑的保护和自带杀毒软件先关掉。

4 C51 程序设计基础

Keil C51 是一种专为 8051 单片机设计的高级 C 语言编译器,支持符合 ANSI 标准的 C 语言进行程序设计,同时针对 8051 单片机特点进行了特殊扩展。为了帮助以前习惯使用汇编语言编程的单片机用户能够尽快掌握 C51 编程技术,本章对 C 语言的一些基本知识结合 C51 的特点进行阐述。

4.1 标识符与关键字

C 语言的标识符是用来标识源程序中某个对象的名称,这些对象可以是函数、变量、常量、数组、数据类型、存储方式、语句等。一个标识符是由字母、数字和下划线等组成,第一个字符必须是字母或下划线。C 语言对大小写字母很敏感,如"max"与"MAX"是两个完全不同的标识符。程序中对于标识符的命名应当简洁明了、含义清晰、便于阅读理解,如用标识符"max"表示最大值,用"TIMER0"表示定时器 0 等。

关键字是一类具有固定名称和特定含义的特殊标识符,有时又称为保留字。在编写 C 语言源程序时一般不允许将关键字另作他用。换句话说,就是对于标识符的命名不能与关键字相同。与其他程序设计语言相比,C 语言的关键字是比较少的,ANSI C 标准一共规定了 32 个关键字,如表 4-1 所示按用途列出了 ANSI C 标准的关键字。

表 4-1 ANSI C 标准的关键字

关键字	用途	说明
auto	存储种类声明	用于声明局部变量,一般声明的变量默认值为此类型
break	程序语句	退出最内层循环体
case	程序语句	switch 语句中的选择项
char	数据类型声明	单字节整型数或字符型数据
const	存储类型声明	在程序执行过程中不可修改的变量值
continue	程序语句	转向下一次循环
default	程序语句	switch 语句中当所有条件不满足时默认的选择项
do	程序语句	构成 do...while 循环结构
double	数据类型声明	双精度浮点数
else	程序语句	构成 if...else 选择结构
enum	数据类型声明	枚举
extern	存储种类声明	在其他程序模块中声明了的全局变量
float	数据类型声明	单精度浮点型

关键字	用途	说明
for	程序语句	构成 for 循环结构
goto	程序语句	构成 goto 转移结构
int	数据类型声明	基本整型数
long	数据类型声明	长整型
register	数据类型声明	使用 CPU 内部寄存器的变量
return	程序语句	函数返回
short	数据类型声明	短整型数
signed	数据类型声明	有符号数,二进制数据的最高位为符号位
if	程序语句	构成 if...else 选择结构
sizeof	运算符	计算表达式或数据类型的字节数
static	存储种类声明	静态变量
struct	数据类型声明	结构类型数据
switch	程序语句	构成 switch 选择结构
typedef	数据类型声明	重新进行数据类型定义
union	数据类型声明	联合类型数据
unsigned	数据类型声明	无符号数据
void	数据类型声明	无类型数据
volatile	数据类型声明	声明该变量在程序执行中可被隐含地改变
while	程序语句	构成 while 和 do...while 循环结构

Keil C51 编译器除了支持 ANSI C 标准的关键字以外,还根据 8051 单片机自身特点扩展了如表 4-2 所示的关键字。

表 4-2　Keil C51 编译器的扩展关键字

关键字	用途	说明
_at_	地址定位	为变量进行存储器绝对空间地址定位
alien	函数特性声明	用于声明与 PL/M51 兼容函数
bdata	存储器类型声明	可位寻址的 8051 内部数据存储器
bit	位变量声明	声明一个位变量或位类型的函数
code	存储器类型声明	8051 程序存储器空间
compact	存储器模式	指定使用 8051 外部分页寻址数据存储器空间
data	存储器类型声明	直接寻址的 8051 内部数据存储器

4 C51程序设计基础

47

关键字	用途	说明
idata	存储器类型声明	间接寻址的 8051 内部数据存储器
interrupt	中断函数声明	定义一个中断服务函数
large	存储器模式	指定使用 8051 外部数据存储器空间
pdata	存储器类型声明	分页寻址的 8051 外部数据存储器
priority	多任务优先声明	规定 RTX51 或 RTX51 Tiny 的任务优先级
reentrant	再入函数声明	定义一个再入函数
sfr	特殊功能寄存器声明	声明一个 8 位的特殊功能寄存器
sfr16	特殊功能寄存器声明	声明一个 16 位的特殊功能寄存器
small	存储器模式	指定使用 8051 内部数据存储器空间
task	任务声明	定义实时多任务函数
using	寄存器组定义	定义 8051 的工作寄存器组
xdata	存储器类型声明	8051 外部数据存储器
sbit	位变量声明	声明一个可位寻址变量

4.2   C51 程序设计的基本语法

虽然 C 语言对语法的要求不严格,用户在编写程序时有较大自由,但它毕竟是一种程序设计语言,与其他计算机语言一样,当采用 C 语言进行程序设计时,仍需遵从一定的语法规则。

4.2.1   数据类型

任何程序设计都离不开对数据的处理,一个程序如果没有数据,它就无法工作。数据在计算机内存中的存放情况由数据结构决定,C 语言的数据结构是以数据类型形式出现的。数据类型可分为基本数据类型和复杂数据类型,复杂数据类型由基本数据类型构成。C 语言中的基本数据类型有 char、int、short、long、float 和 double。而在 C51 编译器中,short 与 int 相同,double 与 float 相同。

4.2.1.1   char:字符型

char 有 signed char 和 unsigned char 之分,默认值为 signed char,它们的长度均为一个字节,用于存放一个单字节的数据。对于 singed char 类型数据,其字节中的最高位表示该数据的符号,"0"表示正数,"1"表示负数。负数用补码表示,数值的表示范围是-128 ~ +127。unsigned char 类型数据,其字节中所有位均用来表示数据的数值,数值的表示范围是 0~255。

4.2.1.2   int:整型

int 有 signed int 和 unsigned int 之分,默认值为 signed int。它们的长度均为两个字节,用于存放一个双字节的数据。signed int 是有符号整型数,字节中的最高位表示数据的符号,

"0"表示正数,"1"表示负数,数值的表示范围是-32768~+32767。unsigned int 是无符号整型数据,数值的表示范围是 0~65535。

4.2.1.3　long:长整型

long 有 signed long 和 unsigned long 之分,默认值为 signed long。它们的长度均为四个字节。signed long 是有符号的长整型数据,其字节中的最高位表示该数据的符号,"0"表示正数,"1"表示负数,数值的表示范围是-2147483648~+2147483647。unsigned long 是无符号长整型数据,数值的表示范围是 0~4294967295。

4.2.1.4　float:浮点型

float 是符合 IEEE~754 标准单精度浮点型数据,在十进制数中具有 7 位有效数字,float 类型数据占用四个字节(32 位二进制数)。

其在内存中的存放格式如下。

字节地址	+0	+1	+2	+3
浮点数内容	S EEEEEEE	E MMMMMMM	MMMMMMMM	MMMMMMMM

其中,S 为符号位,"0"表示正,"1"表示负。E 为阶码,占用 8 位二进制数,存放在两个字节。注意,阶码 E 值是以 2 为底的指数再加上偏移量 127,这样处理的目的是为了避免出现负的阶码值,而指数是可正可负的。阶码 E 的正常取值范围是 1~254,实际指数的取值范围是-126~+127。M 为尾数的小数部分,用 23 位二进制数表示,存放在三个字节中。尾数的整数部分永远为 1,不予保存,但它是隐含存在的,小数点位于隐含的整数位"1"后面。一个浮点数的数值范围是 $(-1)^S \times 2^{E-127} \times (1.M)$。

例如,浮点数-12.5=0xC1480000,在内存中的存放格式如下。

字节地址	+0	+1	+2	+3
浮点数内容	11000001	01001000	00000000	00000000

需要指出的是,对于浮点型数据除了有正常数值之外,还可能出现非正常数值。根据 IEEE 标准,当浮点型数据取以下数值(十六进制数)时即为非正常值。

0xFFFFFFFF　　非数(NaN)

0x7F800000　　正溢出(+INF)

0xFF800000　　负溢出(-INF)

另外,由于 8051 单片机不包括捕获浮点运算错误的中断向量,因此必须由用户根据可能出现的错误条件用软件进行适当处理。

除了以上四种基本数据类型之外,还有以下一些数据类型。

4.2.1.5　*:指针型

指针型数据不同于以上四种基本数据类型,它本身是一个变量,在这个变量中存放的不是普通数据,而是指向另一个数据的地址。该指针变量要占据一定的内存单元,在 C51 中,指针变量的长度一般为 1~3 个字节。指针变量也具有不同的类型,其表示方法是在指针符号"＊"的前面冠以数据类型符号,如 char ＊ point1 表示 point1 是一个字符型的指针变量, float ＊ point2 表示 point2 是一个浮点型的指针变量。指针变量的类型表示该指针所指向地址中数据的类型。使用指针型变量可以方便地对 8051 单片机的各部分物理地址直接进行操作。

4.2.1.6 bit:位类型

bit 是 Keil C51 编译器的一种扩充数据类型。利用它可定义一个位变量,但不能定义位指针和位数组。

4.2.1.7 sfr:特殊功能寄存器

sfr 也是 Keil C51 编译器的一种扩充数据类型,利用它可以访问 8051 单片机内部所有 8 位特殊功能寄存器。该 sfr 型数据占用一个内存单元,其取值范围是 0~255。

4.2.1.8 sfr16:16 位特殊功能寄存器

sfr16 占用两个内存单元,取值范围是 0~65535,利用它可以访问 8051 单片机内部所有 16 位特殊功能寄存器。

4.2.1.9 sbit:可位寻址

sbit 也是 Keil C51 编译器的一种扩充数据类型,利用它可以访问 8051 单片机内部 RAM 中的可寻址位或特殊功能寄存器中的可寻址位。

例如,采用如下语句:

sfr   P0 =80H;

sbit   FLAG1=P0^1;

可将 8051 单片机 P0 口地址定义为 80H,将 P0.1 位定义为 FLAG1。如表 4-3 列出了 Keil C51 编译器能够识别的数据类型。

表 4-3 Keil C51 编译器能够识别的数据类型

数据类型	长度	值域
unsigned char	单字节	0~255
signed char	单字节	−128~+127
unsigned int	双字节	0~+65535
signed int	双字节	−32768~+32767
unsigned long	四字节	0~+4294967295
signed long	四字节	−2147483648~+2147483647
float	四字节	±1.175494E−38~±3.402823E+38
＊	1~3 字节	对象的地址
bit	位	0 或 1
sfr	单字节	0~255
sfr16	双字节	0~65535
sbit	位	0 或 1

在 C 语言程序的表达式或变量赋值运算中,有时会出现运算对象数据不一致的情况,C 语言允许任何标准数据类型之间的隐式转换。隐式转换按以下优先级别自动进行:

bit→char→int→long→float

signed→unsigned

其中箭头方向仅表示数据类型级别的高低,转换时由低向高进行,而不是数据转换时的顺序。例如,将一个 bit(位型)变量赋给一个 int(整型)变量时,不需要先将 bit 型变量转换成 char 型之后再转换成 int 型,而是将 bit 型变量直接转换成 int 型并完成赋值运算。一般来说,如果有几个不同类型的数据同时参加运算,则先将低级别类型数据转换成高级别类型,再进行运算处理,并且运算结果为高级别类型数据。C 语言除了能对数据类型做自动隐式转换之外,还可以采用强制类型转换符"( )"对数据类型做显式转换。

Keil C51 编译器除了能支持以上这些基本数据之外,还能支持复杂的构造类型数据,如结构类型、联合类型等。

4.2.2 常量

常量又称为标量,它的值在程序执行过程中不能改变。常量的数据类型有整型、浮点型、字符型和字符串型等。

4.2.2.1 整型常量

整型常量就是整型常数,可表示为以下几种形式。

(1)十进制整数。如 1234,-5678,0 等。

(2)十六进制整数。ANSI C 标准规定十六进制数据以 0x 开头,数字为 0~9,a~f。如 0x123 表示十六进制数,相当于十进制数 291。-0x1a 表示十六进制数,相当于十进制数-26。

(3)长整数。在数字后面加一个字母 L 就构成了长整数,如 2048L、0123L、0xff00L 等。

4.2.2.2 浮点型常量

浮点型常量有十进制数和指数两种表示形式。十进制数表示形式又称定点表示形式,由数字和小数点组成,如 0.314 1、314.1、31.41、3.141 及 0.0 都是用十进制数形式表示的浮点型常量。在这种表示形式中,如果整数或小数部分为 0 可以省略不写,但必须有小数点。指数表示形式为:[±]数字、[. 数字]、e[±]数字。

其中,[ ]中的内容为可选择项,根据具体情况而定,但其余部分必须存在。如 123e4、5e6、-7.0e-8 等都是合法的指数形式浮点型常量,而 e9、5e4.3 和 e 都是不合法的表示形式。

4.2.2.3 字符型常量

字符型常量是单引号内的字符,如'a''b'等。对于不可显示的控制字符,可以在该字符前面加一个反斜杠"\"组成转义字符。利用转义字符可以完成一些特殊功能和输出时的格式控制,常用转义字符如表 4-4 所示。

4.2.2.4 字符串型常量

字符串型常量是双引号内的字符。如"ABCD""$1234"等都是字符串常量。当双引号内的字符个数为 0 时,称为空字符串常量。需要注意的是,字符串常量首尾的双引号是界限符,当需要表示双引号字符串时,可用双引号转义字符"\"来表示。另外,C语言将字符串常量作为一个字符类型数组来处理,在存储字符串常量时,要在字符串的尾部加一个转义字符"\0"作为该字符串常量的结束符。因此不要将字符常量与字符串混淆,如字符常量'a'与字符串常量"a"是不一样的。常用转义字符如表4-4所示。

表4-4 常用转义字符表

转义字符	含义	ASCII码(十六进制数形式)
\0	空字符(NULL)	0X00
\n	换行符(LF)	0X0A
\r	回车符(CR)	0X0D
\t	水平制表符(HT)	0X09
\b	退格符(BS)	0X08
\f	换页符(FF)	0X0C
\'	单引号	0X27
\"	双引号	0X22
\\	反斜杠	0X5C

4.2.3 变量及其存储模式

变量,是一种在程序执行过程中其值能不断变化的量。在使用一个变量之前,必须先进行定义,用一个标识符作为变量名并指出它的数据类型和存储类型,以便编译系统为它分配相应的存储单元。在C51中对变量进行定义的格式如下:

[存储种类]数据类型[存储器类型]变量名;

其中,"存储种类"和"存储器类型"是可选项。变量的存储种类有4种:自动(auto)、外部(extern)、静态(static)和寄存器(register)。定义变量时如果省略存储种类选项,则该变量将成为自动变量。

Keil C51编译器还允许说明变量的存储器类型,使之能够在8051单片机系统中准确定位。表4-5列出了Keil C51编译器所能识别的存储器类型。

表4-5 Keil C51编译器所能识别的存储器类型

存储器类型	说明
data	直接寻址的片内数据存储器(128B),访问速度最快
bdata	可位寻址的片内数据存储器(16B),允许位与字节混合访问
idata	间接访问的片内数据存储器(256B),允许访问全部片内地址
pdata	分页寻址的片外数据存储器(256B),用 MOVX @Ri 指令访问
xdata	片外数据存储器(64KB),用 MOVX @DPTR 指令访问
code	程序存储器(64KB),用 MOVC @A+DPTR 指令访问

下面是一些变量定义的示例。

char data var1；//在 data 区定义字符型变量 var1

int idata var2；//在 idata 区定义整型变量 var2

char code text[ ]＝"ENTER PARAMETER"；//在 code 区定义字符串数组 text[ ]

long xdata array[100]；//在 xdata 区定义长整型数组变量 array[100]

extern float idata x,y,z；//在 idata 区定义外部浮点型变量 x,y,z

char bdata flags；//在 bdata 区定义字符型变量 flags

sbit flag0＝flags^0；//在 bdata 区定义可位寻址变量 flag0

sfr P0＝0x80；//定义特殊功能寄存器 P0

在定义变量时，如果省略"存储器类型"选项，则按编译时使用的存储器模式 small、compact 或 large 来规定默认存储器类型，确定变量的存储器空间。函数中不能采用寄存器传递的参数变量的过程，其变量也保存在默认的存储器空间中。Keil C51 编译器的 3 种存储器模式对变量的影响如下。

4.2.3.1 small

变量被定义在 8051 单片机片内数据存储器中，对这种变量的访问速度最快。在此模式下，所有的对象(包括堆栈)都位于片内数据存储器中，实际的堆栈长度取决于不同函数的嵌套深度。

4.2.3.2 compact

变量被定义在分页寻址的片外数据存储器中，每一页片外数据存储器的长度为 256B。这时对变量的访问是通过寄存器间接寻址(MOVX @ Ri)进行的，堆栈位于 8051 单片机片内数据存储器中。采用这种编译模式，变量的高 8 位地址由 P2 口确定，低 8 位地址由 R0 或 R1 的内容决定。与此同时，必须适当改变启动配置文件 STARTUP. A51 中的参数：PDATASTART 和 PDATALEN。在用 BL51 进行连接时，还必须采用连接控制命令"PDATA"对 P2 口地址进行定位，这样才能确保 P2 口为所需要的高 8 位地址。

4.2.3.3 large

变量被定义在片外数据存储器中(最大可达 64KB)，通常使用数据指针(DPTR)来间接访问变量(MOVX @ DPTR)。这种访问数据的方法效率较低，特别是对于 2 个以上字节的变量。

4.2.4 用 typedef 重新定义数据类型

C 语言不仅提供了丰富的数据类型，而且还允许用户自己定义类型说明符，为了方便，给已经存在的数据类型起个"代号"。比如"9527 就是你的终身代号"，用 9527 来代表某个人。在 C 语言中，使用 typedef 即可完成这项功能，定义格式为：typedef 原类型名　新类型名。

typedef 语句并未定义一种新的数据类型，它仅仅是给已有的数据类型设置一个更加简洁形象的名字，可以用这个新的类型名字来定义变量。在实际开发中，很多公司都会使用这个关键字来给变量类型设置新名字。比如以下的这几种类型定义方式。

typedef signed char int8；// 8 位有符号整型数

typedef signed int int16; //16 位有符号整型数

typedef signed long int32; //32 位有符号整型数

typedef unsigned char uint8; // 8 位无符号整型数

typedef unsigned int uint16; //16 位无符号整型数

typedef unsigned long uint32; //32 位无符号整型数

经过以上的几种类型说明后,今后在程序中就可以直接使用 uint8 来替代 unsigned char 定义变量。无符号型的前边带有"u",有符号的不带"u"。int 表示整数的意思,后边的数字代表的是这个变量类型占的位数。

有时也用宏定义代替 typedef 的功能,但是宏定义是由预处理完成的,而 typedef 则是在编译时完成的,后者更加灵活。也许曾看到过这种定义方式:#define uchar unsigned char,这种方式不建议大家使用,虽然这种应用是没问题的,但是当用到指针时,就有可能出错。下面介绍一下 typedef 和#define 之间的区别。

#define 是预编译处理命令,在编译处理时进行简单的替换,不做任何正确性检查,不管含义是否正确都会被代入。比如:#define PI 3.1415926。

有了这个宏,今后可以直接用 PI 替代 3.1415926。比如写 area = PI * r * r 求圆的面积就会直接替换成 3.1415926 * r * r。一旦不小心写成了 3.1415g26,编译的时候还是会代入。

typedef 是在编译时进行处理的,它是在自己的作用域内给已经存在的类型起一个代号,如果把前面的类型说明写成:typedef unsinged char uint8;编译器就会在此处提示错误信息。

对于#define 来说,应用更多的是进行一些程序易读、易维护的替换。比如:

#define LCD1602_DB P0

#define SYS_MCLK (11059200/12)

在写 1602 程序的过程中,可以直接用 LCD1602_DB 表示 1602 的通信总线,也可以直接用 SYS_MCLK 来作为单片机的机器周期。如果改动一些硬件,比如出于特定需要而换了其他频率的晶振,可以直接在程序最开始部分修改,不用到处去查找修改数字。对于类型说明而言,在某些情况下 typedef 和#define 用法是一样。

typedef unsigned char uint8; uint8 i, j;

#define uchar unsigned char uchar i, j;

以上两种用法是完全相同的,不过要注意的是,typedef 后边有分号,而#define 后边是没有分号的。

typedef int * int_p; int_p i, j;

#define int_p int * int_p i, j;

以上用法得到的结果是不一样的,其中第一种无疑是定义了 i 和 j 这两个 int 指针变量。而第二种因为 define 是直接替换,实际上就是 int * i, j;所以 i 是一个 int 指针变量,而 j 却是一个普通的 int 变量。

总之,typedef 是专门给类型重新命名的,而#define 是纯粹替换的。

4.2.5 运算符与表达式

Keil C51 对数据有很强的表达能力,具有十分丰富的运算符。运算符就是完成某种特定运算的符号,表达式则是由运算符及运算对象所组成的具有特定含义的算式。运算符按其在表达式中所起的作用,可分为赋值运算符、算术运算符、增量和减量运算符、关系运算符、逻辑运算符、位运算符、复合赋值运算符、逗号运算符、条件运算符、指针和地址运算符、强制类型转换运算符,等等。

4.2.5.1 赋值运算符

在 C51 程序中,符号"="称为赋值运算符,作用是将一个数据的值赋给另一个变量。

4.2.5.2 算术运算符

C 语言中的算术运算符有+、-、*、/(除)和%(取余)运算符。其中加、减和乘法都符合一般的算术运算规则,但除法和取余有所不同。如果两个整数相除,其结果为整数,则舍去小数部分;如果是两个浮点数相除,其结果为浮点数。取余运算要求两个运算对象均为整型数据。

4.2.5.3 增量和减量运算符

C51 还提供一种特殊的运算符,即++(增量)和--(减量)运算符,作用分别是对运算对象作加 1 和减 1 运算。增量和减量运算符只能用于变量,不能用于常数或表达式。在使用时还要注意运算符的位置。例如,"++i"与"i++"的意义不同,前者为在使用 i 前先使 i 的值加 1,而后者则是在使用 i 之后使 i 的值加 1。

4.2.5.4 关系运算符

C 语言中有以下 6 种关系运算符:>、<、>=、<=、==、!=。用关系运算符将两个表达式连接起来称为关系表达式。

4.2.5.5 逻辑运算符

C51 中有以下 3 种逻辑运算符:||(逻辑或)、&&(逻辑与)、!(逻辑非)。用逻辑运算符将关系表达式或逻辑量连接起来称为逻辑表达式。

关系运算符和逻辑运算符通常用来判断两个数之间的关系是否满足条件。关系运算和逻辑运算的结果只有 0 和 1 两种。当所指定的条件满足时结果为 1,条件不满足时结果为 0。

4.2.5.6 位运算符

能对运算对象进行按位操作是 C 语言的一大特点,正是由于这一特点使 C 语言具有了汇编语言的一些功能,从而使之能对计算机的硬件直接进行操作。C51 中共有以下 6 种位运算符。

~   按位取反
<<   左移
>>   右移
&   按位与
^   按位异或
| 按位或

位运算符的作用是按位对变量进行运算。位运算符不能用来对浮点型数据进行操作。

4.2.5.7 复合赋值运算符

在赋值运算符"="的前面加上其他运算符,就构成了复合赋值运算符。C51 中共有以下 10 种复合赋值运算符:+=(加法赋值)、-=(减法赋值)、*=(乘法赋值)、/=(除法赋值)、%=(取模赋值)、<<=(左移位赋值)、>>=(右移位赋值)、&=(逻辑与赋值)、|=(逻辑或赋值)、^=(逻辑异或赋值)、~=(逻辑非赋值)。

复合赋值运算,首先对变量进行某种操作,然后将运算的结果赋给该变量。采用复合赋值运算符时,可以使程序简化,同时还可以提高程序的编译效率。

4.2.5.8 逗号运算符

在 C51 程序中,逗号","是一种特殊的运算符,用逗号运算符连接起来的两个(或多个)表达式,称为逗号表达式。在程序运行时,对逗号表达式的处理是从左至右依次计算出各个表达式的值,而整个逗号表达式的值则是最右边表达式的值。

4.2.5.9 条件运算符

条件运算符"?:"要求有 3 个运算对象,用它可以将 3 个表达式连接构成一个条件表达式。条件表达式的一般形式如下:

逻辑表达式 ？ 表达式 1：表达式 2

其功能是首先计算逻辑表达式,当值为真(非 0 值)时,将表达式 1 的值作为整个条件表达式的值;当逻辑表达式的值为假(0 值)时,将表达式 2 的值作为整个条件表达式的值。

例如,条件表达式 max=(a>b)？a:b 的执行结果是将 a 和 b 中的较大者赋值给变量 max。另外,条件表达式中逻辑表达式的类型可以同表达式 1 和表达式 2 的类型不同。

4.2.5.10 指针和地址运算符

C51 中专门规定了一种指针类型的数据,变量的指针就是该变量的地址,还可以定义一个指向某个变量的指针变量。C51 提供了以下两个专门的运算符:*(取内容)、&(取地址)。取内容和取地址运算的一般形式如下:

变量=*指针变量

指针变量=&目标变量

取内容运算的含义是将指针变量所指向的目标变量的值赋给左边的变量;取地址运算的含义是将目标变量的地址赋给左边的变量。需要注意的是,指针变量中只能存放地址(即指针型数据),不能将一个非指针类型的数据赋值给一个指针变量。

示例:

```
char data *p      //定义指针变量
p=30H             //给指针变量赋值,30H 为 8051 片内 RAM 地址
```

4.2.5.11 强制类型转换运算符

C 语言中的圆括号"()"也可作为一种运算符使用,这就是强制类型转换运算符。它的作用是将表达式或变量的类型强制转换成为所指定的类型。数据类型转换分为隐式转换和显式转换。隐式转换是在对程序编译时由编译器自动处理的,并且只有基本数据类型(即 char、int、long 和 float)可以进行隐式转换,其他数据类型不能进行隐式转换。这种情况下,就必须利用强制类型转换运算符来进行显式转换。强制类型转换运算符的一般使用形式

如下:

(类型)= 表达式

显式类型转换在给指针变量赋值时特别有用。例如,预先在 8051 单片机的片外数据存储器(xdata)中定义了一个字符型指针变量 px,如果想给这个指针变量赋一初值 0xB000,则可以写成 px=(char xdata *)0xB000;这种方法适合于用标识符来存取绝对地址的情况。

4.2.5.12 sizeof 运算符

C 语言中提供了一种用于求取数据类型、变量以及表达式的字节数的运算符 sizeof,该运算符的一般使用形式为:

sizeof(表达式)或 sizeof(数据类型)

应注意的是,sizeof 是一种特殊的运算符,不可错误地认为它是一个函数。实际上,字节数的计算在程序编译时就已经完成,而不是在程序执行的过程中才计算出来的。

4.3 C51 程序的基本语句

4.3.1 表达式语句

表达式语句是最基本的一种语句。在表达式的后面加一个分号";",就构成了表达式语句。表达式语句也可以仅由一个分号";"组成,这种语句称为空语句。当程序在语法上需要有一个语句时,但在语义上并不要求有具体的动作,便可采用空语句。

4.3.2 复合语句

复合语句,是由若干条语句组合而成的,是用"{}"将若干条语句组合在一起而形成的功能块,内部的各条单语句需以";"结束。复合语句的一般形式如下:

```
{
局部变量定义;
语句1;
语句2;
……
语句n;
}
```

复合语句在执行时,各条语句依次顺序执行。整个复合语句在语法上等价于一条单语句。复合语句允许嵌套,即在复合语句内还可以包含其他的复合语句。实际上,函数的执行部分(函数体)就是一个复合语句。复合语句中的单语句一般是可执行语句,也可以是变量定义语句。在复合语句内所定义的变量,称为该复合语句中的局部变量,仅在当前复合语句中有效。

4.3.3 条件语句

条件语句,又称为分支语句,是由关键字"if"构成的。C51 提供了以下 3 种形式的条件语句。

4.3.3.1 第一种

if(表达式) 语句

其含义是:若条件表达式的结果为真(非 0 值),执行后面的语句;反之,若条件表达式的结果为假(0 值),不执行后面的语句。其中的语句也可以是复合语句。

4.3.3.2 第二种

if(表达式) 语句 1

else 语句 2

其含义是:若条件表达式的结果为真(非 0 值),执行语句 1;反之,若条件表达式的结果为假(0 值),执行语句 2。其中的语句都可以是复合语句。

4.3.3.3 第三种

if (条件表达式 1) 语句 1

else if (条件表达式 2) 语句 2

else if (条件表达式 3) 语句 3

……

else if (条件表达式 m) 语句 m

else   语句 n

这种条件语句常用来实现多方向条件分支。当分支较多时,会使条件语句的嵌套层次太多,程序冗长,可读性降低。

4.3.4 开关语句

开关语句也是一种用来实现多方向条件分支的语句。开关语句直接处理多分支选择,使程序结构清晰,使用方便。开关语句是由关键字 switch 构成的,一般形式如下:

```
switch （表达式）
{
    case 常量表达式 1:语句 1;
            break;
    case 常量表达式 2:语句 2;
            break;
    ……
    case 常量表达式 n:语句 n;
            break;
    default:语句 d;
}
```

开关语句的执行过程是:将 switch 后面的表达式的值与 case 后面各个常量表达式的值逐个进行比较,若匹配,就执行相应 case 后面的语句,然后执行 break 语句。若不匹配,则只执行 default 后面的语句 d。break 语句又称为间断语句,功能是中止当前语句的执行,使程序跳出 switch 语句。

4.3.5 循环语句

实际应用中,很多地方会用到循环控制,如对于某种需要反复进行多次的操作等。在 C51 程序中,用来构成循环控制的语句有 while、do-while、for 以及 goto 等形式的语句。

(1)采用 while 构成的循环结构,其语法形式如下:

while (表达式) 语句;

含义是:当条件表达式的结果为真(非 0 值)时,程序就重复执行后面的语句,一直执行到条件表达式的结果为假(0 值)时终止。这种循环结构是先检查条件表达式所给出的条件,再根据检查结果决定是否执行后面的语句。如果条件表达式的结果一开始就为假,则后面的语句一次也不会被执行。这里的语句可以是复合语句。

(2)采用 do-while 构成的循环结构,其语法形式如下:

do 语句 while (表达式);

含义是:当条件表达式的值为真(非 0 值)时,则重复执行循环体语句,直到条件表达式的值为假(0 值)时终止。这种循环结构是先执行给定的循环语句,然后再检查条件表达式的结果,任何条件下循环体语句至少会被执行一次。

(3)采用 for 语句构成循环结构,其语法形式如下:

for ([初值设定表达式];[循环条件表达式];[更新表达式]) 语句;

for 语句的执行过程是:先计算初值表达式的值作为循环控制变量的初值,再检查循环条件表达式的结果,当满足条件时就执行循环体语句并计算更新表达式,然后根据更新表达式的计算结果来判断循环条件是否满足……一直进行到循环条件表达式的结果为假(0 值)时退出循环体。

(4)采用 goto 语句构成的循环结构,其语法形式如下:

goto 语句标号;

其中,语句标号是一个带冒号":"的标识符。将 goto 语句与 if 语句一起使用,可以构成一个循环语句,但更常见的是采用 goto 语句来跳出多重循环。需要注意的是,只能用 goto 语句从内层循环跳到外层循环,而不允许从外层循环跳到内层循环。

4.3.6 返回语句

返回语句用于终止函数的执行,并控制程序返回到调用该函数时所处的位置。返回语句有两种形式:

return (表达式);

return;

如果 return 语句后面带有表达式,则要计算表达式的值,并将表达式的值作为该函数的返回值。若使用不带表达式的形式,则被调用函数返回主函数时函数值不确定。在一个函数的内部,可以含有多个 return 语句,但程序仅执行其中的一个 return 语句而返回主调用函数。一个函数的内部也可以没有 return 语句,在这种情况下,当程序执行到最后一个界限符"}"处时,就自动返回主调函数。

4.4 函数

从用户的角度看,有两种函数,即标准库函数和用户自定义函数。标准库函数是 Keil C51 编译器提供的,可以直接调用;用户自定义函数是用户根据自己的需要编写的,必须先进行定义之后才能调用。

4.4.1 函数的定义

函数定义的一般形式如下:

函数类型 函数名(形式参数表)

{

局部变量定义;

函数体语句;

}

其中,函数类型说明了自定义函数返回值的类型;函数名是用标识符表示的自定义函数的名字;形式参数表中则列出了主调用函数与被调用函数之间传递的数据,形式参数的类型必须加以说明;局部变量是对在函数内部使用的局部变量进行定义;函数体语句是为完成该函数的特定功能而设置的各种语句。

ANSI C 标准,允许在参数表中对参数的类型进行说明。如果定义的是无参函数,可以没有形式参数表,但圆括号"()"不能省略。

4.4.2 函数的调用形式

所谓函数调用,就是在一个函数体中引用另外一个已经定义的函数,前者称为主调函数,后者称为被调用函数。C51 程序中,函数是可以互相调用的。函数调用的一般形式为:

函数名(实际参数表)

其中,函数名指出被调用的函数,实际参数表中可以包括多个实际参数,各个参数之间用逗号","分开。实际参数的作用是将它的值传递给被调用函数中的形式参数。需要注意的是,函数调用中的实际参数与函数定义中的形式参数必须在个数、类型及顺序上严格保持一致,以便将实际参数的值正确地传递给形式参数,否则在函数调用时会产生意想不到的结果。如果调用的是无参函数,则可以没有形式参数表,但圆括号"()"不能省略。

C51 中可以采用以下 3 种方式完成函数的调用。

(1)函数语句。在主调用函数中,将函数调用作为一条语句,这是无参调用。不要求被调用函数返回一个确定的值,只要求它完成一定的操作。

(2)函数表达式。在主调用函数中,将函数调用作为一个运算对象直接出现在表达式中,这种表达式称为函数表达式。这种函数调用方式通常要求被调用函数返回一个确定的值。

(3)函数参数。在主调用函数中,将函数调用作为另一个函数调用的实际参数。这种在调用一个函数的过程中又调用了另外一个函数的方式,称为嵌套函数调用。

4.4.3 对被调用函数的说明

与使用变量一样,在调用一个函数之前(包括标准库函数),必须对该函数的类型进行说明,即"先说明,后调用"。如果调用的是库函数,一般应在程序的开始处用#include 包含语句,将有关函数说明的头文件包含到程序中来。如果调用的是用户自定义函数,而且函数与调用它的主调函数在同一个文件中,一般应该在主调用函数中对被调用函数的类型进行说明。函数说明的一般形式如下:

类型标识符 被调用的函数名(形式参数表);

其中,类型标识符说明了函数的返回值的类型;形式参数表说明了各个形式参数的类型。需要注意的是,函数定义与函数说明是完全不同的,书写方式上也有差别。函数定义时,被定义函数名的圆括号后面没有分号";",函数定义还未结束,后面应接着写被定义的函数体部分;而函数说明结束时,在圆括号的后面需要有一个分号";"作为结束标志。

4.4.4 中断服务函数

C51 支持在 C 语言源程序中直接编写 8051 单片机的中断服务函数程序,从而减轻了采用汇编语言编写中断服务程序的烦琐程度。为了在 C 语言源程序中直接编写中断函数,Keil C51 编译器对函数的定义进行了扩展,增加了一个扩展关键字 interrupt,它是函数定义时的一个选项,加上这个选项即可以将一个函数定义成中断函数。定义中断函数的一般形式为:

函数类型 函数名(形式参数表)［interrupt n］［using n］

关键字 interrupt 后面的 n 是中断号,n 的取值范围为 0~31。编译器从 8n+3 处产生中断向量,具体的中断号 n 和中断向量取决于 8051 系列单片机芯片的型号。常用的中断源与中断向量如表 4-6 所示。

表 4-6 常用中断源与中断向量

中断号	中断源	中断向量
0	外部中断 0	0003H
1	定时器 0	000BH
2	外部中断 1	0013H
3	定时器 1	001BH
4	串行口	0023H

8051 系列单片机可以在片内 RAM 中使用 4 个不同的工作寄存器组,每个寄存器组中包含 8 个工作寄存器(R0~R7)。C51 编译器扩展了一个关键字 using,专门用来选择 8051 单片机中不同的工作寄存器组。using 后面的 n 是一个 0~3 的常整数,分别选中 4 个不同的工作寄存器组。在定义一个函数时,using 是一个选项,如果不用该选项,则由编译器自动选择一个寄存器组做绝对寄存器组访问。需要注意的是,关键字 using 和 interrupt 的后面都不允许跟带运算符的表达式。

编写 8051 单片机中断函数时应遵循以下规则。

（1）中断函数不能进行参数传递，也没有返回值，因此一般定义为 void 型。

（2）中断函数没有返回值，如果定义一个返回值，将会得到不正确的结果。因此建议将其定义为 void 类型，以明确说明没有返回值。

（3）在任何情况下都不能直接调用中断函数，否则会产生编译错误。

（4）如果中断函数中调用了其他函数，则被调用函数所使用的寄存器组必须与中断函数相同。

（5）C51 编译器从绝对地址 8n+3 处产生一个中断向量，其中 n 为中断号，该向量包含一个到中断函数入口地址的绝对跳转。

4.5 函数变量的存储方式

4.5.1 局部变量与全局变量

变量的作用域是指变量起作用的范围，即变量的有效范围。变量按其作用域可以分为局部变量和全局变量。在一个函数内部声明的变量是内部变量，它只在本函数内有效，在本函数以外是不能使用的，这样的变量称为局部变量。此外，函数的形参也是局部变量。比如上节程序中定义的"unsigned long sec"变量，它是定义在 main 函数内部的，所以只能由 main 函数使用，中断函数不能使用此变量。同理，在中断函数内部定义的变量，在 main 函数中也不能使用。

在函数外声明的变量称为全局变量。一个源程序文件可以包含一个或多个函数，全局变量的作用范围是从它开始声明的位置起一直到程序结束为止。比如程序中定义的"unsigned char LedBuff[6]"数组，它的作用域就是从开始定义的位置起一直到程序结束为止，不管是 main 函数，还是中断函数 Interrupt Timer0，都可以直接使用此数组。局部变量只有在声明它的函数范围内可以使用，而全局变量可以被作用域内所有的函数直接使用。所以在一个函数内既可以使用本函数内声明的局部变量，也可以使用全局变量。从编程规范上讲，一个程序文件内所有的全局变量都应定义在文件的开头部分，在所有函数之前。

由于 C 语言函数只有一个返回值，但是却经常希望一个函数可以提供或影响多个结果值，可以利用全局变量来实现。但是考虑到全局变量的一些特征，应限制全局变量的使用，过多使用全局变量也会带来一些问题。

（1）全局变量可以被作用域内所有的函数直接引用，同时可以增加函数间数据联系的途径，但同时却加强了函数模块之间的数据联系，使这些函数的独立性降低，对其中任何一个函数的修改都可能会影响到其他函数的执行结果，函数之间过于紧密的联系不利于程序的维护。

（2）全局变量的应用会降低函数的通用性，函数在执行的过程中过多依赖于全局变量，不利于函数的重复利用。目前编写的程序比较简单，就一个 .c 文件，但以后会学到一个程序中有多个 .c 文件，当一个函数被另外一个 .c 文件调用的时候，必须将这个全局变量的变量值一起移植，而全局变量不只被一个函数调用，这样会引起一些不可预测的后果。

（3）过多使用全局变量会降低程序的清晰度，使程序的可读性下降。在各个函数执行时都可能改变全局变量值,往往难以清楚地判断出各个时刻各个全局变量的值。

(4)定义全局变量会永久占用单片机的内存单元,而局部变量只有进入定义局部变量的函数时才会占用内存单元,函数退出后会自动释放所占用的内存,所以大量的全局变量会额外增加内存消耗。

综上所述,在编程时要遵循一条原则,就是尽量减少全局变量的使用,能用局部变量代替的就不用全局变量。还有一种特殊情况,C 语言是允许局部变量和全局变量同名的,它们定义后在内存中占有不同的内存单元。如果在同一源文件中,全局变量和局部变量同名,在局部变量作用域范围内,只有局部变量有效,全局变量不起作用,也就是说局部变量具有更高优先级。但是从编程规范上讲,要避免全局变量与局部变量重名,以免带来不必要的误解和误操作。

4.5.2 变量的存储种类

按变量的有效作用范围可以将其划分为局部变量和全局变量;还可以按变量的存储方式为其划分存储种类。在 C 语言中变量有四种存储种类,即自动变量(auto)、外部变量(extern)、静态变量(static)和寄存器变量(register)。这四种存储种类同全局变量和局部变量之间的关系如图 4.1 所示。

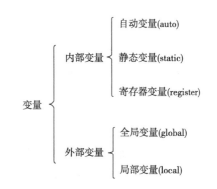

图 4.1　变量的存储种类

4.5.2.1　自动变量(auto)

定义一个变量时,在变量名前面加上存储种类说明符"auto",即将该变量定义为自动变量。自动变量是 C 语言中使用最广泛的变量。按照默认规则,在函数体内部或复合语句内部定义的变量,如果省略存储种类说明,该变量即为自动变量。习惯上通常采用默认形式,例如:

```
{
    char    x;
    int     y;
    …
}
```

等价于:

```
{
    auto    char    x;
    auto    int     y;
    …
}
```

自动变量的作用范围是它的函数体或复用语句内部,只有它的函数被调用,或者它的复合语句被执行时,编译器才为其分配内存空间,开始其生存期。当函数调用结束后返回,或复合语句执行结束时,自动变量所占用的内存空间就会被释放,变量的值当然也就不复存在,其生存期结束。当函数被再次调用或复合语句被再次执行时,编译器又会为它们内部的自动变量重新分配内存空间,但不会保留上次运行时的值,必须被重新赋值,因此,自动变量始终是相对于函数或复合语句的局部变量。

4.5.2.2 外部变量(extern)

使用存储种类说明符"extern"定义的变量称为外部变量。按照默认规则,凡是在所有函数之前,在函数外部定义的变量都是外部变量,定义时可以不写 extern 说明符。但是,在函数体内说明一个已在该函数体外或别的程序模块文件中定义过的外部变量时,则必须使用 extern 说明符。一个外部变量被定义之后,就被分配了固定的内存空间。外部变量的生存期为程序的整个执行时间,即在程序的执行期间外部变量可被随意使用,当一条复合语句执行完毕或是从某一个函数返回时,外部变量的存储空间并不被释放,其值也仍然保留,因此外部变量属于全局变量。

C 语言允许将大型程序分解为若干个独立的程序模块文件,各个模块可分别进行编译,然后再将它们连接在一起。在这种情况下,如果某个变量需要在所有程序模块文件中使用,只要在一个程序模块文件中将该变量定义为全局变量,而在其他程序模块文件中用 extern 说明该变量是已被定义过的外部变量即可。

函数可以相互调用,因此函数都具有外部存储种类的属性。定义函数时如果冠以关键字 extern 即将其明确定义为一个外部函数。例如,extern int func2(char a,b)。如果在定义函数时省略关键字 extern,则隐含为外部函数。如果要调用一个在本程序模块文件以外的其他模块文件所定义的函数,则必须用关键字 extern 说明被调用函数是一个外部函数。对于具有外部函数相互调用的多模块程序,利用 uVision51 集成开发环境很容易完成编译连接。

这个例子中有两个程序模块文件"exl. c"和"ex2. c",可以在 uVision51 环境下将它们分别添加到一个项目文件"ex. prj"中,然后执行 Project 菜单中的 Make:Update Project 选项即可将它们连接在一起,生成 OMF51 绝对目标文件 ex,绝对目标文件可以装入 dScope51 中进行仿真调试。

4.5.2.3 静态变量(static)

全局变量均是静态变量。此外,还有一种特殊的局部变量也是静态变量,即在定义局部变量时前面加上 static 关键字,加上该关键字的变量就称之为静态局部变量。它的特点是,在整个生存期中只赋一次初值,在第一次执行该函数时,它的值就是给定的那个初值,而之后在该函数所有的执行次数中,它的值都是上一次函数执行结束后的值,即它可以保持前次的执行结果。

有这样一种情况,某个变量只在一个函数中使用,但是我们却想在函数多次调用时保持此变量的值不丢失,也就是说在该函数的本次调用中该变量值的改变要依赖于上一次调用函数时的值,而不能每次都从初值开始。如果使用局部动态变量的话,每次进入函数后上一次的值就会丢失,它每次都从初值开始。如果定义成全局变量的话,又违背了上面提到的尽量减少全局变量的使用这条原则,那么此时,局部静态变量就是最好的解决方案。

4.5.2.4 寄存器变量(register)

为了提高程序的执行效率,C 语言允许将一些使用频率最高的变量,定义为能够直接使用硬件寄存器的所谓寄存器变量。定义一个变量时,在变量名前面冠以存储种类符"register",即将该变量定义为寄存器变量。寄存器变量可以被认为是自动变量的一种,它的有效作用范围也与自动变量相同。

　　一方面,由于计算机中的寄存器是有限的,不能将所有变量都定义成寄存器变量。通常在程序中定义寄存器变量时只是给编译器一个建议,该变量是否能真正成为寄存器变量,是由编译器根据实际情况决定的。另一方面,C51 编译器能够识别程序中使用频率最高的变量,在可能的情况下,即使程序中并未将该变量定义为寄存器变量,编译器也会自动将其作为寄存器变量处理。由此可见,虽然可以在程序中定义寄存器变量,但是,实际上被定义的变量是否真能成为寄存器变量最终是由编译器决定的。

4.5.3　函数的参数和局部变量的存储器模式

　　Keil C51 编译器允许采用三种存储器模式:small、compact 和 large。一个函数的存储器模式确定了该函数的参数和局部变量在内存中的地址空间。处于 small 模式下函数的参数和局部变量位于 8051 单片机的内部 RAM 中,处于 compact 和 large 模式下函数的参数和局部变量则位于 8051 单片机的外部 RAM。在定义一个函数时可以明确指定该函数的存储器模式,一般形式为:

函数类型函数名(形式参数表)〔存储器模式〕

其中,"存储器模式"是 Keil C51 编译器扩展的一个选项。不用该选项时即没有明确指定函数的存储器模式,这时该函数按编译时的默认存储器模式处理。

4.6　数组

　　C 语言中除了前面介绍的整型、字符型、浮点型等基本数据类型外,还提供一种构造类型的数据。构造类型数据是由基本类型数据按一定规则组合而成的,又称为导出类型数据。C 语言中的构造类型数据有数组类型、结构体类型以及联合体类型等,本节介绍数组类型。

4.6.1　数组的基本概念

　　从概念上讲,数组是具有相同数据类型的有序数据的组合,一般来讲,数组定义后满足以下三个条件:①具有相同的数据类型;②具有相同的名字;③在存储器中是被连续存放的。

　　比如定义一个数码管真值表,如果把关键字 code 去掉,数组元素将被保存在 RAM 中,在程序中可读可写,同时也可以在中括号里边标明数组所包含的元素个数,比如:

unsigned char LedChar〔16〕 = {

0xC0, 0xF9, 0xA4, 0xB0, 0x99, 0x92, 0x82, 0xF8, 0x80, 0x90, 0x88, 0x83, 0xC6, 0xA1, 0x86, 0x8E};

　　在这个数组中的每个值都称之为数组的一个元素,这些元素都具备相同的数据类型就是 unsigned char 型,它们有一个共同的名字 LedChar,不管放到 RAM 中还是 FLASH 中,它们都存放在同一连续的存储空间里。特别注意的是,这个数组一共有 16 个(中括号里面的数值)元素,但是数组的单个元素的表达方式——下标是从 0 开始,因此实际上这个数组的首个元素 LedChar〔0〕的值是 0xC0,而 LedChar〔15〕的值是 0x8E,下标从 0 到 15 一共是 16 个元素。LedChar 数组只有一个下标,称之为一维数组,还有两个下标和多个下标的,称之为二维数组和多维数组。比如 unsigned char a[2][3];表示为一个 2 行 3 列的二维数组。

二维数组的声明方式是:

数据类型数组名[数组长度 1][数组长度 2];

与一维数组类似,数据类型是全体元素的数据类型,数组名是标识符,数组长度 1 和数组长度 2 分别代表数组具有的行数和列数。数组元素的下标一律是从 0 开始。

例如:unsigned char a[2][3];声明了一个具有 2 行 3 列的无符号字符型的二维数组 a。二维数组的数组元素总个数是两个长度的乘积。二维数组在内存中存储的时候,采用行优先的方式来存储,即在内存中先存放第 0 行的元素,再存放第 1 行的元素,同一行再按照列顺序存放,刚才定义的 a[2][3]的存放形式如表 4-7 所示。

表 4-7   二维数组的物理存储结构

a[0][0]	a[0][1]	a[0][2]	a[1][0]	a[1][1]

二维数组的初始化方法分两种情况,之前介绍一维数组时,数组元素的数量可以小于其元素个数,没有赋值的会自动为 0。当数组元素的数量等于数组个数时,如下所示:

unsigned char a[2][3] = {{1,2,3}, {4,5,6}};

或者是:

unsigned char a[2][3] = {1,2,3,4,5,6};

当数组元素的数量小于数组个数的时候,如下所示:

unsigned char a[2][3] = {{1,2}, {3,4}};

等价于:

unsigned char a[2][3] = {1,2,0,3,4,0};

而反过来的写法:

unsigned char a[2][3] = {1,2,3,4};

等价于:

unsigned char a[2][3] = {{1,2,3}, {4,0,0}};

此外,二维数组初始化时,行数可以省略,编译系统会自动根据列数计算出行数,但是列数不能省略。按照规范,行数列数都不可省略,全部写对齐,初始化时,要写成 unsigned char a[2][3] = {{1,2,3}, {4,5,6}};的形式,而不允许写成一维数组的格式,这可防止出错,同时也可提高程序的可读性。

4.6.2　数组的声明

一维数组的声明格式如下:

数据类型数组名 [数组长度];

(1)数组的数据类型声明的是该数组每个元素的类型,即一个数组中的元素具有相同的数据类型。

(2)数组名的声明要符合 C 语言固定的标识符的声明要求,只能由字母、数字、下划线这三种符号组成,且第一个字符只能是字母或者下划线。

(3)方括号中的数组长度是一个常量或常量表达式,并且必须是正整数。

4.6.3 数组的初始化

数组在进行声明的同时可以进行初始化操作,格式如下:

数据类型数组名[数组长度] = {初值列表};

以上节数码管的真值表为例来讲解注意事项。

unsigned char LedChar[16] = {

0xC0, 0xF9, 0xA4, 0xB0, 0x99, 0x92, 0x82, 0xF8, 0x80, 0x90, 0x88, 0x83, 0xC6, 0xA1, 0x86, 0x8E};

(1)初值列表里的数据之间要用逗号隔开。

(2)初值列表里的初值的数量必须等于或小于数组长度,当小于数组长度时,数组的后边没有赋初值的元素由系统自动赋值为 0。

(3)若给数组的所有元素都赋初值,那么可以省略数组的长度,上节的例子中实际上已经省略了数组的长度。

(4)系统为数组分配连续的存储单元的时候,数组元素的相对次序由下标来决定,就是说 LedChar[0]、LedChar[1]……是按照顺序紧挨着依次排下来的。

4.6.4 数组的使用和赋值

在 C 语言程序中,不能一次使用整个数组,只能使用数组的单个元素。一个数组元素相当于一个变量,使用数组元素的时候与使用相同数据类型的变量的方法是一样的。比如 LedChar 这个数组,如果没加 code 关键字,那么它可读可写,可以写成 a = LedChar[0]的形式来把数组的一个元素的值送个 a 变量,也可以写成 LedChar[0] = a,把 a 变量的值送给数组中的一个元素,以下三点要注意。

(1)引用数组的时候,方括号里的数字代表的是数组元素的下标,而数组初始化的时候方括号里的数字代表的是该数组中元素的总数。

(2)数组元素的方括号里的下标可以是整型常数、整型变量或者表达式,而数组初始化的时候方括号里的数字必须是常数不能是变量。

(3)数组整体赋值只能在初始化的时候进行,程序执行代码中只能对单个元素赋值。

4.7 指针

指针是 C 语言中的一个重要的概念,指针类型数据在 C 语言程序中的使用十分普遍。正确地使用指针类型数据,可以有效地表示复杂的数据结构,直接处理内存地址,而且还可以有效地使用数组。

4.7.1 变量的地址

要研究指针,得先深入理解内存地址的概念。打个比方:整个内存就相当于一个拥有很多房间的大楼,每个房间都有自己的房间号,比如从 101、102、103 一直到 NNN,可以说这些房间号就是房间的地址。相对应的内存中的每个单元也都有自己的编号,比如从 0x00、0x01、0x02 一直到 0xNN,同样可以说这些编号就是内存单元的地址。房间里可以住人,对应的内存单元可以"住进"变量:假如一位名字叫 A 的人住在 101 房间,可以说 A 的住址就是 101,或者 101 就是 A 的住址;与之对应,假如一个名为 x 的变量住在编号为 0x00 的内存单元中,那么变量 x 的内存地址就是 0x00,或者 0x00 就是变量 x 的地址。

基本的内存单元是字节,英文表达为 Byte,所使用的 STC89C52 单片机是共有 512 字节的 RAM,就是所谓的内存,但它分为内部 256 字节和外部 256 字节,仅以内部的 256 字节为例,很明显其地址的编号从 0 开始就是 0x00~0xFF。用 C 语言定义的各种变量就存在 0x00~0xFF 的地址范围内,而不同类型的变量会占用不同数量的内存单元。假如现在定义 unsigned char a = 1; unsigned char b = 2; unsigned int c = 3; unsigned long d = 4; 4 个变量,把这 4 个变量分别放到内存中,其存储方式如表 4-8 所示。

表 4-8　变量存储方式

内存地址	存储的数据	内存地址	存储的数据
……	……	0x03	c
0x07	d	0x02	c
0x06	d	0x01	b
0x05	d	0x00	a
0x04	d		

变量 a、b、c、d 的变量类型不同,因此在内存中所占的存储单元也不一样,a 和 b 都占一个字节,c 占 2 个字节,而 d 占 4 个字节。那么,a 的地址就是 0x00,b 的地址就是 0x01,c 的地址就是 0x02,d 的地址就是 0x04,它们地址的表达方式可以写成:&a、&b、&c、&d。C 语言中变量前加一个 & 表示取这个变量的地址,& 在这里叫作"取址符"。

变量 c 是 unsigned int 类型的,占 2 个字节,存储在 0x02 和 0x03 这两个内存地址中,那么 0x02 是它的低字节还是高字节呢？这个问题是由所用的 C 编译器与单片机架构共同决定的,单片机类型不同就有可能不同。比如:在使用的 Keil C51 单片机的环境下,0x02 存的是高字节,0x03 存的是低字节。这是编译底层实现上的细节问题,并不影响上层的应用,如下这两种情况在应用上丝毫不受这些细节的影响:强制类型转换——b = (unsigned char) c,那么 b 的值一定是 c 的低字节;取地址——&c,则得到的一定是 0x02,这都是 C 语言本身所决定的规则,不因单片机编译器的不同而不同。

4.7.2　指针变量的声明

在 C 语言中,变量的地址往往都是编译系统自动分配的,对用户而言,是不知道某个变量的具体地址的。所以定义一个指针变量 p,把普通变量 a 的地址直接送给指针变量 p,采用 p = &a;这样的写法。

对于指针变量 p 的定义和初始化,一般有两种方式,这两种方式,初学者很容易混淆,具体如下。

方法 1:定义时直接进行初始化赋值。

unsigned char a;

unsigned char * p = &a;

方法 2:定义后再进行赋值。

unsigned char a;

unsigned char * p;

p = &a;

大家仔细观察这两种写法的区别,它们都是正确的。在定义的指针变量前边加个 * ,这个 * p 就代表了 p 是指针变量,不是普通变量,它是专门用来存放变量地址的。此外,定义 * p 的时候,用了 unsigned char 定义,这里表示的是该指针指向的变量类型是 unsigned char。

重点强调这两个方法的区别,具体如下。

第一个重要区别:指针变量 p 和普通变量 a 的区别。

定义一个变量 a,同时也可以给变量 a 赋值 a = 1,也可以赋值 a = 2。定义一个指针变量 p,另外还定义了一个普通变量 a=1,普通变量 b=2,那么这个指针变量可以指向 a 的地址,也可以指向 b 的地址,可以写成 p = &a,也可以写成 p = &b,但 p = 1、p = 2、p = a 这三种表达方式都是错的。因此,不要看到定义 * p 的时候前边有 unsigned char 型,就错误地赋值 p=1,这个只是说明 p 指向的变量是 unsigned char 类型的,而 p 本身,是指针变量,不可以给它赋值普通的值或者变量,之后会直接把指针变量称为指针。

第二个重要区别:定义指针变量 * p 和取值运算 * p 的区别。

" * "这个符号,在 C 语言中有三种用法。

第一种用法很简单,乘法操作就使用这个符号。

第二种用法,是定义指针变量时用,比如 unsigned char * p,此时使用" * "代表的意思是 p 是一个指针变量,而非普通变量。

还有第三种用法,就是取值运算,和定义指针变量完全是两码事,比如:

unsigned char a = 1;

unsigned char b = 2;

unsigned char * p;

p = &a;

b = * p;

这样两步运算结束后,b 的值为 1。在这段代码中,&a 表示取 a 变量的地址,把该地址送给 p 之后,再用 * p 运算表示取指针变量 p 指向地址变量的值,又把这个值送给了 b,最终的结果相当于 b=a。同样是 * p,放在定义的位置就是定义指针变量,放在执行代码中就是取值运算。

4.8　数组的指针

4.8.1　指向数组元素的指针和运算法则

所谓指向数组元素的指针,其本质还是变量的指针。因为数组中的每个元素,其实都可以直接看成是一个变量,所以指向数组元素的指针,也就是变量的指针。指向数组元素的指针不难,并且很常用。用程序来解释会比较直观一些。

unsigned char number[10] = {0, 1, 2, 3, 4, 5, 6, 7, 8, 9};

unsigned char * p;

如果写 p = &number[0];那么指针 p 就指向 number 的第 0 号元素,也就是把 number[0] 的地址赋值给了 p,同理,如果写 p = &number[1];p 就指向数组 number 的第 1 号元素。p = &number[x];其中 x 的取值范围是 0~9,就表示 p 指向数组 number 的第 x 号元素。指针本身,也可以进行几种简单的运算,这几种运算对于数组元素的指针来说应用最多。

(1)比较运算。比较的前提是两个指针指向同种类型的对象,比如两个指针变量 p 和 q 它们指向了具有相同数据类型的数组,那它们可以进行<,>,>=,<=,==等关系运算。如果 p==q 为真的话,表示这两个指针指向的是同一个元素。

(2)指针和整数可以直接进行加减运算。如上所述,指针 p 和数组 number,如果 p = &number[0],那么 p+1 就指向了 number[1],p+9 就指向了 number[9]。当然,如果 p = &number[9],p-9 就指向了 number[0]。

(3)两个指针变量在一定条件下可以进行减法运算。如 p = &number[0]; q = &number[9];那么 q-p 的结果就是 9。但特别注意的是,这个 9 代表的是元素的个数,而不是真正的地址差值。如果 number 的变量类型是 unsigned int 型,占 2 个字节,q-p 的结果依然是 9,因为它代表的是数组元素的个数。

还有一种情况,数组名字就代表数组元素的首地址,也就是说:

p = &number[0];

p = number;

这两种表达方式是等价的,因此以下几种表达形式和内容需要格外注意。

根据指针的运算规则,p+x 代表的是 number[x] 的地址,那么 number+x 代表的也是 number[x] 的地址。或者说,它们指向的都是 number 数组的第 x 号元素。*(p+x) 和 *(number+x)都表示 number[x]。

指向数组元素的指针也可以表示成数组的形式。也就是说,允许指针变量带下标,即 p[i] 和 *(p+i)是等价的。但是,为了避免混淆与规范起见,这里建议不要写成前者,而一律采用后者的写法。

二维数组元素的指针和一维数组类似,需要介绍的内容不多。假如现在一个指针变量 p 和一个二维数组 number[3][4],它的地址的表达方式就是 p=&number[0][0],特别注意的是,既然数组名代表了数组元素的首地址,也就是说 p 和 number 都是指数组的首地址。对二维数组来说,number[0],number[1],number[2]都可以看成是一维数组的数组名字,所以 number[0]等价于 &number[0][0],number[1]等价于 &number[1][0],number[2]等价于 &number[2][0]。加减运算和一维数组是类似的,不再详述。

4.8.2 字符数组和字符指针

为了对比字符串、字符数组、常量数组的区别,有如下简单的演示程序,分别定义了 4 个数组:

```
unsigned char array1[ ] = "1-Hello! \r\n";
unsigned char array2[ ] = {'2', '-', 'H', 'e', 'l', 'l', 'o', '!', '\r', '\n'};
unsigned char array3[ ] = {51, 45, 72, 101, 108, 108, 111, 33, 13, 10};
unsigned char array4[ ] = "4-Hello! \r\n";
```

在串口调试助手下,发送十六进制的 1、2、3、4,使用字符形式显示的话,会分别往电脑上发送这 4 个数组中对应的数组。只是在起始位置做了区分,其他均没有区别。

此外还要说明一点的是,数组 1 和数组 4,数组 1 是发送完整的字符串,而数组 4 仅仅发送数组中的字符,没有发结束符号。串口调试助手用字符形式显示是没有区别的,但是如果改用十六进制显示,会发现数组 1 比数组 4 多了一个字节 ' \0' 的 ASCII 值 00。

4.9 结构体、共用体与枚举体

复合数据类型主要包含结构体数据类型、共用体数据类型和枚举体数据类型。

4.9.1 结构体数据类型

可以把每一个元素都明确一个变量名字,这样就不容易出错,同时也易读,但结构上却显得很零散。于是,可以用结构体来将这一组彼此相关的数据做一个封装,它们不仅组成了一个整体,而且易读不易错,同时可以单独定义其中每一个成员的数据类型,比如说把年份用 unsigned int 类型,即 4 个十进制位来表示显然比 2 位更符合日常习惯,而其他的类型还是可以用 2 位表示。结构体本身不是一个基本的数据类型,而是构造的,它的每个成员可以是一个基本的数据类型或者是一个构造类型。结构体既然是一种构造而成的数据类型,那么在使用之前必须先定义它。

声明结构体变量的一般格式如下:

struct 结构体名

{

类型 1 变量名 1;

类型 2 变量名 2;

……

类型 n 变量名 n;

}

结构体变量名 1,结构体变量名 2, ……结构体变量名 n;

这种声明方式是在声明结构体类型的同时又用它定义了结构体变量,此时的结构体名可以省略,但如果省略后,就不能在别处再次定义这样的结构体变量。这种方式把类型定义和变量定义混合使用,降低了程序的灵活性和可读性,因此并不建议采用这种方式,而是推荐以下这种方式:

struct 结构体名

{

类型 1 变量名 1;

类型 2 变量名 2；

……

类型 n 变量名 n；

}；

struct 结构体名结构体变量名 1，结构体变量名 2，……结构体变量名 n；

为了方便大家理解，构造一个实际的表示日期时间的结构体。

struct sTime { //日期时间结构体定义

unsigned int year；//年

unsigned char mon；//月

unsigned char day；//日

unsigned char hour；//时

unsigned char min；//分

unsigned char sec；//秒

unsigned char week；//星期

}；

struct sTime bufTime；

struct 是结构体类型的关键字，sTime 是这个结构体的名字，bufTime 就是定义了一个具体的结构体变量。如果要给结构体变量的成员赋值的话，写法是：

bufTime. year = 0x2013；

bufTime. mon = 0x10；

数组的元素也可以是结构体类型，因此可以构成结构体数组。结构体数组的每一个元素都是具有相同结构类型的结构体变量。例如之前构造的结构类型，直接定义成 struct sTime bufTime[3]；就表示定义了一个结构体数组，这个数组的 3 个元素，每个都是一个结构体变量。同样的道理，结构体数组中的元素的成员如果需要赋值，就可以写成：

bufTime[0]. year = 0x2013；

bufTime[0]. mon = 0x10；

一个指针变量如果指向一个结构体变量，称之为结构指针变量。结构指针变量是指向结构体变量的首地址，通过结构体指针也可以访问到这个结构作变量。结构指针变量声明的一般形式如下：

struct sTime * pbufTime；

特别注意的是，使用结构体指针对结构体成员的访问，和使用结构体变量名对结构体成员的访问，其表达式有所不同。结构体指针对结构体成员的访问表达式为：

pbufTime->year = 0x2013；

或者是：

(* pbufTime). year = 0x2013；

很明显前者更简洁，所以推荐使用前者。

4.9.2 共用体数据类型

共用体也称之为联合体，共用体定义和结构体十分类似，同样是推荐以下形式：

union 共用体名

{

数据类型 1 成员名 1；

数据类型 2 成员名 2；

……

数据类型 n 成员名 n；

} ；

union 共用体名共用体变量；

共用体表示的是几个变量共用一个内存位置，也就是成员 1、成员 2……成员 n 都用一个内存位置。共用体成员的访问方式和结构体是一样的，成员访问的方式是共用体名．成员名；使用指针来访问的方式是共用体名->成员名。

共用体可以出现在结构体内，结构体也可以出现在共用体内，在编程的日常应用中，最多应用是结构体出现在共用体内，例如：

union

{

unsigned int value；

struct

{

unsigned char first；

unsigned char second；

} half；

} number；

这样将一个结构体定义到一个共用体内部，如果采用无符号整型赋值时，可以直接调用 value 变量。同时，也可以通过访问或赋值给 first 和 second 这两个变量来访问或修改 value 的高字节和低字节。

这样看起来似乎可以高效率地在 int 型变量和它的高低字节之间切换访问，但多字节变量的字节序取决于单片机架构和编译器，并非是固定不变的，所以这种方式写好的程序代码在换到另一种单片机和编译环境后，就有可能是错的。从安全和可移植的角度来讲，这样的代码是存在隐患的，所以现在诸多以安全为首要诉求的 C 语言编程规范里干脆直接禁止使用共用体。

共用体和结构体的主要区别如下。

第一，结构体和共用体都是由多个不同的数据类型成员组成，但在任何一个时刻，共用体只能存放一个被选中的成员，而结构体所有的成员都存在。

第二，对于共同体的不同成员的赋值，将会改变其他成员的值，而对于结构体不同成员的赋值是相互之间不影响的。

4.9.3 枚举体数据类型

在实际问题中，有些变量的取值被限定在一个有限的范围内。例如，一个星期从周一到周日有 7 天,一年从 1 月到 12 月有 12 个月,蜂鸣器有响和不响两种状态,等等。如果把这些变量定义成整型或者字符型不是很合适,因为这些变量都有自己的范围。C 语言提供了一种称为"枚举"的类型,在枚举类型的定义中列举出所有可能的值,并可以为每一个值取一个形象化的名字,它的这一特性可以提高程序代码的可读性。

枚举的说明形式如下:

enum 枚举名

{

标识符 1[=整型常数],

标识符 2[=整型常数],

……

标识符 n[=整型常数]

};

enum 枚举名枚举变量;

枚举的说明形式中,如果没有被初始化,那么"=整型常数"是可以被省略的,如果是默认值的话,从第一个标识符顺序赋值 0、1、2……,但是当枚举中任何一个成员被赋值后,它后边的成员按照依次加 1 的规则确定数值。

枚举的使用,要注意以下几点。

(1)枚举中每个成员结束符是逗号,而不是分号,最后一个成员可以省略逗号。

(2)枚举成员的初始化值可以是负数,但是后边的成员依然依次加 1。

(3)枚举变量只能取枚举结构中的某个标识符常量,不可以在范围之外。

4.10　预处理器

C 语言与其他高级程序设计语言的一个主要区别就是对程序的编译预处理功能,编译预处理器是 C 语言编译器的一个组成部分。C 语言中,通过预处理命令可以在很大程度上为 C 语言本身提供许多功能和符号等方面的扩充,并增强 C 语言的灵活性和方便性。编写程序时把预处理命令加在需要的地方,但它只在程序编译时起作用,且通常是按行进行行处理的,因此又称为编译控制行。

C 语言的预处理命令类似于汇编语言中的伪指令。编译器在对程序进行编译之前,先对程序中的编译控制行进行预处理,然后再将预处理的结果与整个 C 语言源程序一起进行编译,产生目标代码。

Keil C51 的预处理器支持所有满足 ANSI 标准 X3J11 细则的预处理命令。常用的预处理命令有:宏定义、文件包含和条件编译命令。为了与一般 C 语言语句相区别,预处理命令由符号"#"开头。

宏定义命令为#define,它的作用是用一个字符串来进行替换,而这个字符串既可以是常数,也可以是其他任何字符串,甚至还可以是带参数的宏。宏定义的简单形式是符号常量的定义,复杂形式是带参数的宏定义。

4. 10. 1 头文件

在前边的章节中,多次使用过文件包含命令#include,这条指令的功能是将指定的被包含文件的全部内容插到该命令行的位置处,从而把指定文件和当前的源程序文件连成一个源文件参与编译,通常的写法有以下两种:

#include <文件名>

#include "文件名"

使用尖括号表示预处理程序直接到系统指定的"包含文件目录"去查找。使用双引号则表示预处理程序首先在当前文件所在的文件目录中查找被包含的文件,如果没有找到才会再到系统的"包含文件目录"去查找。一般情况下,系统提供的头文件用尖括号方式,用户自己编写的头文件用双引号方式。

在前边用过很多次#include <reg52. h>,这个文件所在的位置是 Keil 软件安装目录的\C51\INC 路径内,在这个文件夹内,有很多系统自带的头文件,当然也包含了<intrins. h>这个头文件。

4. 10. 2 条件编译

条件编译属于预处理程序,包括之前的宏,都是程序在编译之前做的一些必要的处理,这些都不是实际程序功能代码,而仅仅是告诉编译器需要进行的特定操作。条件编译通常有三种用法,第一种表达式:

#if 表达式

程序段 1

#else

程序段 2

#endif

作用:如果表达式的值为"真"(非 0),则编译程序段 1,否则,编译程序段 2。在使用中,表达式通常是一个常量,通常事先用宏来进行声明,通过宏声明的值来确定到底执行哪段程序。

比如公司开发了同类的两款产品,这两款产品的功能有一部分是相同的,有一部分是不同的。同样所编写的程序代码大部分的代码是一样的,只有少部分有区别。这时候为了方便程序的维护,可以把两款产品的代码写到同一个工程程序中,然后把其中有区别的功能利用条件编译。

#define PLAN 0

#if (PLAN = = 0)

程序段 1

#else

程序段 2

#endif

这样写之后,当要编译程序段 1 的时候,把 PLAN 宏声明成 0 即可,当要编译程序段 2

的时候,把宏声明的值改为 1 或其他值即可。第二种表达式和第三种表达式是类似的,使用哪一种要看具体情况或个人偏好。

表达式二:

#ifdef 标识符

程序段 1

#else

程序段 2

#endif

表达式三:

#ifndef 标识符

程序段 1

#else

程序段 2

#endif

表达式三的作用是:如果标识符没有被#define 命令声明过,则编译程序段 1,否则编译程序段 2。此外,命令中的#else 部分是可以省略的。表达式二和表达式三正好相反。事实上,#ifndef 就是 if no define 的缩写。

5 项目一——单片机控制 LED 流水灯

51 单片机最小系统也可称为 51 单片机最小应用系统,是指用最少的元件组成的 51 单片机可以工作的系统。51 单片机最小系统一般应该包括:单片机、晶振电路、复位电路。下面对某些部分进行简单的介绍说明。

第一,晶振电路的原理及作用。在单片机系统里晶振的作用非常大。它结合了单片机内部的电路,产生单片机所必须的时钟频率,单片机的一切指令的执行都是建立在这个基础上的,晶振提供的时钟频率越高,单片机的运行速度也就越快。简单地说,没有晶振,就没有时钟周期,没有时钟周期,就无法执行程序代码,单片机也就无法工作。单片机工作时,是一条一条地从 ROM 中取指令,然后一步一步地执行。单片机访问一次存储器的时间,称之为一个机器周期,这是一个时间基准。一个机器周期包括 12 个时钟周期。如果一个单片机选择了 12MHz 晶振,它的时钟周期是 $(1/12)\mu s$,它的一个机器周期是 $12 \times (1/12)\mu s$,也就是 $1\mu s$。

晶振由路由晶振、负载电容、内部电路组成。其原理是,石英晶体振荡器(简称晶振)通过振动给单片机提供时间,有了时间,就有了时序,就可以无差错地执行程序。一般 51 单片机最小系统用的是 12MHz 的晶振,比内部时钟 6MHz 要精确许多。晶振用一种能把电能和机械能相互转化的晶体在共振的状态下工作,以提供稳定且精确的单频振荡。两个 30pF 的电容起到起振和谐振作用,两个电容的取值都是相同的,或者说相差不大,如果相差太大,容易造成谐振不平衡、停振或者干脆不起振。其中有一个高增益反相放大器(即振荡器),其输入端为芯片引脚 XTAL1,输出端为引脚 XTAL2。而在芯片的外部,XTAL1 和 XTAL2 之间跨接晶体振荡器和微调电容,从而构成一个稳定的自激振荡器,这就是单片机的时钟电路。

第二,复位电路的原理及作用。复位电路是一种用来使电路恢复到起始状态的电路设备。一般情况下,上电复位,因 RST 由高电平触发,所以复位按键一端接 VCC,一端接引脚;在 RST 复位输入引脚上接一电容(10μF)至 VCC 端,电容有极性,需注意正负极,下接一个电阻(10kΩ)到地即可。

复位电路在控制系统中的作用是启动单片机开始工作。但在电源上电以及在正常工作时电压异常或受干扰时,电源会有一些不稳定的因素,可能为单片机工作的稳定性带来严重的影响。因此,在电源上电时要延时输出,给芯片输出一复位信号。上电复位电路另一个作用是监视正常工作时电源电压。若电源有异常则会进行强制复位。复位输出脚输出低电平需要持续三个($12/f_{cs}$)或者更多的指令周期,复位程序开始初始化芯片内部的初始状态,等待接受输入信号。

为什么必须使用低电平点亮 LED 灯?

由于单片机的 I/O 口的结构决定了它灌电流的能力较强,所以都采用低电平点亮 LED 的方式。这种方式有一定的抗干扰作用。因为单片机的输出能力有限,如果都让管脚输出高电平来驱动器件的话,即使有上拉电阻,还是会造成单片机运行状态不稳定。其实,采用低电平驱动 LED,可以简化单片机接口的设计。如果采用接口元件,则高电平驱动和低电平驱动有同样的效果。另外,低电平驱动也简化了控制代码,避免了单片机上电复位时端口置高电平后对 LED 的影响。

5.1 单片机 I/O 口结构

5.1.1 简单了解 I/O 口

单片机有许多复杂的内部结构,但是体现在外面就只有 40 个引脚,这 40 个引脚是为了实现与外部的通信。这一节主要学习单片机的 I/O 口。

51 单片机共有 40 个引脚,4 个并行的 8 位 I/O 口。什么是 I/O 口?I/O 口的功能是什么?它的内部结构又是如何的?

I/O 口叫作输入/输出端口,实现单片机与外部的通信(即从外部进行输入和对外部进行输出),后来为了方便也为了国际化,现在通常叫它 I/O 口。I 指 In,输入;O 指 Out,输出。I/O 口其实是一个双向的端口。

本书中 51 单片机使用的是 4 个并行的 8 位 I/O 口,为 P0、P1、P2、P3 四个,每个 I/O 口包含 8 个引脚,如图 5.1 所示。

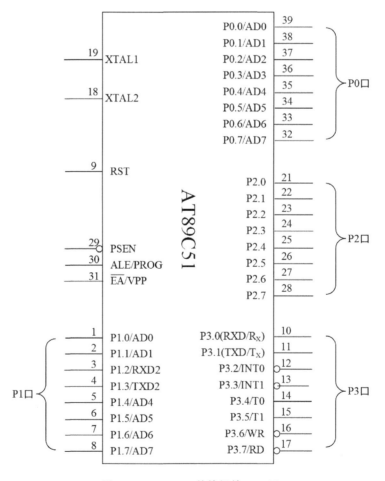

图 5.1　AT89C51 单片机的 I/O 口

5.1.2 I/O 口内部结构

学习控制和使用单片机,其实就是对单片机 I/O 口的控制。无论单片机对外界进行何种控制,或接受外部的何种控制,都是通过 I/O 口进行的。51 单片机每个端口结构都有差异,都各有各的特点。在平时的应用中,特别是设计外围硬件的时候,如果不了解其内部结构的话设计起来也许会有问题,所以认真了解每个端口的结构是非常有必要的。

四个 I/O 口实现外部与单片机的通讯,现在详细了解一下 I/O 口的内部结构,以确定 I/O 口的工作方式。

5.1.2.1 P0 口内部结构及工作原理

如图 5.2 所示为 51 单片机 P0 口的内部结构,它是由锁存器、输入缓冲器、切换开关、与非门、与门以及场效应管驱动电路构成的。P0 口的八个引脚内部均相同。

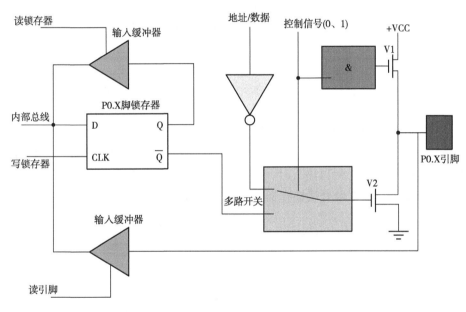

图 5.2 P0 口工作原理

P0 口作为 I/O 端口使用时,多路开关的控制信号为"0"(低电平),多路开关的控制信号同时和与门的一个输入端相接。与门的逻辑特点是"全 1 出 1,有 0 出 0"。那么控制信号是"0"的话,这时与门输出的也是一个"0"(低电平),与门的输出是"0",V1 管就截止。在多路控制开关的控制信号是"0"(低电平)时,多路开关是与锁存器的 Q 端相接的(即 P0 口作为 I/O 口线使用)。

当写锁存器信号 CP 有效,数据总线的信号→锁存器的输入端 D→锁存器的反向输出 Q 非端→多路开关→V2 管的栅极→V2 的漏极到输出端 P0.X。当多路开关的控制信号为低电平 0 时,与门输出为低电平,V1 管是截止的,所以作为输出口时,P0 是漏极开路输出,类似于 OC 门,当驱动上接电流负载时,需要外接上拉电阻。

P0 口作为 I/O 口输出时,输出低电平为 0,输出高电平为高阻态(并非 5V,相当于悬空状态,也就是说P0不能真正输出高电平),给所接的负载提供电流。因此必须接上拉电阻(10kΩ)(电阻连接到VCC),由电源通过这个上拉电阻给负载提供电流。P0作输入时不需要上拉电阻,但要先置"1"。因为P0口作一般I/O口时,上拉场效应管一直截止,所以如果不置"1",下拉场效应管会导通,永远只能读到"0"。因此在输入前置"1",使下拉场效应管截止,端口会处于高阻浮空状态,才可以正确读入数据。

由于P0口内部没有上拉电阻,是开漏的,不管它的驱动能力多大,相当于是没有电源的,需要外部的电路提供,绝大多数情况下P0口是必需加上拉电阻的。

5.1.2.2 P1口内部结构及工作原理

P1口的结构最简单,用途单一,仅作为数据输入/输出端口使用。输出的信息有锁存,输入有读引脚和读锁存器之分。P1端口的结构如图5.3所示。

由图可见,P1端口与P0端口的主要差别在于,P1端口用内部上拉电阻R代替了P0端口的场效应管T1,并且输出的信息仅来自内部总线。由内部总线输出的数据经锁存器反相和场效应管反相后,锁存在端口线上。所以,P1端口具有输出锁存的静态口。

当要正确地从引脚上读入外部信息时,必须先使场效应管关断,以便由外部输入的信息确定引脚的状态。为此,在作引脚读入前,必须先对该端口写入1。具有这种操作特点的输入/输出端口,称为准双向I/O口。8051单片机的P1、P2、P3都是准双向口。P0端口由于输出有三态功能,输入前端口线已处于高阻态,无须先写入1后再作读操作。

P1口的结构相对简单,前面已详细分析了P0口,此处不予论述。单片机复位后,各个端口已自动地被写入了"1",此时,可直接进行输入操作。如果在应用端口的过程当中,已向P1~P3端口线输出过"0",则再输入时,必须先写"1"后再读引脚,才能得到正确的信息。此外,随输入指令的不同,P1也有读锁存器与读引脚之分。

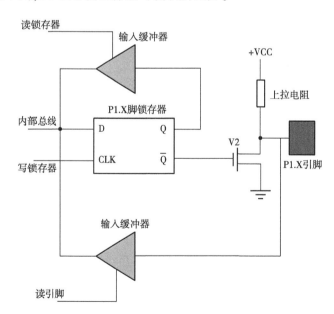

图5.3 P1口工作原理

5.1.2.3　P2口内部结构及工作原理

由图 5.4 可见,P2 端口在片内既有上拉电阻,又有切换开关 MUX,所以 P2 端口在功能上兼有 P0 端口和 P1 端口的特点。这主要表现在输出功能上,当切换开关向下接通时,从内部总线输出的一位数据经反相器和场效应管反相后,输出在端口引脚线上;当多路开关向上接通时,输出的一位地址信号也经反相器和场效应管反相后,输出在端口引脚线上。

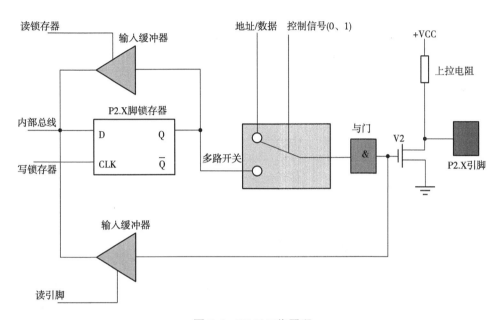

图 5.4　P2 口工作原理

在输入功能方面,P2 端口同 P0 和 P1 相同,有读引脚和读锁存器之分,并且 P2 端口也是准双向口。P2 端口的主要特点如下。

(1)不能输出静态的数据。

(2)自身输出外部程序存储器的高 8 位地址。

(3)执行 MOVX 指令时,还输出外部 RAM 的高位地址,故称 P2 端口为动态地址端口。

5.1.2.4　P3口内部结构及工作原理

P3 口是一个多功能口,它除了可以作为 I/O 口外,还具有第二功能。由图 5.5 可见,P3 端口和 P1 端口的结构相似,区别仅在于 P3 端口的各端口线有两种功能选择。当处于第一功能时,第二输出功能线为"1"。此时,内部总线信号经锁存器和场效应管输入/输出,其作用与 P1 端口作用相同,也是静态准双向 I/O 端口。当处于第二功能时,锁存器输出"1",通过第二输出功能线输出特定的内含信号,在输入方面,即可以通过缓冲器读入引脚信号,还可以通过替代输入功能读入片内的特定第二功能信号。由于输出信号锁存并且有双重功能,故 P3 端口为静态双功能端口。

P3 口的 8 个引脚的第二功能分别为:串口输入、串口输出、外部中断 0、外部中断 1、计数器输入 0、计数器输入 1、外部存储器写信号、外部存储器读信号。

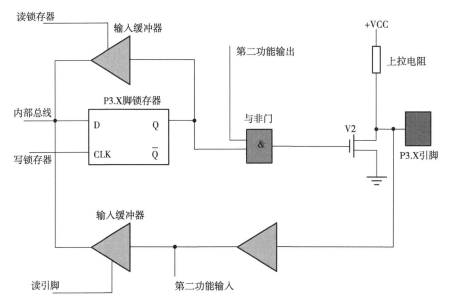

图 5.5 P3 口工作原理

5.2 单片机 I/O 口编程

　　了解了 I/O 口的结构以及工作方式后,需要正式地对 I/O 口进行操作。首先,使用的是 C 语言对单片机进行编程,C 语言基础语句在此处不再赘述。大家对 C 语言中"if else" "while( )""for"语句要熟练使用。在对单片机进行的编程中,第一步是引入头文件,这里常用的头文件有"reg51. h"和"reg52. h",其他可能会用到的还有"math. h""ctype. h""stdio. h" "absacc. h""intrins. h"等。

　　引用方法如下:

　　#include<reg52. h>

　　#include<reg51. h>

　　#include<intrins. h>

　　#include<math. h>

　　#include<stdio. h>

　　#include<absacc. h>

　　对 I/O 口的操作有两种方式,第一种为通过自主编写命令语句使 I/O 口获得或输出一个电平。例如,编写一条命令,"P1^1 = 0;",当运行这一指令后,P1.1 口就会输出一个低电平。第二种为外界赋予的高低电平。例如,令 P1.1 口连接一个开关,开关另一端连接一个 +5V 的电源,当开关断开时,P1.1 口为低电平,当开关闭合时,P1.1 口为高电平。本小节主要讲解对 I/O 口的编程,对 I/O 口编程有两种方式:一种是直接对某个 I/O 口进行编程,即总线式;另一种是对某个 I/O 口的单个引脚进行编程,按位编程。

　　直接对 I/O 口进行编程的话就是将 I/O 口 8 个引脚全部进行赋值。对 I/O 口进行赋值即给 I/O 口赋予"0"或"1","0"代表 I/O 口为低电平,"1"代表 I/O 口为高电平。

使用方法如下:

P0 = 00000001;//给 P0 的 I/O 口第一个引脚赋高电平,其余为低电平

P1 = 01010101;//给 P1 的 I/O 口第一、三、五、七个引脚赋高电平,其余为低电平

P2 = 11111111;//给 P2 的 I/O 口所有引脚都赋高电平

P3 = 00000000;//给 P3 的 I/O 口所有引脚都赋低电平

一个 I/O 口有 8 个引脚,如果想其中某几个引脚为高电平,其余的为低电平应该怎么办呢?其实很简单,一个 I/O 口有 8 个引脚,想要将每个引脚赋予不同的 0 或 1 的值,需要有 8 位的二进制数来表示它。例如,P0 口第一个引脚 P0.0 为低电平,其余为高电平的话,可以这样写"P0 = 1111 1110;"。在进制转换中四位二进制数可以转换为十六进制数,所以"P0 = 1111 1110;"可以改为"P0 = 0xFE;"。

使用方法如下:

P0 = 0x01;//给 P0 的 I/O 口第一个引脚赋高电平,其余为低电平

P1 = 0x55;//给 P1 的 I/O 口第一、三、五、七个引脚赋高电平,其余为低电平

P2 = 0xFF;//给 P2 的 I/O 口所有引脚都赋给高电平

P3 = 0xFE;//给 P3 的 I/O 口第一个引脚赋低电平,其余为高电平

第二种编程方法是对 I/O 口的单个引脚进行赋值。有时并不会将某个 I/O 口的 8 个引脚全部使用,所以也可以单独对某个 I/O 口的单个引脚进行赋值,例如,给 P0 的第一个引脚一个高电平,通常的表示方法为:"P0^0 = 1"。

对于第二种方法,还可以将某个 I/O 口的某个引脚使用"sbit"语句定义为一个变量。sbit 是定义特殊功能寄存器的位变量。bit 和 sbit 都是 C51 扩展的变量类型。典型应用是:"sbit P0_0 = P0^0;"即定义 P0_0 为 P0 口的第 1 位,以便进行位操作。关于 C51 的数据类型扩充定义还有如下几种:①Sfr,特殊功能寄存器声明;②Sfr16,sfr 的 16 位数据声明;③Sbit,特殊功能位声明;④Bit,位变量声明。

C51 的数据类型扩充使用方法如下:

sbit s1 = P0^0; //定义 s1 变量代表 P0 I/O 口第一个引脚

sbit s2 = P1^0; //定义 s2 变量代表 P1 I/O 口第一个引脚

sbit s3 = P2^0; //定义 s3 变量代表 P2 I/O 口第一个引脚

sbit s4 = P3^0; //定义 s4 变量代表 P3 I/O 口第一个引脚

单片机 I/O 口赋值使用方法如下:

sbit s1 = P0^0;   //全局变量

s1 = 1;   //写在函数中,P0 口第一引脚为高电平

s1 = 0;   //写在函数中,P0 口第一引脚为低电平

5.2.1　延时函数介绍

在电子技术中,脉冲信号是一个按一定电压幅度,一定时间间隔连续发出的信号。脉冲信号之间的时间间隔称为周期。而将在单位时间(如 1 秒)内所产生的脉冲个数称为频率。频率是描述周期性循环信号(包括脉冲信号)在单位时间内所出现的脉冲数量多少的计量名

称,频率的标准计量单位是 Hz。电脑中的系统时钟就是一个典型的频率相当精确和稳定的脉冲信号发生器。

指令周期:CPU 执行一条指令所需要的时间称为指令周期,它是以机器周期为单位的,指令不同,所需的机器周期也不同。对于一些简单的单字节指令,在取指令周期中,指令取出到指令寄存器后,立即译码执行,不再需要其他的机器周期。对于一些比较复杂的指令,例如,转移指令和乘法指令,则需要两个或者两个以上的机器周期。通常含一个机器周期的指令称为单周期指令,包含两个机器周期的指令称为双周期指令。

时钟周期:也称为振荡周期,一个时钟周期等于晶振的倒数。对于单片机而言,时钟周期是基本的时间单位,两个振荡周期(时钟周期)组成一个状态周期。

机器周期:单片机的基本操作周期,在一个操作周期内,单片机完成一项基本操作,如取指令、存储器读/写等。

机器周期=6 个状态周期=12 个时钟周期。所以,程序中应该加一个延时函数。通常使用的单片机有三种常用的晶振,分别为 11.059 2MHz、12MHz、24MHz,使用的 STC89C51 单片机常用的是 11.059 2MHz 的晶振,所以主要以 11.059 2MHz 为例介绍。

```
void delay ( )
{
    int x;
    char y;
    for( x = 1000;x>0;x-- )
        for( y = 100;y>0;y-- );
}
```

x 每减一次,y 减 100 次,x 一共减少 1 000 次。

这个子程序的延时时间是:1 000×100 = 100ms(默认时间是 μs)。

5.2.2　While(1)大循环

在单片机的主程序中,编写程序时,总是写一个 while(1)的语句,以此达到让程序进入一个无限死循环中。其目的是让程序一直保持在所需要的运行情况下。例如,流水灯的程序中,让 LED 灯一直在交替闪烁,显示不停地在刷新。

该循环并不是阻止程序的跑飞,而是防止 main( )返回。因为在嵌入式中,main 函数是不能返回的,虽然编写的单片机程序用的是 C 语言,可最终下载到单片机里运行的程序包含两个部分:一部分是编写的程序代码,另一部分是编译器自动生成的代码。例如,在 Keil 中,观察所写的 C 语言程序在转换成汇编语言后,在单片机的代码区中,没有写程序的部分。例如,全 1 或全 0 区域,程序运行到该区域后就会造成意想不到的结果。在没有 while(1)的情况下运行到最后一行时,会自动跳转到 main 函数的第一行,就造成了 main( )函数的返回。不同的 C 语言实现的单片机初始化代码会有不同的表现。

5.2.3　单片机 I/O 口控制单个按键

自锁按键开关,是一种常见的按钮开关。在第一次按开关按钮时,开关接通并保持,即自锁。在第二次按开关按钮时,开关断开,同时开关按钮弹出来。"自锁"是指开关能通过锁定机构保持某种状态(通或断),一开一关,按一下开,再按一下关。"轻触开关"就是不必用多大力气接触就可以改变开关接点的状态,所以触点容量都很小,且结构简单,开关力撤销后只能保持原来状态。也就是说,相当于用很小的力就可以按动,不带锁定的单接点按钮开关。目前,薄膜开关和小型微动开关都算轻触开关,结构上大都采用两片相互绝缘的薄膜上印刷导电线路。通过按压使线路相互连接,或使用薄弹性金属制作的蝶形弹片,按动弹片使印刷电路连接。

要学会使用按键控制一个灯的亮灭,首先要学会使用按键。按键一端连接在单片机的引脚上,另一端连接 VCC 或地,两种不同的情况编程方式基本相同,不同的只有引脚接收的高低电平的区别。这里只说一种,另一种改变高低电平即可。

当使用按键时,一端接单片机引脚,另一端接地。当按键被按下后,单片机 I/O 口对应的引脚接收到低电平,然后执行对应的内容。原理非常简单,但是要注意按键需要防抖动和松手检测。防抖动检测主要目的是为了提高按键输入可靠性。由于机械触点的弹性振动,按键在按下时不会马上稳定地接通,而在弹起时也不能一下子完全地断开,因而在按键闭合和断开的瞬间均会出现一连串的抖动,这称为按键的抖动干扰。按键的抖动会造成按一次键产生的开关状态被 CPU 误读几次。为了使 CPU 能正确地读取按键状态,必须在按键闭合或断开时,消除产生的前沿或后沿抖动。

去抖动的方法有硬件方法和软件方法两种。硬件方法可以是设计一个滤波延时电路或单稳态电路等硬件电路来避开按键的抖动时间。软件方法是指编制一段大于抖动时间的延时程序,在第一次检测到有键被按下时,执行这段延时子程序,使键的前沿抖动消失后再检测该键状态,如果该键仍保持闭合状态电平,则确认该按键已稳定按下,否则无键按下,从而消除了抖动的影响。另一方面关于松手检测,如果不检测松开,按下去的时间整个程序都多次扫描,会运行很快,相当于只要是按着的,就会被检测。但是按下去的这段时间已经多次检测,就像你按了几次,如果加了,他就会检测按下去的键松开了没有,没有就会一直等待。松手检测软件检测的方法是使用一个循环,当电平发生变化时表示按键松手,此时循环结束,按键使用结束。

5.3　实验项目

5.3.1　点亮一个发光二极管

5.3.1.1　设计内容及要求

点亮一个发光二极管,该灯连接在 P1 口的第一个引脚上。将发光二极管正极接在 VCC,+5V 电压上,负极接在单片机 P1 口的第一引脚上,当单片机 P1 口的第一引脚给低电平时,发光二极管导通同时被点亮。

5.3.1.2　硬件电路设计

根据设计内容,在 Proteus 中建立的硬件电路如图 5.6 所示,低电平点亮发光二极管。

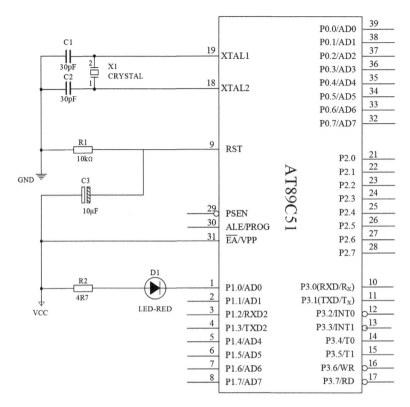

图 5.6　系统硬件连接图

5.3.1.3　软件程序设计

方法一：

```
#include<reg52. h>
void main ( )        //主函数
{
    P1 = 0xfe;
}
```

方法二：

```
#include<reg52. h>
sbit deng1 = P1^0;      //特殊功能位声明
void main ( )        //主函数
{
    deng1 = 0;
}
```

5.3.1.4　实验小结

第一种方法,使用"总线"的方式编程,直接对单片机 P1 口整体进行操作,使得 P1 口第一引脚为低电平,其余引脚为高电平,点亮发光二极管。

第二种方法,使用"位"的方式编程,将"deng1"变量定义为 P1 口的第一个引脚即 P0^0 引脚,再给其一个低电平,点亮发光二极管。

5.3.2　添加一个按键

5.3.2.1　设计内容及要求

添加一个按键,当按键按下时,8 个发光二极管被点亮;按键松手后,发光二极管熄灭。

5.3.2.2　硬件电路设计

根据设计要求,在 Proteus 中建立的硬件电路如图 5.7 所示。按键与单片机相连,另外一端连 GND。P0 口外接 10kΩ 的上拉电阻,发光二极管共阳连接。

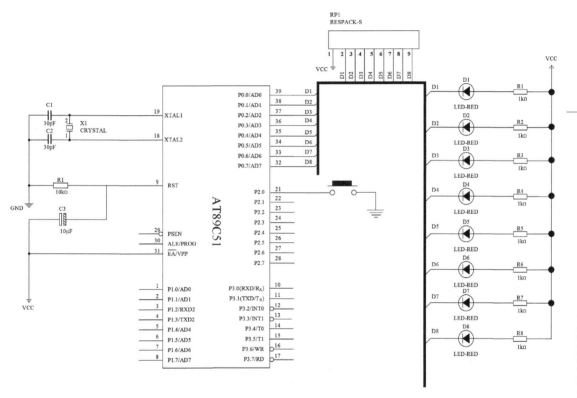

图 5.7　硬件连接电路图

5.3.2.3　软件程序设计

```
#include<reg52.h>
#define uint unsigned int      //定义 uint 为无符号整型
sbit key = P2^0;
void delay(uint z);            //延时函数注明
void main()                    //主函数
{
    P0 = 0xff;                 //将 8 个发光二极管进行初始化,全部熄灭
```

```
    while(1)                 //while 大循环
    {
    if( key= =0)             //检测按键是否按下
      {
        delay（100）；
        if( key= =0)         //防抖动
          {
            P0=0x00;         //8 个发光二极管全部点亮
            delay（100）；
            while（! key）；  //松手检测
          }
      }
    P0=0xff;                 //8 个发光二极管全部熄灭
    delay（100）；
    }
}
void delay（uint z）
{
    uint x,y;
    for（x=z; x>0; x--）
      for（y=110; y>0; y--）；
}
```

5.3.3 多种方法点亮二极管

5.3.3.1 设计内容及要求

用多种方法点亮第 1、3、5、7 个发光二极管。8 个发光二极管连在 P0 口。

5.3.3.2 硬件电路设计

根据设计内容,硬件电路设计如图 5.8 所示。P0 口外接 10kΩ 的上拉电阻,发光二极管共阳连接。

5.3.3.3 软件程序设计

方法一：

```
#include<reg52. h>
void main（）            //主函数
{
    while(1)             //while 大循环
    {
      P0=0xaa;           //使第 1、3、5、7 个发光二极管亮
    }
```

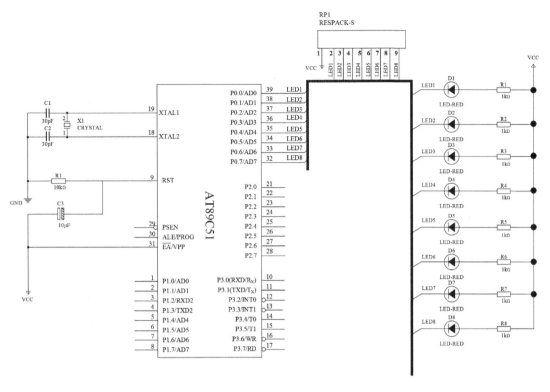

图 5.8　硬件连接电路图

}

方法二：

```
#include<reg52. h>
sbit d1 = P0^0;
sbit d3 = P0^2;
sbit d5 = P0^4;
sbit d7 = P0^6;
void main ()         //主函数
{
    while(1)         //while 大循环
    {
        d1 = 0;d3 = 0;d5 = 0;d7 = 0;//使第 1、3、5、7 个发光二极管亮
    }
}
```

5.3.3.4　仿真运行效果图

仿真运行效果图如图 5.9 所示。

将 8 个发光二极管正极并联在 VCC,+5V 电压上,负极分别接在单片机 P0 I/O 口上。当单片机 P0 口的第 x 引脚给低电平时,第 x 个发光二极管导通,发光二极管被点亮。

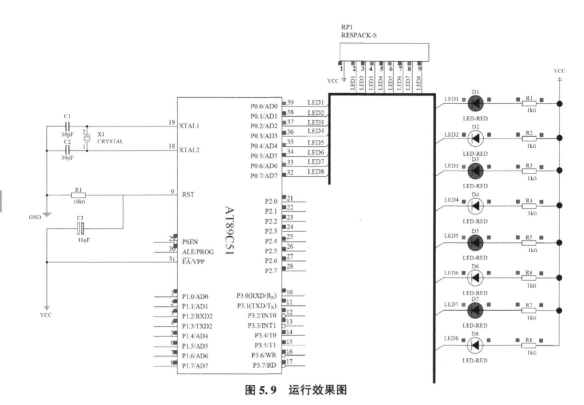

图 5.9　运行效果图

第一种方法使用"总线"的方式编程,直接对单片机 P1 口整体进行操作,使 P0 口 8 个引脚高低电平次序为 10101010(这里 1 代表高电平,0 代表低电平),10101010 的十六进制码为 0xaa。令 P0＝0xaa,则第 1、3、5、7 个发光二极管点亮。

第二种方法使用"位"的方式编程,将"d1"变量定义为 P0 口的第一个引脚,即 P0^0 引脚,"d3"变量定义为 P0 口的第三个引脚,即 P0^2 引脚,"d5"变量定义为 P0 口的第五个引脚,即 P0^4 引脚,"d7"变量定义为 P0 口的第七个引脚,即 P0^6 引脚再给其一个低电平,则第 1、3、5、7 个发光二极管被点亮。

5.3.4　让一个二极管闪烁

5.3.4.1　设计内容及要求

尝试让一个发光二极管闪烁,可以尝试按照不同的频率进行闪烁。

5.3.4.2　硬件电路设计

程序硬件设计原理图同图 5.6。

5.3.4.3　软件程序设计

方法一:

```
#include<reg52.h>
#define uint unsigned int        //定义 uint 为无符号整型
sbit d1＝P1^0;
void delay（uint z）;            //延时函数注明
```

```
void main ()                //主函数
{
    while(1)                //while 大循环
    {
        d1 = 0;
        delay (500);
        d1 = 1;
        delay (500);
    }
}
void delay (uint z)
{
    uint x, y;
    for (x = z; x > 0; x--)
        for (y = 110; y > 0; y--);
}
```

方法二：

```
#include<reg52. h>
#define uint unsigned int     //定义 uint 为无符号整型
void delay (uint z);          //延时函数注明
void main ()                  //主函数
{
    while(1)                  //while 大循环
    {
        P1 = 0xfe;            //使 LED 灯亮
        delay (500);         //延时 0.5 秒
        P1 = 0xff;            //使 LED 灯灭
        delay (500);         //延时 0.5 秒
    }
}
void delay (uint z)          //延时函数
{
    uint x, y;
    for (x = 10; x > 0; x--)
        for (y = z; y > 0; y--);
}
```

将发光二极管正极接在 VCC, +5V 电压上, 负极接在单片机 P1 口的第一引脚上, 当单片机 P1 口的第一引脚给低电平时, 发光二极管导通, 发光二极管被点亮; 当单片机 P1 口的第一引脚给高电平时,发光二极管截止,发光二极管熄灭。

第一种方法使用"位"的方式编程,"d1"变量定义为 P1 口的第一个引脚,即 P1^0 引脚,再给其一个低电平,发光二极管被点亮,延时 1 秒后,再给 P1^0 一个高电平,发光二极管熄灭,再给低电平,依次进行循环。

第二种方法使用"总线"的方式编程,直接对单片机 P1 口整体进行操作,使得 P1 口第一引脚为低电平,其余引脚为高电平,发光二极管点亮,延时一秒钟,使得 P1 口所有引脚为高电平,发光二极管熄灭,依次进行循环。

5.3.5 单片机连接 8 个发光二极管

5.3.5.1 设计内容及要求

单片机连接 8 个发光二极管,第 1、3、5、7 和第 2、4、6、8 个二极管依次闪烁。

5.3.5.2 硬件电路设计

程序硬件设计原理图同图 5.9。

5.3.5.3 软件程序设计

方法一:

```
#include<reg52.h>
#define uint unsigned int        //定义 uint 为无符号整型
void delay(uint z);              //延时函数注明
void main()                      //主函数
{
    while(1)                     //while 大循环
    {
        P0=0xaa;                 //第 1、3、5、7 个灯亮
        delay(500);              //延时 0.5 秒
        P0=0xff;                 //所有灯灭
        delay(500);              //延时 0.5 秒
        P0=0x55;                 //第 2、4、6、8 个灯亮
        delay(500);              //延时 0.5 秒
        P0=0xff;                 //所有灯灭
        delay(500);              //延时 0.5 秒
    }
}
void delay(uint z)
{
    uint x,y;
    for(x=z; x>0; x--)
        for(y=110; y>0; y--);
}
```

方法二:

```
#include<reg52. h>
#define uint unsigned int        //定义 uint 为无符号整型
sbit d1 = P0^0;
sbit d2 = P0^1;
sbit d3 = P0^2;
sbit d4 = P0^3;
sbit d5 = P0^4;
sbit d6 = P0^5;
sbit d7 = P0^6;
sbit d8 = P0^7;
void delay (uint z);           //延时函数注明
void main ( )                  //主函数
{
    d1 = 1;
    d2 = 1;
    d3 = 1;
    d4 = 1;
    d5 = 1;
    d6 = 1;
    d7 = 1;
    d8 = 1;                    //将 8 个发光二极管进行初始化,全部熄灭
    while(1)                   //while 大循环
    {
        d1 = 0;
        d3 = 0;
        d5 = 0;
        d7 = 0;                //第 1、3、5、7 个灯亮
        delay(500);           //延时 0.5 秒
        d1 = 1;
        d2 = 1;
        d3 = 1;
        d4 = 1;
        d5 = 1;
        d6 = 1;
        d7 = 1;
        d8 = 1;                //所有灯灭
        delay(500);           //延时 0.5 秒
```

```
            d2 = 0;
            d4 = 0;
            d6 = 0;
            d8 = 0;              //第 2、4、6、8 个灯亮
            delay(500);          //延时 0.5 秒
            d1 = 1;
            d2 = 1;
            d3 = 1;
            d4 = 1;
            d5 = 1;
            d6 = 1;
            d7 = 1;
            d8 = 1;              //所有灯灭
            delay(500);          //延时 0.5 秒
        }
    }
    void delay (uint z)
    {
        uint x,y;
        for (x = z; x>0; x--)
            for (y = 110; y>0; y--);
    }
```

　　将 8 个发光二极管正极并联接在 VCC,+5V 电压上,负极分别接在单片机 P0 I/O 口上,当单片机 P0 口的第 x 引脚给低电平时,第 x 个发光二极管导通,发光二极管被点亮。

　　第一种方法使用"总线"的方式编程,直接对单片机 P0 口整体进行操作,使 P0 口第 1、3、5、7 引脚为低电平,其余引脚为高电平,第 1、3、5、7 个发光二极管点亮,延时 1 秒钟,使得 P0 口所有引脚为高电平,发光二极管熄灭。再使 P0 口第 2、4、6、8 引脚为低电平,其余引脚为高电平,第 2、4、6、8 发光二极管点亮,延时 1 秒钟,使得 P0 口所有引脚为高电平,发光二极管熄灭,依次进行循环。

　　第二种方法使用"位"的方式编程,"d1"变量定义为 P0 口的第一个引脚,即 P0^0 引脚,"d2"变量定义为 P0 口的第二个引脚,即 P0^1 引脚,"d3"变量定义为 P0 口的第三个引脚,即 P0^2 引脚,"d4"变量定义为 P0 口的第四个引脚,即 P0^3 引脚,"d5"变量定义为 P0 口的第五个引脚,即 P0^4 引脚,"d6"变量定义为 P0 口的第六个引脚,即 P0^5 引脚,"d7"变量定义为 P0 口的第七个引脚,即 P0^6 引脚,"d8"变量定义为 P0 口的第八个引脚,即 P0^7 引脚。

　　先进行初始化,给 8 个引脚高电平,使得 8 个发光二极管都熄灭,再给 d1、d3、d5、d7 一个低电平,发光二极管被点亮,延时 1 秒后,再给 8 个引脚一个高电平,所有发光二极管熄灭。再给 d2、d4、d6、d8 一个低电平,发光二极管被点亮,延时 1 秒后。再给 8 个引脚一个高电平,所有发光二极管熄灭,依次进行循环。

5.3.5.4 仿真运行效果图

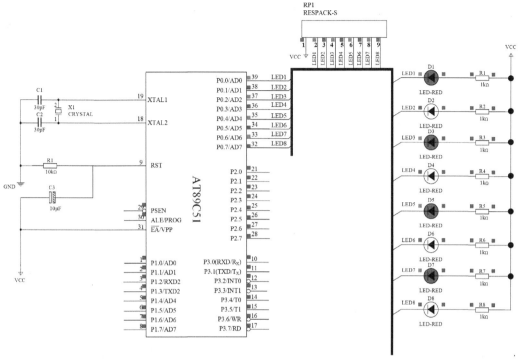

图 5.10 运行效果图

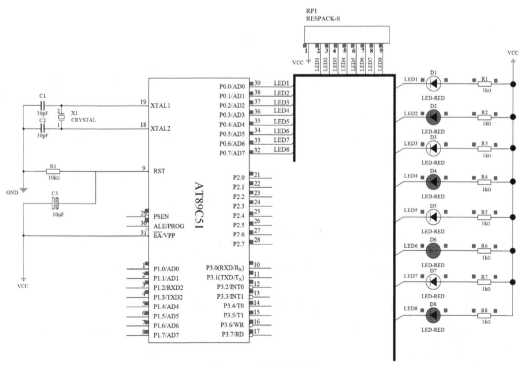

图 5.11 运行效果图

6 项目二——中断

6.1 中断的概念

中断是指 CPU 正在处理某件事时,外部发生了某一事件(如一个电平测变化,一个脉冲的发生或定时器计数溢出等)请求 CPU 迅速去处理。于是,CPU 暂时中断当前的工作,转去处理所发生的事件,中断服务处理完成后,再回到原来被中断的地方,继续原来的工作,如图 6.1 所示。

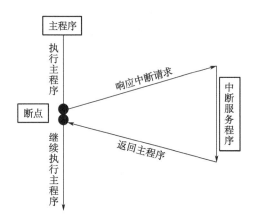

图 6.1　中断响应和处理过程

【注意】中断的申请、响应和返回由 CPU 外的硬件自动完成,不占用 CPU 资源。

一个单片机系统通常有多个中断源,而单片机 CPU 在某一时刻只能响应一个中断源的中断请求。当多个中断源同时向 CPU 发出中断请求时,则必须按照"优先级别"进行排队,CPU 首先选定其中中断级别最高的中断源为其服务,然后按由高到低的排队顺序逐一服务,完成后返回断点,继续执行主程序。

以 AT89C52 为例,单片机一共有 6 个中断源,它们的符号、名称及产生分别解释如下。

(1)INT0(外部中断 0),由 P3.2 端口线引入,低电平或下降沿引起。

(2)INT1(外部中断 1),由 P3.3 端口线引入,低电平或下降沿引起。

(3)T0(定时器/计数器 0 中断),由 T0 计数器计满,清零并再次开始计数。

(4)T1(定时器/计数器 1 中断),由 T1 计数器计满,清零并再次开始计数。

(5)T2(定时器/计数器 2 中断),由 T2 计数器计满,清零并再次开始计数。

(6)T1/RI(串行口中断),串行端口完成一帧字符发送/接收后引起。

单片机在使用中断功能时,通常需要设置两个与中断有关系的寄存器:中断允许寄存器 IE 和中断优先级寄存器 IP。

单片机中断级别如表 6-1 所示。

表 6-1　单片机中断级别

中断源	默认中断级别	序号	中断源	默认中断级别	序号
INT0	最高	0	T1	第4	3
T0	第2	1	TI/RI	第5	4
INT1	第3	2	T2	最低	5

6.2　单片机中断系统

6.2.1　中断源

中断源是指在计算机系统中向 CPU 发出中断请求的来源,中断可以人为设定,也可以是突然响应。中断源的说明如表 6-2 所示。

表 6-2　中断源说明

中断源	说明
$\overline{INT0}$	P3.2 引脚输入,低电平或负跳变时有效,在每个机器周期的 S5P2 采样并建立 IE0 标志
T0	当定时器 T0 产生溢出时,置位内部中断请求标志 TF0,发送中断申请
$\overline{INT1}$	P3.3 引脚输入,低电平或负跳变时有效,在每个机器周期的 S5P2 采样并建立 IE1 标志
T1	当定时器 T1 产生溢出时,置位内部中断请求标志 TF1,发送中断申请
TI/RI	当一个串行帧接收/发送完时,使中断请求标志 RI/TI 置位,发送中断请求

6.2.2　中断允许控制寄存器 IE

中断允许寄存器用来设定各个中断源的打开和关闭,IE 在特殊功能寄存器中,字节地址为 A8H,位地址(由低位到高位)分别是 A8H 到 AFH。该寄存器可进行位寻址,即可对该寄存器的每一位进行单独操作,单片机复位时 IE 全部被清零,各位定义见表 6-3。

表 6-3　IE 各位的格式

位序号	D7	D6	D5	D4	D3	D2	D1	D0
位符号	EA	--	ET2	ES	ET1	EX1	ET0	EX0
位地址	AFH	--	ADH	ACH	ABH	AAH	A9H	A8H

中断允许控制寄存器 IE 各位的功能如下。

(1)EA,全局中断允许位。EA = 1,打开全局中断控制,在此条件下,由各个中断控制位确定相应中断的打开或关闭;EA = 0,关闭全部中断。

（2）ET2,定时器/计数器 2 中断允许位。ET2＝1,打开 T2 中断;ET2＝0,关闭 T2 中断。

（3）ES,串行口中断允许位。ES＝1,打开串行口中断;ES＝0,关闭串行口中断。

（4）ET1,定时器/计数器 1 中断允许位。ET1＝1,打开 T1 中断;ET2＝0,关闭 T1 中断。

（5）EX1,外部中断 1 中断允许位。EX1＝1,打开外部中断 1 中断;EX1＝0,关闭外部中断 1 中断。

（6）ET0,定时器/计数器 0 中断允许位。ET0＝1,打开 T0 中断;ET0＝0,关闭 T0 中断。

（7）EX0,外部中断 0 中断允许位。EX0＝1,打开外部中断 0 中断;EX0＝0,关闭外部中断 0 中断。

6.2.3 中断优先级控制寄存器 IP

中断优先级寄存器在特殊功能寄存器中,字节地址为 B8H,位地址(由低位到高位)分别是 B8H 到 BFH。IP 用来设定各个中断源属于两个中断中的哪一级。该寄存器可进行位寻址,即可对该寄存器的每一位进行单独操作。单片机复位时 IP 全部被清零,各位定义见表 6-4。

表 6-4　IP 各位的格式

位序号	D7	D6	D5	D4	D3	D2	D1	D0
位符号	--	--	--	PS	PT1	PX1	PT0	PX0
位地址	--	--	--	BCH	BBH	BAH	B9H	B8H

中断优先级寄存器 IP 各位的功能如下。

（1）PS,串行口中断优先级控制位。PS＝1,串行口中断为高优先级中断;PS＝0,串行口中断为低优先级中断。

（2）PT1,定时器/计数器 1 中断优先级控制位。PT1＝1,定时器/计数器 1 中断为高优先级中断;PT1＝0,定时器/计数器 1 中断为低优先级中断。

（3）PX1,外部中断 1 中断优先级控制位。PX1＝1,外部中断 1 为高优先级中断;PX1＝0,外部中断 1 为低优先级中断。

（4）PX0,外部中断 0 中断优先级控制位。PX0＝1,外部中断 0 为高优先级中断;PX0＝0,外部中断 0 为低优先级中断。

（5）PT0,T0 中断优先级控制位。PT0＝1,T0 为高优先级中断;PT0＝0,T0 低优先级中断。

在 51 单片机系列中,高优先级中断能够打断低优先级中断以形成中断嵌套。同优先级中断之间,或者低级对高级中断则不能形成中断嵌套。若几个同级中断同时向 CPU 请求中断响应,在没有设置中断优先级情况下,按照默认中断级别响应中断,在设置中断优先级后,则按设置顺序确定响应的先后顺序。

51 单片机内部共有 2 个 16 位可编程的定时器/计数器,即定时器 T0 和定时器 T1。52 单片机内部多一个 T2 定时器/计数器。它们既有定时功能又有计数功能,通过设置与它们相关的特殊功能寄存器可以选择启用定时功能或计数功能。需要注意的是,这个定时器系统是单片机内部一个独立的硬件部分,它与 CPU、晶振通过内部某些控制线连接并相互作用,CPU 一旦设置开启定时功能后,定时器便在晶振的作用下自动开始计时,当定时器的计数器计满后,会产生中断,即通知 CPU 该如何处理。

定时器/计数器的实质是加 1 计数器(16 位),由高 8 位到低 8 位两个寄存器组成。TMOD 是定时器/计数器的工作方式寄存器,确定工作方式和功能。TCON 是控制寄存器,控制 T0、T1 的启动和停止及设置溢出标志。

加 1 计数器输入的计数脉冲有两个来源:一个是由系统的时钟振荡器输出脉冲经 12 分频后送来,另一个是 T0 或 T1 引脚输入的外部脉冲源。每来一个脉冲计数器加 1,当加到计数器为全 1 时,再输入一个脉冲就使计数器回零,且计数器的溢出使 TCON 寄存器中 TF0 或 TF1 置 1,向 CPU 发送中断请求(定时器/计数器中断允许时)。如果定时器/计数器工作于定时模式,则表示定时时间已到;如果工作于计数模式,则表示计数值已满。由此可见,由溢出时计数器的值减去计数初值才是加 1 计数器的计数值。

设置为定时器模式时,加 1 计数器是对内部机器周期计数(1 个机器周期等于 12 个振荡周期,即计数频率为晶振频率的 1/12)。计数值 N 乘以机器周期 T_{cy} 就是定时时间 t。

设置为计数器模式时,外部事件计数脉冲由 T0 或 T1 引脚输入计数器。在每个机器周期的 S5P2 期间采样 T0、T1 引脚电平。当某周期采样到一电平输入,而下周期又采样到一低电平时,则计数器加 1,更新的计数值在下一机器周期的 S3P1 期间装入计数器。由于检测一个 1-0 的下降沿需要 2 个机器周期,因此要求被采样的电平至少要维持一个机器周期。当晶振频率为 12MHz 时,最高计数频率不超过 1/2MHz,即计数脉冲的周期要大于 2μs。

单片机在使用定时器或计数器功能时,通常需要设置两个、定时器有关的寄存器:定时器/计数器工作方式寄存器 TMOD 与定时器/计数器控制寄存器 TCON。

6.2.4 定时器/计数器工作方式寄存器 TMOD

定时器/计数器工作方式寄存器在特殊功能寄存器中,字节地址为 89H,不能位寻址 TMOD 用来确定定时器的工作方式及功能选择,如表 6-5 所示。

表 6-5 TMOD 各位的格式

位序号	D7	D6	D5	D4	D3	D2	D1	D0
位符号	GATE	C/$\overline{T}$	M1	M0	GATE	C/$\overline{T}$	M1	M0
	定时器 1				定时器 0			

(1)GATE,门控制位。GATE=0,定时器/计数器启动与停止由 TCON 寄存器中 TRX 控制;GATE=1,定时器/计数器启动与停止由 TCON 寄存器中 TRX 和外部中断引脚(INT0 或 INT1)上的电平状态共同控制。

(2)C/$\overline{T}$,定时器模式和计数器模式选择位。C/$\overline{T}$=1 为计数器模式;C/$\overline{T}$=0 为定时器模式。

M1M0,工作方式选择位如表 6-6 所示。

表 6-6　M1M0 工作方式

M1	M0	工作方式
0	0	方式 0,为 13 位定时器/计数器
0	1	方式 1,为 16 位定时器/计数器
1	0	方式 2,8 位初值自动重装的 8 位定时器/计数器
1	1	方式 3,仅适用于 T0,分别为两个 8 位计数器,T1 停止计数

6.2.5　定时器/计数器控制寄存器 TCON

定时器/计数器控制寄存器在特殊功能寄存器中,字节地址为 88H,位地址(由低到高位)分别是 88H 到 8FH,该寄存器可进行位寻址。TCON 寄存器用来控制定时器的启、停,标识定时器溢出和中断情况。单片机复位时 TCON 全部被清零。TCON 各位的格式如表 6-7 所示。

表 6-7　TCON 各位的格式

位序号	D7	D6	D5	D4	D3	D2	D1	D0
位符号	TF1	TR1	TF0	TR0	IE1	IT1	IE0	IT0
位地址	8FH	8EH	8DH	8CH	8BH	8AH	89H	88H

(1)TF1,定时器 1 溢出标志位。当定时器 1 计满溢出时,由硬件 TF1 置 1,并且请求中断。进入中断服务程序后,由硬件自动清零。需要注意的是,如果使用定时器的中断,那么该位完全不用人为去操作,但是如果使用软件查询方式的话,当查询到该位置 1 后,就需要用软件清零。

(2)TR1,定时器 1 运行控制位。由软件清零关闭定时器 1。当 GATE＝1,且 INT1 为高电平时,TR1 置 1 启动定时器 1;当 GATE＝0 时,TR1 置 0 关闭定时器 1。

(3)TF0,定时器 0 溢出标志位,其功能及操作方法同 TF1。

(4)TR0,定时器 0 运行控制位,其功能及操作方法同 TR1。

(5)IE1,外部中断 1 请求标志。

当 IE1＝0,为电平触发方式,每一个机器周期的 S5P2 采样 INT1 引脚,若 INT1 引脚为低电平,则置 1,否则 IE1 清零。

当 IE1＝1,INT1 为跳变沿触发方式,当第一个机器周期采样到 INT1 位低电平时,则 IE1 置 1;IE1＝1,表示外部中断 1 正向 CPU 申请中断。当 CPU 响应中断,转向中断服务程序时,该位由硬件清零。

(6)IT1,外部中断 1 触发方式选位。

IT1＝0,为电平触发方式,引脚 INT1 上低电平有效。

IT1＝1,为跳变沿触发方式,引脚 INT1 上的电平从高到低的负跳变有效。

(7)IE0,外部中断 0 请求标志,其功能及操作方法同 IE1。

(8)IT0,外部中断0触发方式选择位,其功能及操作方法同IT1。

机器周期=12/n(n 指晶振频率),假设定时的时间为 M,那么定时的初值为:

$$M/机器周期 = 初值$$

$$TH0=(65\ 536-初值)/256$$

$$TL0=(65\ 536-初值)\%256$$

例如,用 12MHz 晶振做 1ms 定时计算如下:

$$机器周期=12/(12×10^6)=1\mu s$$

$$定时初值=(1×10^{-3})/(1×10^{-6})=1\ 000$$

所以:TH0=(65 536-1 000)/256(求模运算,即可求出高 8 位的值)

TL0=(65 536-1 000)%256(求余运算,因为低 8 位最大能装 255)

将 65 536-1 000=64 536 化为 16 进制则为:0xFC18。

TH0=0xFC,TL0=0X18。

6.2.6　中断服务程序的写法

C51 的中断函数格式如下:

void 函数名() interrupt 中断号 using 工作组
{

  中断服务程序内容

}

中断函数不能返回任何值,所以最前面用 void,后面紧跟函数名,名字可以随便取,但不要与 C 语言中的关键字相同。中断函数不带任何参数,所以函数后面的小括号内为空,中断号是指单片机中的几个中断源的序号。这个序号是编译器识别不同中断的唯一符号,因此在写中断服务程序时务必要写正确。最后的"using 工作组"是指这个中断函数使用单片机内存中 4 组工作寄存器中的哪一组,C51 编译器在编译程序时会自动分配工作组,因此最后程序通常省略不写。

一个简单中断服务程序写法如下:

void T1_time () interrupt 3
{

  TH1 = (65536-10000) / 256;

  TL1 = (65536-10000) % 256;

}

上面这个代码是一个定时器 1 的中断服务程序,定时器 1 的中断序号是 3,因此要写成 interrupt 3,服务程序的内容是给两个初值寄存器装入新值。

在写单片机的定时器程序时,在程序开始处需要对定时器及中断寄存器做初值化设置,通常定时器初始化过程如下:①对 TMOD 赋值,以确定 T0 和 T1 的工作方式;②计算初值,并将初值写入 TH0、TL0 或 TH1、TL1;③中断方式时,则对 IE 赋值,开放中断;④使 TR0 或 TR1 置位,启动定时器/计数器或计数。

6.3 实验项目

6.3.1 INT0 控制 LED 灯

6.3.1.1 设计内容及要求

利用硬件触发方式,使用外部中断方式 0 控制一个 LED 灯的亮灭。当按键按下的时候,外部中断 0 有中端请求信号时,进入中断服务状态,发光二极管发亮,再按一下,再次进入中断服务状态,发光二极管熄灭。

6.3.1.2 硬件电路设计

根据设计内容,如图 6.2 所示,这里省略复位和晶振电路。

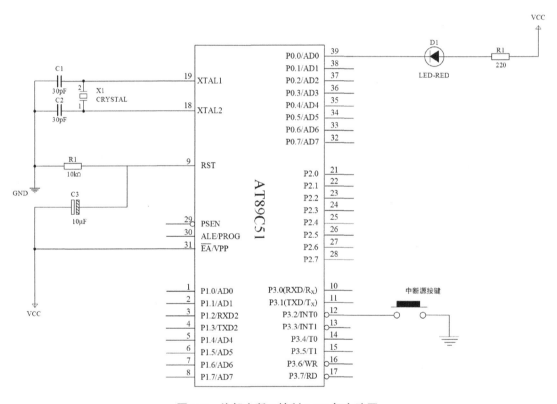

图 6.2 外部中断 0 控制 LED 灯电路图

6.3.1.3 软件程序设计

```
//头文件及宏定义
#include <reg52.h>
#define uint unsigned int
#define uchar unsigned char
```

```
sbit led = P0^0;        //定义变量
void main()
{
P0 = 0xff;              //P0 口初始化
P3 = 0xff;              //P3 口初始化
EA = 1;                 //开总中断
EX0 = 1;                //开外部中断 0
IT0 = 1;                //外部中断 0 为跳沿触发方式,引脚上的 INT0 电平从高到低的负
```
跳变有效;IT0 = 1,为电平触发方式,引脚 INT0 上的低电平有效。
```
while (1);
}
void EXT_INT0() interrupt 0//外部中断函数 0
{
led = ~led;
}
```
说明:程序比较简单,注意中断的控制、使用,以及外部中断 0 程序的书写。

6.3.2　INT0 中断计数

6.3.2.1　设计内容及要求

利用硬件触发方式,使用按键控制外部中断方式 0,对数码管进行计数。当按键按下的时候,外部中断 0 有中断请求信号时,进入中断服务状态,每按 1 次计数加 1,最大到 999。

6.3.2.2　硬件电路设计

根据设计内容要求,如图 6.3 所示,这里省略了复位和晶振电路。

6.3.2.3　软件程序设计

```
//头文件和宏定义
#include <reg52. h>
#define uint unsigned int
#define uchar unsigned char
//定义数组变量
uchar code DSY_CODE [ ] = {0x3f, 0x06, 0x5b,0x4f, 0x66,
                           0x6d, 0x7d, 0x07 ,0x7f, 0x6f};
uchar Display_Buffer [ ] = {0,0,0};
uint Count = 0;
sbit Clear_Key = P3^6;
//函数声明
void Show_Count_ON_DSY ();
//主函数
void main()
```

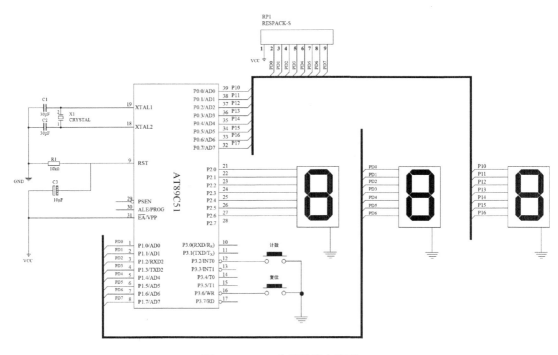

图 6.3 INT0 中断计数电路图

```
    {
        P0 = 0xff;
        P1 = 0xff;
        P2 = 0xff;
//      IE = 0X81;
        EA = 1;      //开总中断
        EX0 = 1;     //开外部中断
        IT0 = 1;     //外部中断 0 为跳沿触发方式,引脚上的 INT0 电平从高到低的负跳变
有效;IT0 = 1,为电平触发方式;引脚 INT0 上的低电平有效
        while(1)
        {
            if( Clear_Key = = 0)
                Count = 0;
            Show_Count_ON_DSY();
        }
    }
//定义显示函数
void Show_Count_ON_DSY()
    {
```

```
Display_Buffer[2]=Count/100;//百位
Display_Buffer[1]=Count%100/10;//十位
Display_Buffer[0]=Count%10;//个位
if(Display_Buffer[2]==0)//百位没有数据
{
    Display_Buffer[2]=0x0f;
    if(Display_Buffer[1]==0)
        Display_Buffer[1]=0x0f;//十位是否有数据
}
P0=DSY_CODE[Display_Buffer[0]];
P1=DSY_CODE[Display_Buffer[1]];
P2=DSY_CODE[Display_Buffer[2]];
}
//定义外部中断0
void EX_INT0() interrupt 0
{
    Count++;
    if (Count==1000)
        Count=0;
}
```

说明:注意三个独立数码管的显示数据方法,中断函数的程序书写,变量的定义。

7 项目三——数码管

7.1 数码管结构及原理

7.1.1 内部结构

一个 LED 数码管的内部结构如图 7.1 所示,8 个发光二极管按照 8 字形排列,用字母 a~g 来表示,分别对应字形的七段。小数点用字符 dp 表示,在电气连接上,这 8 个发光二极管的阴极连接在一起并引出一根线,把它称为公共端。8 个二极管的阳极分别引出,用以控制每一段发光二极管的亮灭,把它称为段选线,因此,一个 LED 数码管共有 9 个功能引脚。

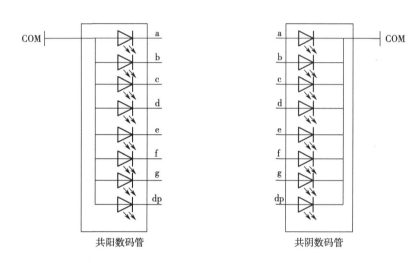

图 7.1 数码管内部结构示意图

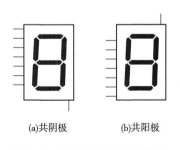

(a)共阴极　　(b)共阳极

图 7.2 两种 LED 数码管类型

在实际应用中,LED 数码管分为共阴极和共阳极两种类型。在 LED 数码管内部,如果是把 8 个发光二极管的阴极连接在一起作为公共端,则称这种结构为共阴极,使用时公共端通常接地,如图 7.2(a)所示。相反,也可以把 8 个发光二极管的阳极连接在一起作为公共端,这种结构称为共阳极,使用时公共端通常接+5V 电源,如图 7.2(b)所示。

7.1.2 显示原理

要想让数码管显示 0~9 等不同的数字,只需要让对应段的发光二极管点亮即可。各段对应情况如图 7.3 所示(共阴共阳顺序相同)。例如,要显示数字 7,需要使 a、b、c 三段的发光二极管点亮。对于共阴极 LED 数码管来说,在公共端接地的条件下,只需要给 a、b、c 这三个段选端送高电平 1,其他的段选端都送低电平 0 即可。

加在段选端的代码构成了一个 8 位的二进制数。按照从 a~g~dp 由低到高的顺序排列,可以得到数字 7 的显示代码为 00000111,即十六进制数 07H,把它称为数字 7 的共阴极七段码。

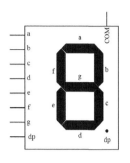

对于共阳极 LED 数码管来说,同样要显示数字 7,在公共端接电源 VCC 的条件下,需要给 a、b、c 这三个段选端送低电平 0,其他的段选端都送高电平 1,因此,得到的数字 7 的显示代码为 11111000B,即 F8H,把它称为 7 的共阳极七段码。

由此可知,所使用的 LED 数码管类型不同,在显示相同数字时使用的七段码是不一样的。在实际编程应用时,必须首先认清电路所接 LED 数码管的类型。

图 7.3 数码管原理图

每一个要显示的数字或符号都分别对应一个七段码值。为了便于应用,针对共阴极和共阳极两种类型的数码管,把部分常用字符的七段码总结并制成了七段码码表,如表 7-1 所示。所有段码值的数位排列顺序都是以 a 段为最低位,小数点段为最高位得到的。需要注意的是,表 7-1 中的段码值是在小数点不亮的情况下得到的。如果在应用中需要使用小数点,则还需要自行修改。

表 7-1 常用字符的七段码表

显示字符	0	1	2	3	4	5	6	7	8
共阴极段码	3F	06	5B	4F	66	6D	7D	07	7F
共阳极段码	C0	F9	A4	B0	99	92	82	F8	80
显示字符	9	A	B	C	D	E	F	−	灭
共阴极段码	6F	77	7C	39	5E	79	71	40	00
共阳极段码	90	88	83	C6	A1	86	8E	BF	FF

在单片机系统中使用 LED 数码管显示时,是通过单片机的 I/O 口输出高、低电平来实现对显示内容的控制。将要显示的字符转换成七段码的过程可以分为硬件译码和软件译码两种方法。采用硬件译码是通过"BCD 七段码"译码器实现的,单片机输出数字的 BCD 码,译码器将其转换成七段码后直接点亮 LED 数码管的段。这种方法简化了单片机的程序,但硬件电路会相对复杂。软件译码是通过程序查表的方法进行,硬件电路比较简单,在单片机系统中比较常用。

图 7.4 所示是采用软件译码法的数码管接口电路。图中使用的是共阴极 LED 数码管,公共端接地,单片机的 P0 口接数码管的段选端。如果要显示数字 2,只需要从 P0 口输出 2 的共阴极七段码 5BH 即可。

采用 C 语言编写查表程序的过程如下。

(1)先在 code 区定义一个数组变量,如 discode[16] = {0x3f, 0x06, 0x5b, 0x4f, 0x66,

0x6d,0x7d,0x07, 0x7f, 0x6f, 0x77, 0x7c,0x39,0x5e, 0x79,0x71},里面存放的数据依次是十六进制数字 0x00~0x0F 对应的共阴极七段码。

（2）在显示程序中,将要显示的数字作为数组变量 discode[ ]的下标,取出对应的七段码送到显示端口,如图 7.4 所示。

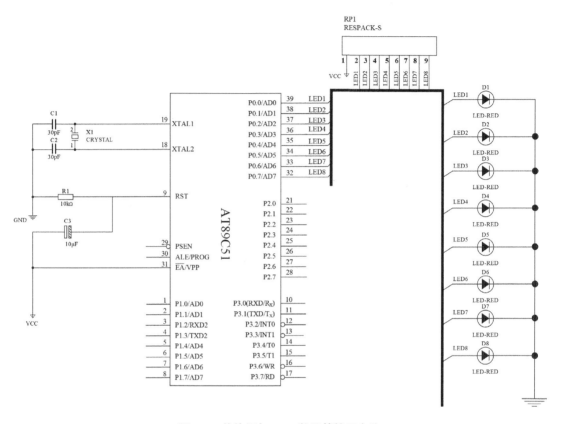

图 7.4　单片机与 LED 数码管接口电路

在单片机系统中,LED 数码管的显示程序根据实际需要分为静态显示和动态显示两种方式。

7.2　LED 数码管静态显示电路

所谓静态显示,是当数码管显示某个字符时,公共端接固定电平,相应段的发光二极管恒定地导通或截止,直到显示另一个字符为止。

7.2.1　设计内容及要求

利用单片机 AT89C52 外接两位 LED 数码管,固定显示数字 17。要求设计硬件电路并编写程序。

7.2.2 硬件电路设计

硬件电路设计在 Proteus 中进行,采用软件译码的方法。数码管选用的是共阳极数码管,不带小数点。两个数码管的公共端分别通过一个 50 Ω 的电阻接到电源 VCC 上,电阻起限流作用。利用单片机的 P2 口和 P3 口分别作为两个数码管的段选信号控制端,最终电路如图 7.5 所示(省略了晶振和复位电路)。

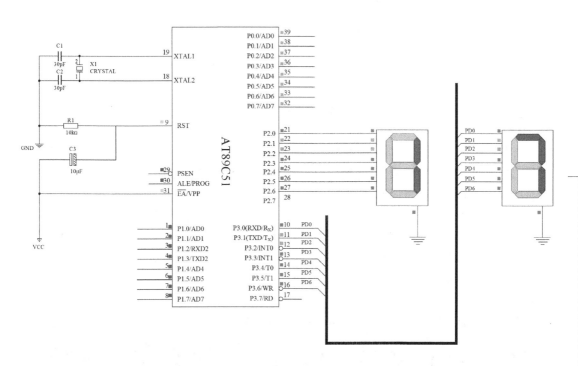

图 7.5 静态显示电路图

7.2.3 显示程序设计

根据硬件电路图,要在两个数码管上显示数字 17,只需分别从 P2 和 P3 口恒定地送出 1 和 7 的七段码即可。C 语言程序如下。

```
#include <reg52 . h>
unsigned char code discode[16] = {0x3f, 0x06, 0x5b, 0x4f, 0x66, 0x6d,0x7d, 0x07,
                                  0x7f, 0x6f, 0x77, 0x7c,0x39,0x5e, 0x79,0x71};
//定义七段码常数表,在 code 区
void main ()
{
    while(1)          //程序循环执行
    {
    P2= discode[1];//将数字 1 的七段码取出送 P1 口
```

```
        P3 = discode［7］；//将数字7的七段码取出送P3口
      ｝
  ｝
```

7.2.4 Proteus 仿真

在 Proteus 中运行程序,显示结果如图 7.5 所示。在该程序基础上添加延时程序和相应语句,即可在两位数码管上变化显示不同的数值。

采用数码管静态显示方式时,单片机显示程序比较简单,数码管显示亮度稳定。但因为每一个数码管都需要一个 8 位的端口来控制,占用资源较多,一般适用于显示位数较少的场合。当单片机系统显示的数据位数较多时,通常采用动态显示方式。

7.3 LED 数码管动态显示电路

所谓动态显示方式,是将所有数码管的段选线并联在一起,由一个 8 位 I/O 口控制。而公共端分别由不同的 I/O 线控制,通过程序实现各位的分时选通。在多位 LED 显示时,动态显示方式能够简化电路,降低成本。

图 7.6 所示为 1 个 8 位一体的 LED 数码管。这 8 个数码管的段选端在器件内部并联,外部引出了一个共用的段选端 A~G、DP。每一个数码管的公共端单独引出,分别对应引脚 1~8。在这 8 个引脚上加不同的选通信号,可以控制各个数码管的显示与关闭,称之为位选信号。位选信号由单片机的 I/O 口进行控制。

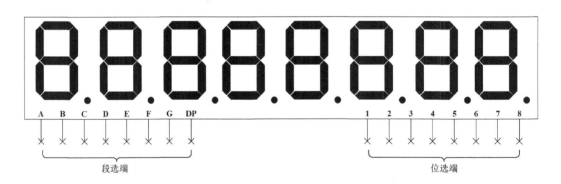

图 7.6   8 位一体数码管示意图

7.3.1 设计内容及要求

设计单片机 AT89C52 控制的 8 位 LED 数码管显示电路,并编写程序,实现在数码管上显示 8 位数字 12345678。

7.3.2 硬件电路设计

在 Proteus 仿真环境中,选择使用 8 位一体共阳极 LED 数码管。数码管段选口驱动问

题,硬件电路如图 7.7 所示。信号由单片机的 P1 口输出,位选信号由 P2.0~P2.7 引脚进行
控制。暂不考虑端口驱动问题。

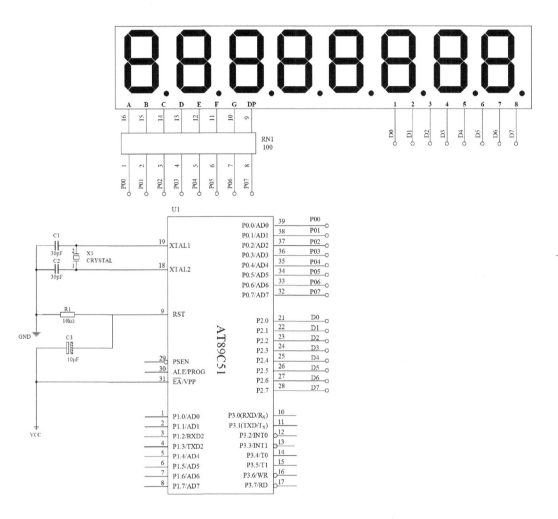

图 7.7 8 位数码管硬件连接图

7.3.3 程序设计

动态扫描显示过程为:先送第 1 位数码管显示内容的七段码值,再送位选信号使第 1 位
数码管显示,其他数码管全部关闭,然后延时一段时间。接下来,送第 2 位数码管显示内容
的七段码值,再送位选信号使第 2 位数码管显示,其他数码管全部关闭,然后延时一段时间。
依次类推,直到 8 位数码管的内容都显示一遍。要想看到稳定的显示效果,编程时,上述动
态扫描过程需要反复循环进行。

C 语言源程序如下。

#include<reg52. h>

```
#define uint unsigned int
#define uchar unsigned char          //定义行选与位选数组
uchar code table [ ] ={0xf9,0xa4,0xb0,0x99,0x92,0x82,0xf8,0x80};
uint code order [ ] ={0x01,0x02,0x04,0x08,0x10,0x20,0x40,0x80};
void delay(uint z)                   //延时程序
{
    uint x,y;
    for( x=z;x>0;x--)
        for(y=110;y>0;y--);
}
void main( )
{
    uint i;
    P0=0x00;                         //I/O 初始化
    P2=0x00;
    while(1)
    {
        for(i=0;i<9;i++)
            {
                P0=table[i];         //固定显示 1~8
                P2=order[i];         //显示单个数码管的码值
                delay(5);
                P0=0Xff;             //消抖
            }
    }
}
```

7.3.4 Proteus 仿真

在 Proteus 中加载目标代码并运行仿真,显示结果如图 7.8 所示。虽然在程序中是给每位数码管轮流送显示的,但是最终看到的却是 8 个数码管在同时显示。之所以会有这样的效果,是因为利用了人眼具有视觉暂留这样一个生理特点。只要对象的动态变化过程不超出人眼的视觉暂留时间(一般在 50~100ms),人眼就觉察不到。

在编写动态扫描显示程序时,有以下两个关键时间需要注意。

(1)循环遍历的总时间,不能超出人眼的视觉暂留时间。

(2)每位显示停留时间,每送入一次段选码、位选码后至少应延时 1ms,以确保每位数码管有足够的时间来达到一定的亮度,能让人看到清晰的数字。

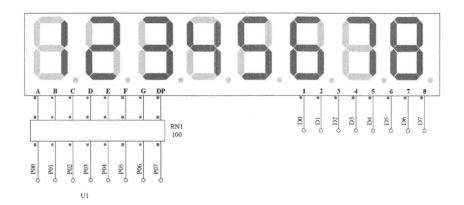

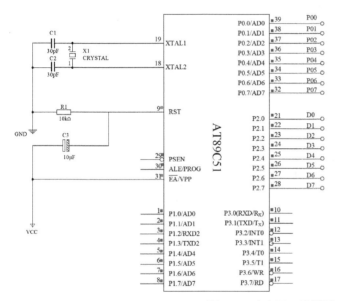

图 7.8　动态显示效果图

7.4　实验项目

7.4.1　显示 2018

7.4.1.1　实验内容及要求

单片机 AT89C51 外接 4 位共阳 LED 数码管，P3.0 引脚外接一独立按键。开机时数码管显示数字 2018，在按下按键时，数字从 2018 开始自动倒计数（时间间隔自定），到 2000 时停止变化。设计单片机接口电路并编程实现以上功能。

7.4.1.2　硬件电路设计

根据设计要求，在 Proteus 中设计的硬件电路如图 7.9 所示。单片机的 P1 口提供数码管的段选信号，P2 口的低四位 I/O 线输出位选信号。P3.0 引脚通过 1 个 10kΩ 连接电源

VCC,同时又通过按键接地。在按键弹起时 P3.0 引脚固定为高电平,当拔下按键时,P3.0 引脚变为低电平,如图 7.9 所示。

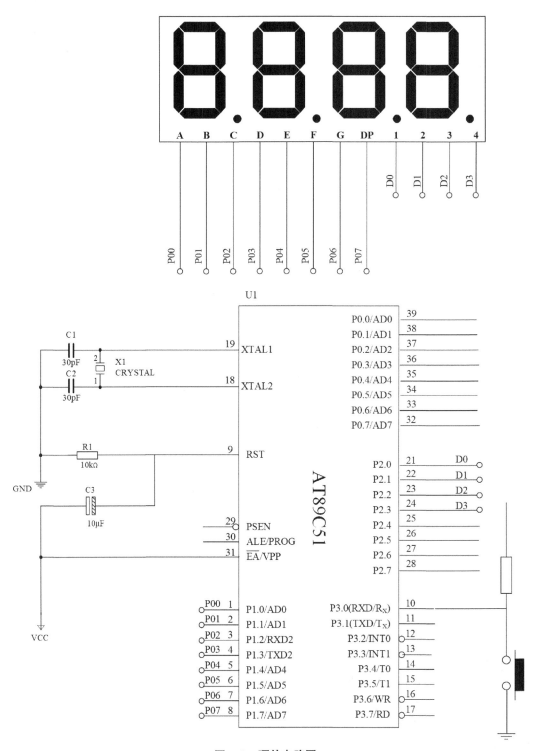

图 7.9　硬件电路图

7.4.1.3 软件程序设计

在系统上电时,单片机控制数码管固定显示数字2018。同时还要不断查询 P3.0 引脚,当 P3.0 引脚变为低电平时,显示内容减 1 后显示一段时间,再继续减 1 并显示,直到内容减为 2000 时再次固定显示。

在系统上电时,单片机控制数码管上显示的两个数字都是零,按下控制加 1 的按键时数码管上的数字进行加 1,按下控制清零的按键时数码管上的数字清零。

C 语言例程如下。

```c
#include <reg52.h>
sbit key=P3^0;                          //定义按键端口
unsigned char code LED [ ] = {0xc0, 0xf9, 0xa4, 0xb0, 0x99, 0x92,0x82, 0xf8, 0x80,
                              0x90};
//建立数字 0~9 的七段码表
unsigned char m, buf[4];
unsigned int shu;
void delay(unsigned char x)             //延时子程序
{
    unsigned char y;
    for( ;x>0;x--)
        for(y=100;y>0;y--);
}
void dis(unsigned int temp)             //显示子程序
{
    unsigned char i;
    buf[0]=temp/1000;                   //取千位数值
    buf[1]=temp%1000/100;               //取百位数值
    buf[2]=temp%100/10;                 //取十位数值
    buf [3]=temp%10;                    //取个位数值
    for(i=0;i<4;i++)                    //4 位轮流显示
    {
        P2=0x01<<i;                     //送位选信号 1 消隐
        P1=LED[buf[i]];                 //送段选信号
        delay(5);                       //延时一段时间
        P1=0xff;                        //消隐
    }
}
void main( )                            //主程序
{
    while(1)
```

```
    {
        shu = 2018;
        dis（shu）；                    //显示数值 2018
        if（key == 0）                  //如果按键按下
        {
            while(1)
            {
                for（m=0;m<200;m++）     //循环显示一定时间
                dis（shu）；
                shu--；                 //数值减 1
                if（shu == 2000）        //如果数字减为 2000
                {
                    while（1）
                    dis(shu)；}           //循环显示 2000
                }
            }
        }
    }
}
```

7.4.1.4　仿真运行效果图

在 Proteus 中加载目标程序代码并运行仿真,数码管固定显示数值 2018。按下按键后,显示数值开始每间隔定时间就自动减 1,直到数值变为 2000 时又固定显示,如图 7.10 所示。

7.4.2　利用单片机 AT89C51 设计一个秒表

7.4.2.1　设计内容及要求

利用单片机 AT89C51 设计一个秒表。单片机 AT89C51 外接两个一位共阴数码管,要求用总线方式进行连接,P3.7 引脚处外接一个独立按键,此按键可控制秒表的开始、暂停、清零功能。设计单片机接口电路并编程实现以上功能。

7.4.2.2　硬件电路设计

根据设计要求,在 Proteus 中设计的硬件电路如图 7.11 所示。单片机 P0、P2 口分别是两个数码管的位选控制信号。P3.7 口接一个按键,当按键第一次按下时秒表开始计时,第二次按下时秒表暂停,第三次按下时秒表清零。

7.4.2.3　软件程序设计

系统通电时,当第一次按下按键开关时,秒表开始计时,第二次按下按键时秒表暂停,第三次按下按键时秒表清零,再次按下按键时秒表重新开始计时。

C 语言程序如下。

```
#include<reg52. h>
#define uchar unsigned char
```

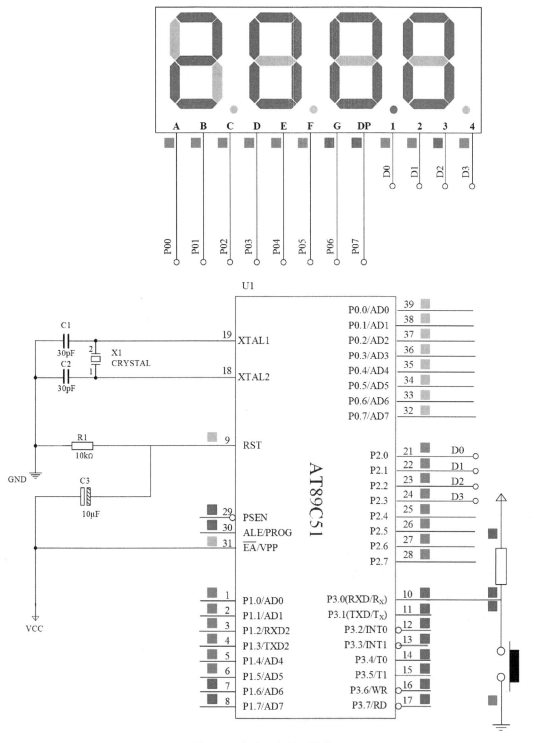

图 7.10 程序运行结果片段

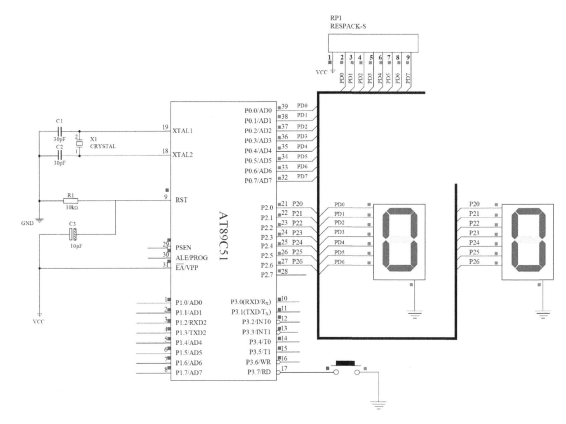

图 7.11　硬件电路图

```
#define uint unsigned int
sbit K1 = P3^7;
uchar i,Second_Counts,Key_Flag_Idx;
bit Key_State;
uchar
DSY_CODE[ ] = {0x3f,0x06,0x5b,0x4f,0x66,
0x6d,0x7d,0x07,0x7f,0x6f};
//延时函数
void DelayMS(uint ms)
{
  uchar t;
  while(ms--)
  for(t=0;t<120;t++);
}
//处理按键事件
void Key_Event_Handle()
{
```

```c
    if (Key_State==0)
     {
         Key_Flag_Idx=(Key_Flag_Idx+1) %3;
         switch (Key_Flag_Idx)
          {
            case 1: EA=1; ET0=1; TR0=1; break;
            case 2: EA=0; ET0=0; TR0=0; break;
            case 0: P0=0x3f; P2=0x3f; i=0; Second_Counts=0;
          }
     }
}
//主程序
void main ()
{
    P0=0x3f;                              //显示 00
    P2=0x3f;
    i=0;
    Second_Counts=0;
    Key_Flag_Idx=0;                       //按键次数(取值 0,1,2,3)
    Key_State=1;                          //按键状态
    TMOD=0x01;                            //定时器 0 方式 1
    TH0=(65536-50000)/256;                //定时器 0:15ms
    TL0=(65536-50000)%256;
    while(1)
     {
         if(Key_State! =K1)
            {
                DelayMS (10);
                Key_State=K1;
                Key_Event_Handle ();
            }
     }
}
//T0 中断函数
void DSY_Refresh () interrupt 1
{
    TH0=(65536-50000)/256;                // 恢复定时器 0 初值
    TL0=(65536-50000)%256;
```

7

项目三——数码管

```
    if( ++i = = 2)                                  //50ms * 2 = 0.1s 转换状态
    {
  {
      i = 0;
      Second_Counts++;
      P0 = DSY_CODE[Second_Counts/10];
      P2 = DSY_CODE[Second_Counts%10];
      if(Second_Counts = = 100) Second_Counts = 0; //满 100(10s)后显示 00
  }
    }
}
```

7.4.2.4　仿真运行效果图

通电时如图 7.12 所示。

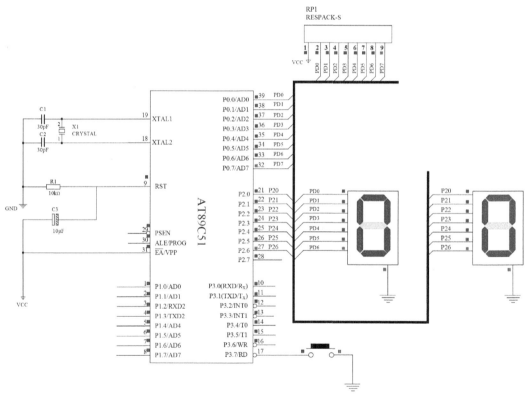

图 7.12　程序运行结果片段

按下按键时如图 7.13 所示。

7.4.3　1 片 6 位数码管显示两组数据

7.4.3.1　设计内容及要求

单片机 AT89C51 外接 6 位共阳 LED 数码管、四个独立按键,按键的功能是使数码管上

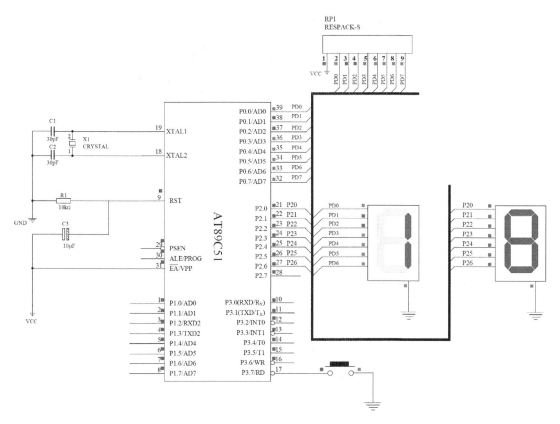

图 7.13 程序运行结果片段

显示的两个数字分别依次加 1 和分别把显示的两个数字清零。设计单片机接口电路并编程实现以上功能。

7.4.3.2 硬件设计电路

据设计要求,在 Proteus 中设计的硬件电路如图 7.14 所示。单片机的 P1 口提供数码管的段选信号,单片机 P2 口提供数码管的位选信号。在 P3.2、P3.3、P3.5、P3.6 口分别接上四个按键控制数码管上数字的显示。

7.4.3.3 软件程序设计

在系统上电时,单片机控制数码管上显示的两个数字都是零,按下控制加 1 的按键时数码管上的数字进行加 1,按下控制清零的按键时数码管上的数字清零。

```
#include <reg52. h>                    //定义头文件和宏定义
#define uint unsigned int
#define uchar unsigned char
sbit key0 = P3^5;                      //定义变量
sbit key1 = P3^6;
uint Count_A = 0, Count_B = 0;
```

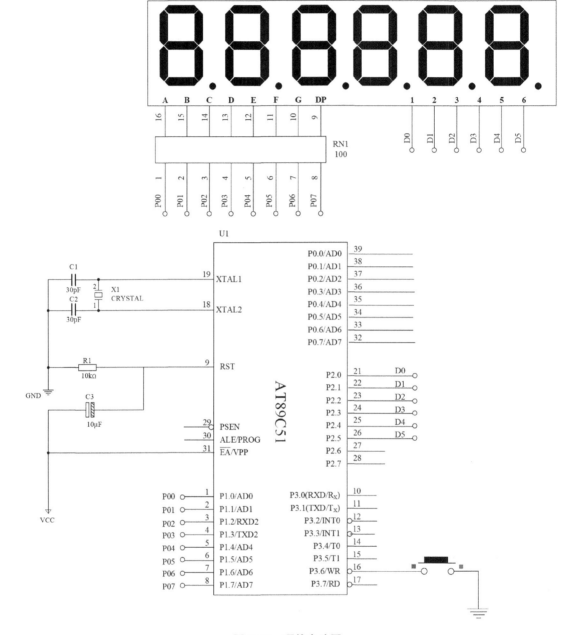

图 7.14 硬件电路图

uchar code DSY_CODE [ ] = {0xc0, 0xf9, 0xa4, 0xb0, 0x99, 0x92,0x82, 0xf8, 0x80,
　　　　　　　　　　0x90, 0xff};

uchar data Buffer_Counts [ ] = {0,0,0,0,0,0};

uchar code Scan_BITs [ ] = {0x20,0x10,0x08,0x04,0x02,0x01};

void Show_Counts ( );

```
void Delayms（uint z）;
void main（）
{
    P1=0x00;                              //P1 口初始化
    P2=0x00;
    P3=0xff;
    EA=1;                                 //开总中断
    EX0=1;                                //开外部中断 0
    EX1=1;                                //开外部中断 1
    IT0=1;
    IT1=1;
    PX0=1;                                //中断优先
    while(1)
    {
        if( key0==0)
            Count_A=0;
        if( key1==0)
            Count_B=0;
        Show_Counts （）;
    }
}
void Show_Counts（）                       //定义显示子函数
{
    uint i;
    Buffer_Counts[2]=Count_A/100;         //Count_A 的处理
    Buffer_Counts[1]=Count_A%100/10;
    Buffer_Counts[0]=Count_A%10;
    if( Buffer_Counts[2]==0)              //高位为 0 时不显示
        {
            Buffer_Counts[2]=0x0a;
            if( Buffer_Counts[1]==0)      //十位为 0 时不显示
                Buffer_Counts[1]=0x0a;
        }
//Count_B 的处理
Buffer_Counts[5]=Count_B/100;
Buffer_Counts[4]=Count_B%100/10;
Buffer_Counts[3]=Count_B%10;
if( Buffer_Counts[5]==0)
```

```
            {
                Buffer_Counts[5] = 0x0a;
                if(Buffer_Counts[4] == 0)
                Buffer_Counts[4] = 0x0a;
            }
        for(i=0;i<6;i++)
            {
                P2 = Scan_BITs[i];
                P1 = DSY_CODE[Buffer_Counts[i]];
                Delayms(1);
            }
    }
void Delayms(uint z)
{
    uint x,y;
    for(x=z;x<0;x--)
        for(y=110;y<0;y--);
}
void EX_INT0() interrupt 0              //定义中断函数
{
    Count_A++;
    if(Count_A == 1000)
        Count_A = 0;
}
void EX_INT1() interrupt 2
{
    Count_B++;
    if(Count_B == 1000)
        Count_B = 0;
}
```

7.4.3.4　仿真运行效果图

运行结果如图 7.15、图 7.16 所示。

7.4.4　数码管显示的两种不同方式——串行、并行

7.4.4.1　设计内容及要求

计算机与它的外围设备之间的基本通信模式有两种,分别是并行通信模式和串行通信模式。采用并行通信模式时,通过并行输入/输出口 P1 控制,所有数据位同时通过并行输入/输出口进行传送。并行通信模式的优点是数据传送速度快,所有的数据位同时传输;缺

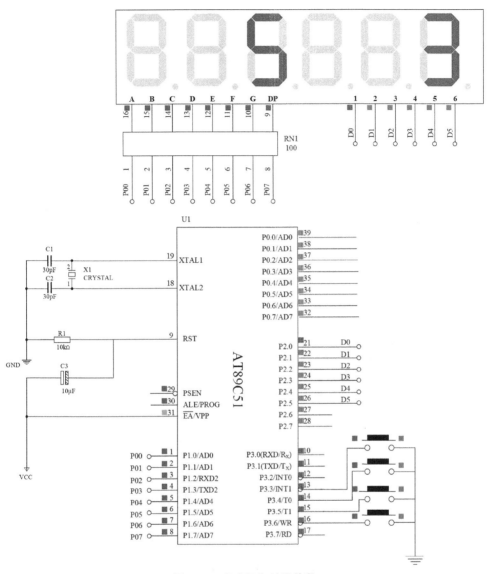

图 7.15 程序运行结果片段

点是电路复杂,一个并行的数据有多少位,就需要多少条传输线。

采用串行通信模式时,所有的数据位按一定的顺序,通过一条传输线逐个地进行传送。串行通信模式的优点是电路简单,仅需要一条传输线;缺点是数据传送速度慢。

7.4.4.2 硬件设计电路

硬件设计电路如图 7.17 所示。

7.4.4.3 软件程序设计

并行显示程序代码如下。

```
#include<reg52. h>
#define uchar unsigned char
```

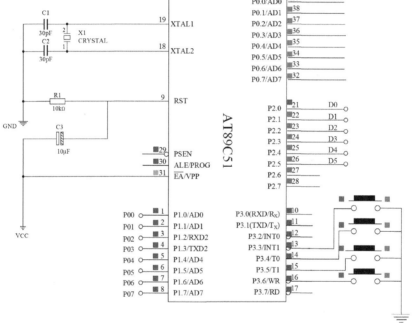

图 7.16 程序运行结果片段

```c
#define uint unsigned int
void delay(uint z);
uchar code SEG[] = {0xc0,0xf9,0xa4,0xb0,0x99,0x92,
              0x82,0xf8,0x80,0x90,0x88,0x83,
              0xc6,0xa1,0x86,0x8e};  //共阳极数码管
sbit W1 = P2^0;
sbit W2 = P2^1;
sbit W3 = P2^2;
void main()
{
```

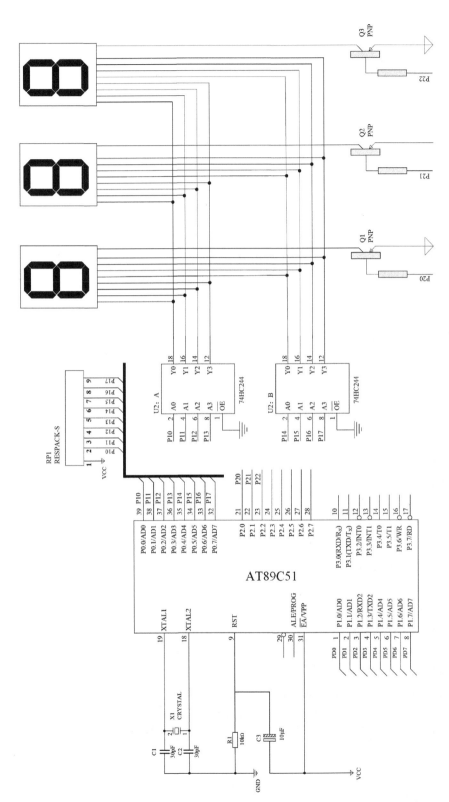

图7.17 并行运行效果

```
        W1 = 1;
        W2 = 1;
        W3 = 1;
        while(1)
        {
            P0 = SEG[1];
            W1 = 0;
            delay(10);
            W1 = 1;                        //给第一位送数据
            P0 = SEG[2];
            W2 = 0;
            delay(10);
            W2 = 1;                        //给第二位送数据
            P0 = SEG[3];
            W3 = 0;
            delay(10);
            W3 = 1;                        //给第三位送数据
        }
}
void delay(uint z)
{
        uchar i;
        uint j;
        for(i = 120;i > 0;i--)
                for(j = z;j > 0;j--);
}
```

串行显示程序代码如下。

```
#include<reg52.h>
#define uchar unsigned char
#define uint unsigned int
void input(uchar d);
void output(void);
uchar code SEG[ ] = {0xc0,0xf9,0xa4,0xb0,0x99,0x92,
                     0x82,0xf8,0x80,0x90,0x88,0x83,
0xc6,0xa1,0x86,0x8e};                    //共阳极数码管
sbit DQ = P2^0;
sbit SH = P2^1;
sbit ST = P2^2;
```

```c
void main( )
{
    SH = 0;
    ST = 0;
    while(1)
    {
        input(0x01);
        input(SEG[1]);
        output( );
        input(0x02);
        input(SEG[2]);
        output( );
        input(0x04);
        input(SEG[3]);
        output( );
    }
}
void input(uchar d)
{
    uchar i = 0;
    for(i = 8;i > 0;i--)
    {
        if(d&0x80)
            DQ = 1;
        else
            DQ = 0;
        SH = 1;
        SH = 0;
        d <<= 1;
    }
}
void output(void)
{
    ST = 1;
    ST = 0;
}
```

7.4.4.4 仿真运行效果图

仿真运行效果如图 7.18 所示。

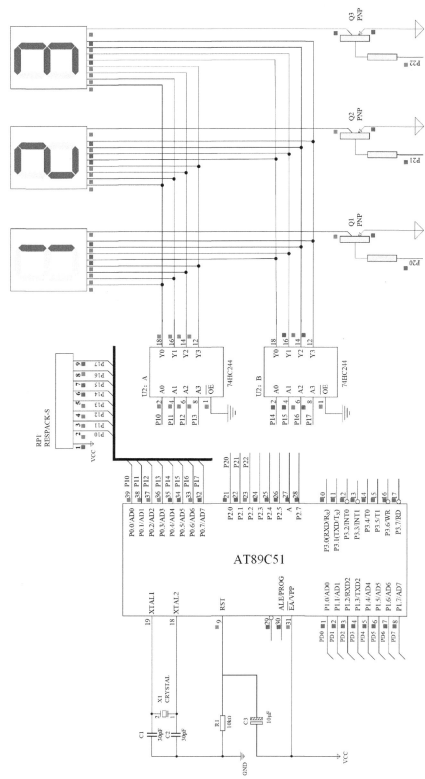

图 7.18 串行运行效果

8 项目四——单片机定时器/计数器

8.1 单片机定时器/计数器结构

8.1.1 定时器/计数器的初步认识

时钟周期。时钟周期 T 是时序中最小的时间单位。具体计算的方法就是 1/时钟源频率,以 51 单片机上用的晶振为例,它的晶振频率是 11 059 200Hz,那么对于这个单片机系统来说,时钟周期 = 1/11 059 200 秒。

机器周期。机器周期是单片机完成一个操作的最短时间。机器周期主要针对汇编语言而言,在汇编语言中,程序的每一条语句执行所使用的时间都是机器周期的整数倍,而且语句占用的时间是可以计算出来的,而 C 语言一条语句的时间是不确定的,受到诸多因素的影响。51 单片机系列,在其标准架构下一个机器周期是 12 个时钟周期,也就是 12/11 059 200 秒。现在有不少增强型的 51 单片机,其速度都比较快,有的 1 个机器周期等于 4 个时钟周期,有的 1 个机器周期就等于 1 个时钟周期,也就是说大体上其速度可以达到标准 51 架构的 3 倍或 12 倍。因为本书讲的是标准的 51 单片机,所以后面遇到这个概念,全部是指 12 个时钟周期。

定时器和计数器是单片机内部的同一个模块,通过配置 SFR(特殊功能寄存器)可以实现两种不同的功能,大多数情况下是使用定时器功能。

顾名思义,定时器就是用来进行定时的。定时器内部有一个寄存器,让它开始计数后,这个寄存器的值每经过一个机器周期就会自动加 1。因此,可以把机器周期理解为定时器的计数周期。就像钟表,每经过一秒,数字自动加 1,而这个定时器就是每过一个机器周期的时间,也就是 12/11 059 200 秒,数字自动加 1。还有一个特别注意的地方就是,钟表加到 60 后,秒就自动变成了 0,这种情况在单片机或计算机里称之为溢出。定时器有多种工作模式,分别使用不同的位宽(指使用多少个二进制位),假如是 16 位的定时器,也就是 2 个字节,最大值就是 65 535,那么加到 65 535 后,再加 1 就算溢出,如果有其他位数的话,道理是一样的。对于 51 单片机来说,溢出后,这个值会直接变成 0。从某一初始值开始,经过确定的时间后溢出,这个过程就是定时的含义。

8.1.2 51 单片机的中断源

51 单片机有 5 个中断服务,分别为外部中断 INT0(P3.2 引入)、外部中断 INT1(P3.3 引入)、定时器/计数器中断 TF0、定时器/计数器中断 TF1、串行口中断 UART(RI/TI)。

8.1.3 单片机中断优先级

中断源优先级及入口地址如表 8-1 所示。

131

表 8-1　中断源优先级及入口地址

中断源	默认中断级别	序号(C语言用)	入口地址(汇编语言用)
INT0	最高	0	0003H
T0	第2	1	000BH
INT1	第3	2	0013H
T1	第4	3	001BH
RI/TI	第5	4	0023H
T2	最低	5	002BH

8.2　单片机定时器/计数器工作方式与工作模式

8.2.1　定时器/计数器存储寄存器

标准的51单片机内部有T0和T1这两个定时器,T就是Timer的缩写,对于单片机的每一个功能模块,都是由它的SFR控制,也就是特殊功能寄存器来控制。与定时器有关的特殊功能寄存器,如表8-2所示。

表 8-2　与定时器有关的特殊功能寄存器

名称	描述	SFR地址	复位键
TH0	定时器0高字节	0x8C	0x00
TL0	定时器0低字节	0x8A	0x00
TH1	定时器1高字节	0x8D	0x00
TL1	定时器1低字节	0x8B	0x00

表 8-3是定时器控制寄存器TCON(地址0x88、可位寻址)的位分配,表8-4则是对每一位的具体含义的描述。

表 8-3　TCON——定时器控制寄存器的位分配

位	7	6	5	4	3	2	1	0
符号	TF1	TR1	TF0	TR0	IE1	IT1	IE0	IT0
复位值	0	0	0	0	0	0	0	0

表 8-4　TCON——定时器控制寄存器的位描述

位	符号	描述
7	TF1	定时器 1 溢出标志。一旦定时器 1 发生溢出时硬件置 1。清零有两种方式:软件清零,或者进入定时器中断时硬件清零
6	TR1	定时器 1 运行控制位。软件置位/清零来进行启动/停止定时器
5	TF0	定时器 0 溢出标志。一旦定时器 0 发生溢出时硬件置 1。清零有两种方式:软件清零,或者进入定时器中断时硬件清零
4	TR0	定时器 0 运行控制位。软件置位/清零来进行启动/停止定时器
3	IE1	
2	IT1	
1	IE0	外部中断部分,与定时器无关
0	IT0	

(1)TF1——定时器 1 溢出标志位(TF0 同此)。当定时器 1 计满溢出时,由软件使 TF1 置 1,并申请中断。进入中断服务程序后,由硬件自动清零(注意:如果使用定时器的中断,该位不用人为去操作,但使用查询方式的话,当查询到该位置 1 后,需要软件清零)。

(2)TR1——定时器 1 运行控制位(TR0 同此)。由软件清零关闭定时器 1。当 GATE = 1,且 INT1 为高电平时,TR1 置 1 启动定时器 1。当 GATE = 0,TR1 置 1 启动定时器 1。

(3)IE1——外部中断 1 请求标志(TE0 同此)。当 IT1 = 0 时,为电平触发方式,每个机器周期的 S5P2 采样 INT1 引脚,若 INT1 脚为低电平,则置 1,否则 IE1 清零。

当 IT1 = 1 时,INT1 为跳变沿触发方式,当第一个机器周期采样到 INT1 脚为低电平时,则 IE1 置 1。IE1 = 1,表示外部中断 1 正向 CPU 申请中断。当 CPU 响应中断,转向中断程序时,该位由硬件清零。

(4)IT1——外部中断 1 触发方式选择位(IT0 同此)。

IT1 = 0 电平触发方式,INT1 引脚上低电平有效。

IT1 = 1 跳变沿触发方式,INT1 引脚上电平从高到低的负跳变有效。

写程序时,比如要用定时器/计数器 1 中断,"TR1 = 1"打开了定时器 1 中断。

对于 TCON 这个 SFR,其中有 TF1、TR1、TF0、TR0 这 4 位需要理解清楚,分别对应于 T1 和 T0。以定时器 1 为例讲解,那么定时器 0 同理。先看 TR1,当程序中写 TR1 = 1 以后,定时器值会每经过一个机器周期自动加 1,当程序中写 TR1 = 0 以后,定时器会停止加 1,其值会保持不变。TF1 是一个标志位,它的作用是提示定时器溢出。比如定时器设置成 16 位的模式,那么每经过一个机器周期,TL1 加 1 次,当 TL1 加到 255 后,再加 1,TL1 变成 0,TH1 会加 1 次,如此一直加到 TH1 和 TL1 都是 255(即 TH1 和 TL1 组成的 16 位整型数为 65 535)以后,再加 1 次,就会溢出。TH1 和 TL1 同时都变为 0,只要一溢出,TF1 马上自动变成 1,提示定时器溢出,仅仅是提供一个信号,它不会对定时器是否继续运行产生任何影响。

工作模式的选择就由 TMOD(地址 0x89、不可位寻址)来控制,TMOD 的位分配和描述如表 8-5 到 8-6 所示。

表 8-5　TMOD——定时器模式寄存器的位分配

位	7	6	5	4	3	2	1	0
符号	GATE	C/$\overline{\text{T}}$	M1	M0	GATE	C/$\overline{\text{T}}$	M1	M0
复位值	0	0	0	0	0	0	0	0
	T1				T0			

表 8-6　TMOD——定时器模式寄存器的位描述

符号	描述
T1/T0	标 T1 的表示控制定时器 1 的位,标 T0 的表示控制定时器 0 的位
GATE	该位被置 1 时为门控位。仅当$\overline{\text{INT0}}$脚为高并且 TR0 控制位被置 1 时使能定时器 0,定时器开始计时,当该位被清零时,只要 TR0 位被置 1,定时器 0 开始计时,不受到单片机引脚$\overline{\text{INT0}}$外部信号的干扰,常用来测量外部信号脉冲宽度。这是定时器一个额外功能
C/$\overline{\text{T}}$	定时器或计数器选择位。该位被清零时用作定时器功能(内部系统时钟),被置 1 用作计数器功能

表 8-3 的 TCON 最后标注了"可位寻址",而表 8-5 的 TMOD 标注的是"不可位寻址"。比如 TCON 有一个位叫 TR1,在程序中直接进行 TR1 = 1 这样的操作。但对 TMOD 里的位,比如(T1)M1 = 1 这样的操作就是错误的。要操作就必须一次操作整个字节,也就是必须一次性对 TMOD 所有位操作,不能对其中某一位单独进行操作。

表 8-7 列出的是 TMDD 定时器的 4 种工作模式,其中模式 0 是为了兼容旧的 8048 系列单片机而设计的,现在的 51 单片机几乎不会用到这种模式,而模式 3 的功能用模式 2 完全可以取代,所以基本上也是不用的。

表 8-7　TMOD——定时器模式寄存器 M1/M0 工作模式

M1	M0	工作模式	描述
0	0	0	兼容 8084 单片机的 13 位定时器,THn 的 8 位和 TLn 的 5 位组成一个 13 位定时器
0	1	1	THn 和 TLn 组成一个 16 位的定时器
1	0	2	8 位自动重装模式,定时器溢出后 THn 重装到 TLn 中
1	1	3	禁用定时器 1,定时器 0 变成 2 个 8 位定时器

8.2.2　单片机定时器/计数器的工作方式

8.2.2.1　方式 0

当 M1、M0 为 00 时,定时器/计数器被设置为工作方式 0,这时定时器/计数器的等效逻辑结构框图如图 8.1 所示(以定时器/计数器 T1 为例,TMOD.5、TMOD.4=00)。

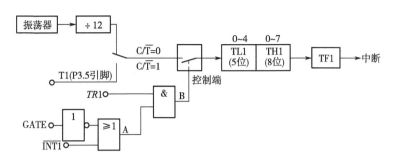

图 8.1　定时器/计数器方式 0 逻辑结构框图

　　定时器/计数器工作在方式 0 时,为 13 位计数器,由 TLx(x=0,1)的低 5 位和 THx 的高 8 位构成。TLx 低 5 位溢出则向 THx 进位,THx 计数溢出则把 TCON 中的溢出标志位 TFx 置 1。

　　上图中,C/$\overline{\text{T}}$ 位控制的电子开关决定了定时器/计数器的两种工作模式。

　　第一,C/$\overline{\text{T}}$=0,电子开关打在上面位置,T1(或 T0)为定时器工作模式,把时钟振荡器 12 分频后的脉冲作为计数信号。

　　第二,C/$\overline{\text{T}}$=1,电子开关打在下面位置,T1(或 T0)为计数器工作模式,计数脉冲为 P3.4 (或 P3.5)引脚上的外部输入脉冲,当引脚上发生负跳变时,计数器加 1。

　　GATE 位的状态决定了定时器/计数器的运行控制取决于 TRx 一个条件,还是取决于 TRx 和$\overline{\text{INT}}$x(x=0,1)引脚状态这两个条件。

　　第一,GATE=0 时,A 点(见图 8.1)电位恒为 1,B 点电位仅取决于 TRx 状态。TRx=1 时,B 点为高电平,控制端控制电子开关闭合,允许 T1(或 T0)对脉冲计数。TRx=0 时,B 点为低电平,电子开关断开,禁止 T1(或 T0)计数。

　　第二,GATE=1 时,B 点电位由$\overline{\text{INT}}$x(x=0,1)的输入电平和 TRx 的状态这两个条件来确定。当 TRx=1,且$\overline{\text{INT}}$x=1 时,B 点才为 1,控制端控制电子开关闭合,允许 T1(或 T0)计数。故这种情况下计数器是否计数由 TRx 和$\overline{\text{INT}}$x两个条件共同控制。

　　【例 8.1】设定时器 T0 选择工作模式 0,定时时间 1ms,f_{osc}=6MHz。试确定 T0 初值。

　　解:当 T0 处于选择工作模式 0,加 1 计数器为 13 位。

　　设 T0 的计数初值为 X,则有:

　　$X = 2^{13} - 1 \times 10^{-3} \times 6 \times 10^{6}/12 = 8\ 192 - 500 = 7\ 692D = 111100000B$。

　　T0 的低 5 位为 01100B,即 0x0C,所以 TL0=0x0C。

　　T0 的高 8 位为 11110000B,即 0xF0,所以 TH0=0x0C。

8.2.2.2　方式 1

　　当 M1、M0 为 01 时,定时器/计数器工作于方式 1,这时定时器/计数器的等效逻辑结构框图如图 8.2 所示。

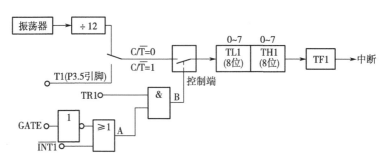

图 8.2　定时器/计数器方式 1 逻辑结构框图

方式 1 和方式 0 的差别仅仅在于计数器的位数不同,方式 1 为 16 位计数器,由 TH_x 高 8 位和 TL_x 低 8 位构成($x=0,1$),方式 0 则为 13 位计数器,有关控制状态位的含义($GATE$、$C/\overline{T}$、TF_x、TR_x)与方式 0 相同。

在定时工作方式,定时时间 t 对应的初值为:初值 $x = 2^{16} - t \times f_{osc}/12$。

在计数工作方式,计数长度最大为:$2^{16} = 65\ 536$(外部脉冲)。

8.2.2.3　方式 2

方式 0 和方式 1 的最大特点是计数溢出后,计数器为全 0。因此在循环定时或循环计数应用时就存在用指令反复装入计数初值的问题。这不仅影响定时精度,而且也给程序设计带来麻烦。方式 2 就是针对此问题而设置的。

当 M1、M0 为 10 时,定时器/计数器处于工作方式 2,这时定时器/计数器的等效逻辑结构框图如图 8.3 所示(以定时器 T1 为例,$x=1$)。

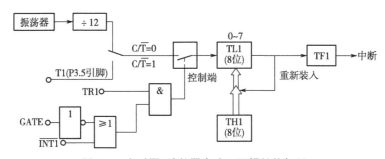

图 8.3　定时器/计数器方式 2 逻辑结构框图

定时器/计数器的方式 2 为自动恢复初值(初值自动装入)的 8 位定时器/计数器,TL_x($x=0,1$)作为常数缓冲器,当 TL_x 计数溢出时,在溢出标志 TF_x 置 1 的同时,还自动将 TH_x 中的初值送至 TL_x,使 TL_x 从初值开始重新计数。定时器/计数器的方式 2 工作过程如图8.4 所示。

这种工作方式可以省去用户软件中重装初值的指令执行时间,简化定时初值的计算方法,可以相当精确地确定定时时间。

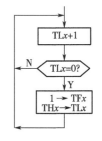

**图 8.4　定时器/计数器方式 2
程序流程图**

8.2.2.4 方式3

方式3是为了增加一个附加的8位定时器/计数器而设置的,从而使MCS-51单片机具有3个定时器/计数器。方式3只适用于定时器/计数器T0,定时器/计数器T1不能在方式3下工作。T1处于方式3时相当于TR1=0,停止计数(此时T1可用来作为串行口波特率产生器)。

工作方式3下的T0。工作模式3对T0和T1来说大不相同,T0设置为模式3时,TL0和TH0被分成两个相互独立的8位计数器,其中TL0可工作于定时器方式或计数器方式,而TH0只能工作于定时器方式。定时器T1没有工作模式3,如果强行设置T1为模式3,则T1停止工作。

T0模式3时的逻辑电路结构如图8.5(a)所示。在该模式下,TL0使用了原T0的各控制位、引脚和中断源,即C/$\overline{T}$、GATE、TR0、TF0、T0(P3.4)引脚、$\overline{INT0}$(P3.2)引脚。既可以工作在定时器方式,又可以工作在计数器方式,其功能和操作分别与模式0、模式1相同,只是计数位数变为8位。

当TMOD的低2位为11时,T0的工作方式被选为方式3,各引脚与T0的逻辑关系如图8.5(a)所示。

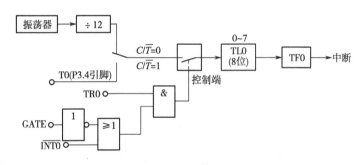

图8.5(a)　TL0作为8位定时器/计数器

定时器/计数器T0分为两个独立的8位计数器TL0和TH0,TL0使用T0的状态控制位C/$\overline{T}$、GATE、TR0、$\overline{INT0}$。而TH0被固定为一个8位定时器(不能作为外部计数模式),并使用定时器T1的状态控制位TR1和TF1,同时占用定时器T1的中断请求源TF1,如图8.5(b)所示。

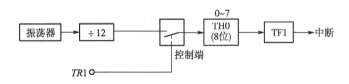

图8.5(b)　TH0作为8位定时器

由于TR1和TF1被定时器TH0占用,T1的计数器开关直接接通运行。只需设置T1的控制位C/$\overline{T}$来切换其工作于定时器或计数器即可。当计数器溢出时,只能将输出送入串行口或用于不需要中断的场合,一般用作串口的波特率发生器。

8.2.3　编程初始化步骤

单片机定时器/计数器的初始化在主函数进行,步骤包括以下几步。

(1)设置 TMOD。首先要根据功能分析,选择做定时器还是计数器,其次要在 4 种工作模式中选择合适的模式。

(2)设置定时器的计数初值。将初值写入 TH0 和 TL0 或 TH1、TL1。

(3)设置 TCON,启动定时器。可以使用位操作指令,如 TR0 = 1。

(4)设置中断允许寄存器 IE。如果需要中断,则要设置中断总开关 EA 和定时器的分开关 ET0 或 ET1。可以使用位操作指令,例如:EA = 1,ET0 = 1。

8.2.4　配置定时器的工作方式

设置定时器 0/1 为工作方式 0。如果单片机的时钟频率为 11.059 2MHz,那么机器周期为 $12 \times (1/11\ 059\ 200) \approx 1.085\ 1\mu s$,若 $t = 5ms$,那么 $N = 5\ 000/1.085\ 1 \approx 4\ 607$,这是晶振在 11.059 200Hz 下定时 5ms 时初值的计算方法。当晶振为 12MHz 时,计算起来就比较方便了,用同样的方法可算得 $N = 5\ 000$,需自动重装。

```
TMOD = 0x00;              //设置定时器 0 为工作方式 0(0000 0000)
TH0 = (8192 - 4607)/32;   //装初值
TL0 = (8192 - 4607)%32;
TR0 = 1;                  //启动定时器
```

8.3　实验项目

【例 8.2】设单片机的振荡频率为 12MHz,用定时器/计数器 0 的模式 0 编程,在 P1.0 引脚产生一个周期为 1 000μs 的方波,如图 8.6 所示。定时器 T0 采用中断的处理方式。

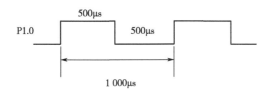

8.6　方波波形图

定时器的设置一般有如下几方面内容。

第一,定时时间。从 P1.0 输出周期为 500μs 的方波。定时 250μs,定时结束对 P1.0 取反。

第二,工作模式。当系统时钟频率为 12MHz,机器周期为 1μs,定时器/计数器 0 可以选择模式 0、模式 1 和模式 2。选择模式 0,定时 500μs。

第三,计数初值 X。振荡频率为 12MHz,则机器周期为 1μs。设计数初值为 X,则有:

$$X = 0.5 \times 10^{-3} \times 12 \times 10^6 / 12 = 500$$

（1）仿真电路如图 8.7 所示。

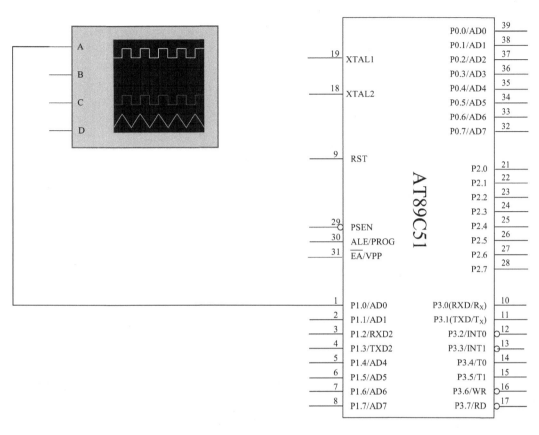

图 8.7　产生 1ms 仿真电路图

（2）C 语言程序如下。

①采用中断处理方式的 C 语言程序如下。

```
#include<reg52. h>              //包含特殊功能寄存器库
sbit P1_0 = P1^0;              //进行引脚的位定义
void main( )
{
    TMOD = 0x00;               //T0 做定时器,工作在模式 0
    TH0 = (8192 - 500)/32;     //装初值
    TL0 = (8192 - 500)%32;
    ET0 = 1;                   //允许 T0 中断
    EA = 1;                    //允许 CPU 中断
    TR0 = 1;                   //启动定时器
    while(1);                  //等待中断
}
```

8 项目四——单片机定时器/计数器

139

```
void time0_int(void) interrupt 1          //中断服务程序
{
    P1_0 = ~P1_0;                         //P1.0 取反,输出方波
}
```

②采用查询方式处理的 C 语言程序如下。

```
#include<reg52.h>                         //包含特殊功能寄存器库
sbit P1_0 = P1^0;                         //进行引脚的位定义
void main()
{
    TMOD = 0x00;                          //T0 做定时器,工作在模式 0
    TH0 = (8192 - 500)/32;                //装初值
    TL0 = (8192 - 500)%32;
    TR0 = 1;                              //启动定时器
    while(1)
    {
        while(!TF0);                      //查询计数溢出
        TF0 = 0;
        P1_0 = ~P1_0;
    }
}
```

③设置定时器 0/1 为工作方式 1。如果单片机的时钟频率为 11.059 2MHz,那么机器周期为 $12 \times (1/11\ 059\ 200) \approx 1.085\ 1\mu s$,若定时 1ms,$x \times (12/11\ 059\ 200) = 0.001$,$x = 921$,$y = 65\ 536 - x$,$y = 64\ 615$,64 615 的 16 进制形式是 fc67,这是晶振在 11.059 2MHz 下定时 1ms 时初值的计算方法,需自动重装。

```
TMOD = 0x01;                             //设置定时器 0 为工作方式 1(0000 0001)
TH0 = 0xfc;                              //装初值
TL0 = 0x67;
TR0 = 1;                                 //启动定时器 0
```

(3)运行结果如图 8.8 所示。

【例 8.3】设单片机的振荡频率为 12MHz,用定时器/计数器 0 的模式 1 编程,在 P1.0 引脚产生一个周期为 1 000μs 的方波,如图 8.9 所示。定时器 T0 采用中断的处理方式。

定时器的设置一般有如下几方面内容。

第一,工作方式选择。当需要产生波形信号时,往往使用定时器/计数器的定时功能,定时时间到了对输出端进行相应的处理即可。

第二,工作模式选择。根据定时时间长短选择工作模式。定时时间长短依次为:模式 1>模式 0>模式 2。如果产生周期性信号,则首选模式 2,不用装初值。

第三,定时时间计算。周期为 1 000μs 的方波要求定时器的时间为 500μs,每次溢出时,将 P1.0 引脚电平的状态取反,就可以在 P1.0 上产生所需的方波。

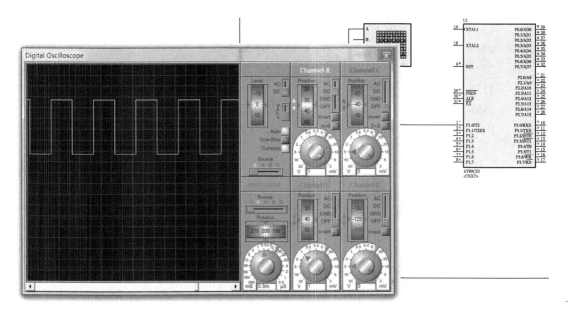

图8.8 运行结果

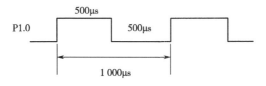

图8.9 方波波形图

第四,计数初值计算。振荡频率为12MHz,则机器周期为1μs。设计数初值为X,则有:

$$X = 2^{16} - 500 \times 10^{-6} \times 12 \times 10^6/12 = 65\ 536 - 500 = 65\ 036 = 0xFE0C$$

所以,定时器的计数初值为:TH0 = 0xFE,TL0 = 0x0C。

(1)仿真电路同图8.7所示。

(2)C语言程序如下。

```
#include<reg52.h>              //包含特殊功能寄存器库
sbit P1_0 = P1^0;             //进行引脚的位定义
void main()
{
    TMOD = 0x01;              //T0 做定时器,工作在模式1
    TL0 = 0x0c;
    TH0 = 0xfe;               //设置定时器的初值
    ET0 = 1;                  //允许 T0 中断
    EA = 1;                   //允许 CPU 中断
    TR0 = 1;                  //启动定时器
```

```
        while(1);                        //等待中断
    }
void time0_int(void) interrupt 1         //中断服务程序
    {
        TL0 = 0x0c;
        TH0 = 0xfe;                      //定时器重赋初值
        P1_0 = ~P1_0;                    //P1.0取反,输出方波
    }
```

(3)运行结果与例8.2类似。

【例8.4】利用定时器精确定时1s控制LED以秒为单位闪烁。已知$f_{osc}=12\text{MHz}$。

(1)仿真电路图如图8.10所示。

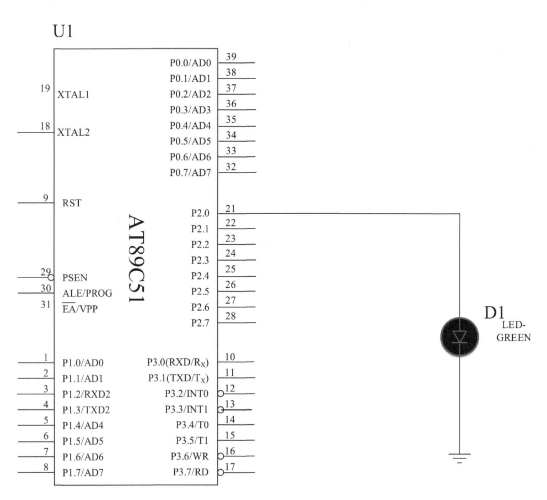

图8.10 仿真电路图

第一,工作模式。定时器/计数器在定时方式下,各个模式最大定时时间分别为:

定时器 $0 = (8\ 192 - 0) \times 12/f_{osc} = 8.192\text{ms}$；

定时器 $1 = (65\ 536 - 0) \times 12/f_{osc} = 65.536\text{ms}$；

定时器 $2 = (256 - 0) \times 12/f_{osc} = 0.256\text{ms}$。

这里选择模式 1，定时时间为 10ms，当 10ms 的定时时间到，TF1 = 1，连续定时 100 次，调用亮灯函数。再连续定时 100 次，调用灭灯函数。循环工作，即达到 1s 闪烁 1 次的效果。

第二，计数初值。初值 $X = 2^{16} - 10 \times 10^{-3} \times 12 \times 10^6/12 = 65\ 536 - 10\ 000 = 55\ 536 = 0\text{xD8F0}$。

（2）C 语言程序如下。

```
#include<reg52.h>          //包含特殊功能寄存器库
sbit LED = P1^0;           //进行引脚的位定义
unsigned char i;
void main()
{
LED = 0;                   //定义灯的初始状态为灭
    TMOD = 0x10;           //T1 做定时器,工作在模式 1
    TL1 = 0xf0;
    TH1 = 0xd8;            //设置定时器的初值
    ET1 = 1;               //允许 T1 中断
    EA = 1;                //允许 CPU 中断
    TR1 = 1;               //启动定时器 1
    while(1);              //等待中断
}
void time1_int(void) interrupt 3          //中断服务程序
{
    TL1 = 0xf0;            //定时器重装初值
    TH1 = 0xd8;
    If(++i = = 100)
    {
        LED = ~LED;
        i = 0;
    }
}
```

（3）运行结果如图 8.11 所示。

设置定时器 0/1 为工作方式 2。如果单片机的时钟频率为 11.059 2MHz，那么机器周期为 $12 \times (1/11\ 059\ 200) \approx 1.085\ 1\mu\text{s}$。以计时 1s 为例，当计 250 个数时，需耗时 $1.085\ 1 \times 250 = 271.275\mu\text{s}$。再来计算定时 1s 计数器需要溢出多少次，即 $1\ 000\ 000/271.275 \approx 3\ 686$，这是晶振在 11.059 2MHz 下定时 1s 时计数器溢出数的计算方法，不需自动重装。

TMOD = 0x02;//设置定时器 0 为工作方式 2(0000 0010)

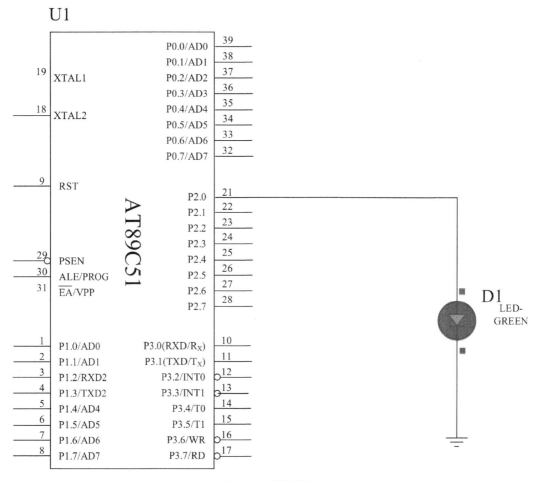

图 8.11 运行结果

TH0 = 6;   //TL0 从 6 开始计数,当 TL0 计到 256 溢出时,TH0 自动将 TL0 = 6;数
装入 TL0 中,避免人为软件重装初值带来的时间误差

TR0 = 1;   //启动定时器 0

【例 8.5】设单片机的振荡频率为 12MHz,用定时器/计数器 0 的模式 2 编程,在 P1.0 引
脚产生一个周期为 500μs 的方波,如图 8.12 所示。定时器 T0 采用中断的处理方式。

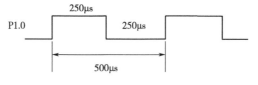

图 8.12 方波波形图

定时器的设置一般有如下几方面内容。

第一,定时时间。从 P1.0 输出周期为 500μs 的方波。定时 250μs,定时结束对 P1.0 取反。

第二,工作模式。当系统时钟频率为 12MHz,机器周期为 1μs,定时器/计数器 0 可以选择模式 0、模式 1 和模式 2。模式 2 最大的定时时间为 $256\mu s$，满足 $250\mu s$ 的定时要求，选择模式 2。

第三，计数初值 X。振荡频率为 $12MHz$，则机器周期为 $1\mu s$。设计初值为 X，则有：

$$X = 2^8 - 250 \times 10^{-6} \times 12 \times 10^6/12 = 256 - 250 = 6 ，则 TH0=TL0=6。$$

（1）C 语言程序如下。

①采用中断处理方式的 C 语言程序如下。

```
#include<reg52. h>          //包含特殊功能寄存器库
sbit P1_0 = P1^0;           //进行引脚的位定义
void main( )
{
    TMOD = 0x02;            //T0 做定时器,工作在模式 2
    TL0 = 0x06;
    TH0 = 0x06;             //设置定时器的初值
    ET0 = 1;               //允许 T0 中断
    EA = 1;                //允许 CPU 中断
    TR0 = 1;               //启动定时器
    while(1);              //等待中断
}
void time0_int(void) interrupt 1    //中断服务程序
{
    P1_0 = ~P1_0;         //P1.0 取反,输出方波
}
```

②采用查询方式处理的 C 语言程序如下。

```
#include<reg52. h>          //包含特殊功能寄存器库
sbit P1_0 = P1^0;           //进行引脚的位定义
void main( )
{
    TMOD = 0x02;            //T0 做定时器,工作在模式 2
    TL0 = 0x06;
    TH0 = 0x06;             //设置定时器的初值
    TR0 = 1;               //启动定时器
    while(1)
    {
        while( !TF0);      //查询计数溢出
        TF0 = 0;
        P1_0 = ~P1_0;
    }
}
```

(2)运行结果如图 8.13 所示。

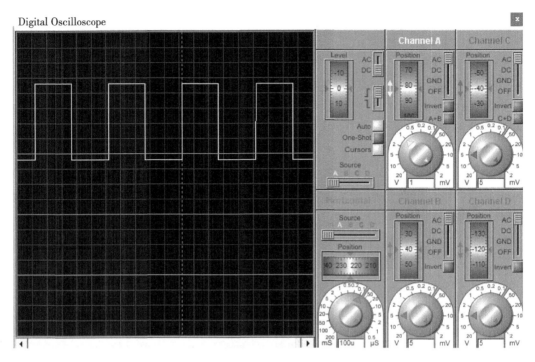

图 8.13　运行结果

【例 8.6】已知 AT89C51 单片机 f_{ocs} = 6MHz，试用 T0 和 P1 口输出矩形波，矩形波高电平为 40μs，低电平为 360μs，如图 8.14 所示。

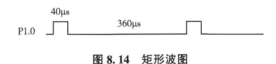

图 8.14　矩形波图

前面遇到的都是方波，所以高、低电平持续时间是一样的，只要用定时器定时周期的一半时间，把 P1.0 引脚的电平持续取反即可。但是现在矩形波高电平宽为 40μs，低电平宽为 360μs，二者不相等。

观察两个时间，40μs 和 360μs 之间刚好是一个 9 倍的关系，这样可以用定时器定时一个基数 40μs，360μs 可以用循环 9 次 40μs 来实现。方式 2 对应的最大定时时间是 512μs，所以用方式 2 即可。

TMOD = 00000010 = 0x02。

40μs 定时初值 $X = 2^8 - 40 \times 6/12 = 256 - 20 = 236 = 0xEC$。

(1)C 语言程序如下。

```
#include<reg52. h>
sbit signal = P1^0;
```

```
bit level;                    //用来存储产生 T0 中断之前输出何种电平
unsigned char counter;
void main(void)
{
    TMOD = 0x02;      //T0 选择工作方式 2,8 位定时器
    TH0 = 0xec;
    TL0 = 0xec;       //定时时间为 40μs
    counter = 0;
    signal = 1;
    level = 1;        //初始化全局变量
    EA = 1;           //使能 CPU 中断
    ET0 = 1;          //使能 T0 溢出中断
    TR0 = 1;          //T0 开始运行
    while(1);         //无限循环
}
void isr_t0(void) interrupt 1//T0 中断服务中断
{
    if(level == 1)    //如果中断产生之前输出的是高电平
    {
        signal = 0;   //输出低电平
        level = 0;    //保存当前输出的电平(低电平)
    }
    else              //如果中断产生之前输出的是低电平
    {
        counter++;    //中断次数计数加 1
        if(counter == 0)//如果已经输出低电平 360μs
        {
            counter = 0; //中断次数计数归零
            signal = 1; //输出高电平
            level = 1; //保存当前输出的电平(高电平)
        }
    }
}
```

（2）运行结果如图 8.15 所示。

【例 8.7】利用定时器 T1 的模式 2 对外部信号进行计数,要求每计数 100 次,将 P1.0 端取反。

定时器的设置一般有如下几方面内容。

第一,工作方式。T1 工作在计数方式,计数脉冲数为 100。

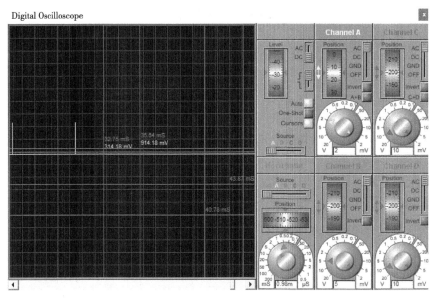

图 8.15　运行结果

第二,工作模式。采用模式 2,则寄存器 TMOD = 01100000B = 0x60。

第三,计数初值。在模式 2 下,初值 $X = 2^8 - 100 = 156 = 0x9C$ 。

第四,设置定时器 0/1 为工作方式 3。

(1)仿真电路如图 8.16 所示。

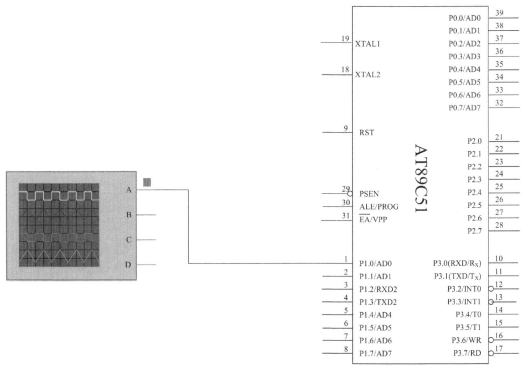

图 8.16　仿真电路图

(2)C 语言程序如下。

```c
#include<reg52.h>      //包含特殊功能寄存器库
sbit P1_0 = P1^0;      //进行引脚的位定义
void main( )
{
    TMOD = 0x60;      //T1 做定时器,工作在模式 2
    TL1 = 0x9c;
    TH1 = 0x9c;       //设置定时器的初值
    ET1 = 1;          //允许 T1 中断
    EA = 1;           //允许 CPU 中断
    TR1 = 1;          //启动定时器 1
    while(1);         //等待中断
}
void time0_int(void) interrupt 3 //中断服务程序
{
    P1_0 = ~P1_0;     //P1.0 取反,输出方波
}
```

(3)运行结果如图 8.17 所示。

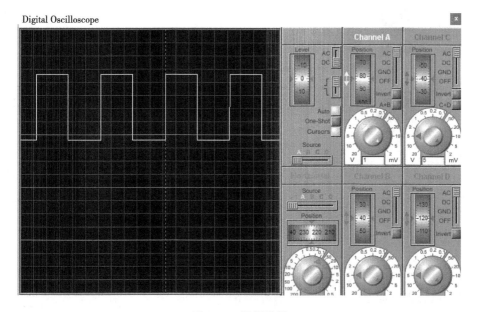

图 8.17　运行结果

【例 8.8】利用定时器 0 工作方式 3,实现如下描述:用 TL0 计数器对应的 8 位定时器实现第一个发光管以 1s 亮灭闪烁,用 TH0 计数器对应的 8 位定时器实现第二个发光管以 0.5s 亮灭闪烁。

(1)电路仿真如图 8.18 所示。

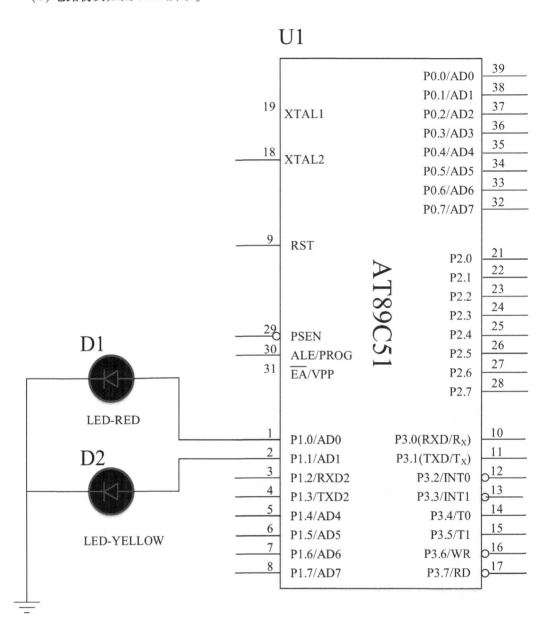

图 8.18　电路仿真图

(2)C 语言程序如下。

```
/* * * * * * * * * * * * * * * * * * * * * * * * * * * * * * * * * * * * * */
#include<reg52. h>              //52 系列单片机头文件
#define uchar unsigned char
#define uint unsigned int
sbit led1 = P1^0;
```

```
sbit led2 = P1^1;
uint num1, num2;
void main()
{
    TMOD = 0x03;           //设置定时器 0 为工作方式 3(0000 0011)
    TH0 = 6;               //装初值
    TL0 = 6;
    EA = 1;                //开总中断
    ET0 = 1;               //开定时器 0 中断
    ET1 = 1;               //开定时器 1 中断
    TR0 = 1;               //启动定时器 0
    TR1 = 1;               //启动定时器 0 的高 8 位计时器
    while(1)               //程序停止在这里等待中断发生
    {
        if(num1 >= 3686)   //如果到了 3 686 次,说明 1 秒时间到
        {
            num1 = 0;      //然后把 num1 清零重新再计 3 686 次
            led1 = ~led1;  //让发光管状态取反
        }
        if(num2 >= 1843)   //如果到了 1 843 次,说明半秒时间到
        {
            num2 = 0;      //然后把 num2 清零重新再计 1 843 次
            led2 = ~led2;  //让发光管状态取反
        }
    }
}
void TL0_time() interrupt 1
{
    TL0 = 6;               //重装初值
    num1++;
}
void TH0_time() interrupt 3
{
    TH0 = 6;               //重装初值
    num2++;
}
```

(3)运行结果如图 8.19 所示。

当黄灯亮 2 次,红灯亮 1 次。

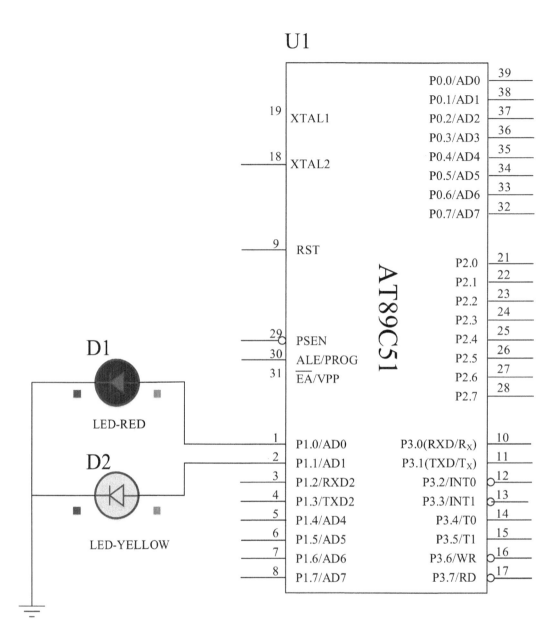

图 8.19　运行结果

【例 8.9】单片机秒表实验之一。

（1）实验要求。

①利用中断写出用四位 LED 显示，显示时间。

②共五个按键，分别是开始/暂停，计数，上翻，下翻，清零。

③能同时记录多个相对独立的时间并分别显示。

④翻页按钮查看多个不同的计时值。

（2）仿真电路设计如图 8.20 所示。

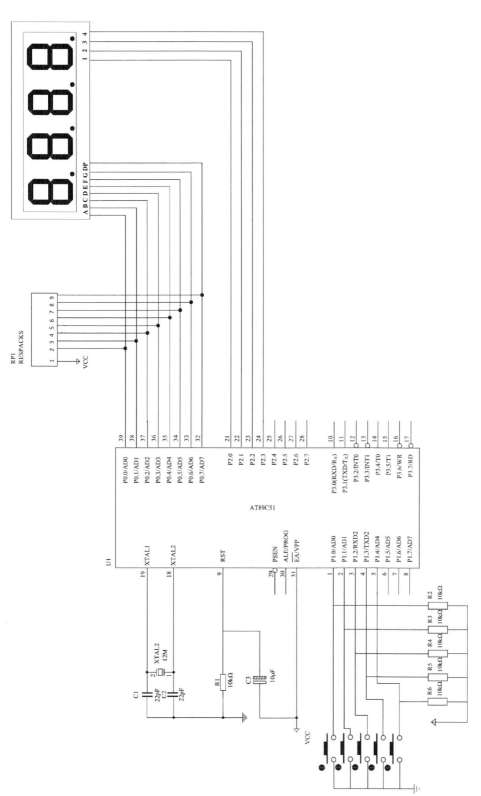

图 8.20 仿真电路图

(3)C 语言程序如下。

```
/* * * * * * * * * * * * * * *秒表* * * * * * * * * * * * * */
#include<reg52. h>
unsigned char tab[ ] = {0x3f,0x06,0x5b,0x4f,0x66,0x6d,
0x7d,0x07,0x7f,0x6f};              //共阴数码管 0~9
unsigned char tab1[ ] = {0xBF,0x86,0xDB,0xCF,0xE6,
                   0xED,0xFD,0x87,0xFF,0xEF};
                                  //共阴数码管 0~9 带小数点
sbit key1 = P1^0;             //开始、暂停
sbit key2 = P1^1;             //计数
sbit key3 = P1^2;             //上翻
sbit key4 = P1^3;             //下翻
sbit key5 = P1^4;             //清零
static unsigned char ms,sec;
static unsigned char Sec[8],Ms[8];
static int i , j;
void delay(unsigned int cnt)     //延时程序
{
    while(--cnt);
}
void main( )
{
    unsigned char key3_flag = 0,key4_flag = 0;
    TMOD = 0x01;
    TH0 = 0xd8;                //为定时器赋值
    TL0 = 0xf0;
    ET0 = 1;                  //允许定时器 0 中断
    TR0 = 0;                  //启动定时器 0
    TMOD| = 0x10;             //定时器 1 用于动态扫描
    TH1 = 0xF8;
    TL1 = 0xf0;
    ET1 = 1;                  //允许定时器 1 中断
    TR1 = 1;                  //启动定时器 1
    EA = 1;
    sec = 0;                  //初始化
    ms = 0;
    P1 = 0xff;
    i = 0;
```

```
j = 0;
start:
while(1)
{                              //开始、暂停
    if( !key1)                 //判断是否按下
}
delay(50);                     //去抖
if( !key1)
    while( !key1)              //等待按键释放
{;}
TR0 = !TR0;
}
//记录
if( !key2)                     //判断是否按下
{
    delay(50);                 //去抖
    if( !key2)
    {
        while( !key2)          //等待按键释放
        {;}
        if( i == 8)            //8 组数据记录完毕
            {
                TR0 = 0;goto start;}
                Sec[i] = sec;//将数据存入数组
                Ms[i] = ms;
                i++;
            }
    }
//上翻
if( !key3)
{
    delay(50);
    if( !key3)
    {
        while( !key3)
        {;}
        TR0 = 0;
        key3_flag = 1;         //按键 3 标志
```

```
            if(j==i)
                goto start;
            else
            if(key4_flag)
                j+=2;
            key4_flag=0;
            sec=Sec[j];ms=Ms[j];//显示数组里的内容
            j++;
        }
    }
//下翻
if(!key4)
{
delay(50);
if(!key4)
{
    while(!key4)
    {;}
    TR0=0;
    key4_flag=1;            //按键4标志
    if(j<0)
        goto start;
    else
    if(key3_flag)
        j-=2;
    key3_flag=0;
    sec=Sec[j];ms=Ms[j];//显示数组里的内容
    j--;
    }
}
//清零
if(!key5)
{
    delay(50);
    if(!key5)
    while(!key5)
        {;}
    TR0=0;
```

```
        ms = 0;
        sec = 0;
        for( i = 0; i < 8; i++)
        {
            Sec[ i] = 0; Ms[ i] = 0;
        }
        i = 0;
        }
    }
}
/ * * * * * * * * * * * *定时中断 * * * * * * * * * * * * /
void time1_isr( void) interrupt 3 using 0//定时器 1 用来动态扫描
{
    static unsigned char num;
    TH1 = 0xF8;                 //重入初值
    TL1 = 0xf0;
    switch( num)
    {
        case 0:P2 = 0xfe;P0 = tab[ sec/10]; break;//显示秒十位
        case 1:P2 = 0xfd;P0 = tab1[ sec%10]; break;//显示秒个位
        case 2:P2 = 0xfb;P0 = tab[ ms/10]; break;//显示十位
        case 3:P2 = 0xf7;P0 = tab[ ms%10]; break;//显示个位
        default: break;
    }
        num++;
    if( num = = 4)
        num = 0;
}
/ * * * * * * * * * *定时中断 0 * * * * * * * * *
void tim( void) interrupt 1 using 1
{
    TH0 = 0xd8;                 //重新赋值
    TL0 = 0xf0;
    ms++;                       //毫秒单元加 1
    if( ms = = 100)
    {
        ms = 0;                 //等于 100 时归零
        sec++;                  //秒加 1
```

```
        if( sec = = 60)
        {
            sec = 0;              //秒等于 60 时归零
        }
    }
}
```

(4)仿真运行效果如图 8.21 所示。

【例 8.10】单片机秒表实验之二。

(1)实验要求。

①使用单片机,设计秒表,能显示分秒。

②使用三个按键(停止、开始、复位)。"开始"按键——当开关由上向下拨时开始计时,此时若再拨"开始"按键则数码管暂停。"清零"按键——当开关由上向下拨时数码管清零,此时若再拨"开始"按键则又可重新开始计时。

③使用液晶或数码管显示。

④使用定时器中断。

单片机 AT89C51 是一种带 4K 字节闪存可编程可擦除只读存储器的低电压、高性能 CMOS 8 位微处理器。单片机的可擦除只读存储器可以反复擦除 1 000 次。该器件采用 ATMEL 高密度非易失存储器制造技术制造,与工业标准的 MCS-51 指令集和输出管脚相兼容。

(2)硬件电路设计如图 8.22 所示。

(3)C 语言程序如下。

```c
#include<reg51. h>
#define uchar unsigned char
#define uint unsigned int
sbit kai = P3^0;
sbit juxu = P3^2;
sbit fuwei = P3^4;//复位开关
uchar a,i;
uchar code suzu[ ] = {0xc0,0xf9,0xa4,0xb0,0x99,
0x92,0x82,0xf8,0x80,0x90} ;//共阳数码管 0~9
void delay(uint k)
{
    unsigned char i,j;
    for( ;k>0;k--)
        for(i=142;i>0;i--)
    for(j=2;j>0;j--);
}
void main( )
```

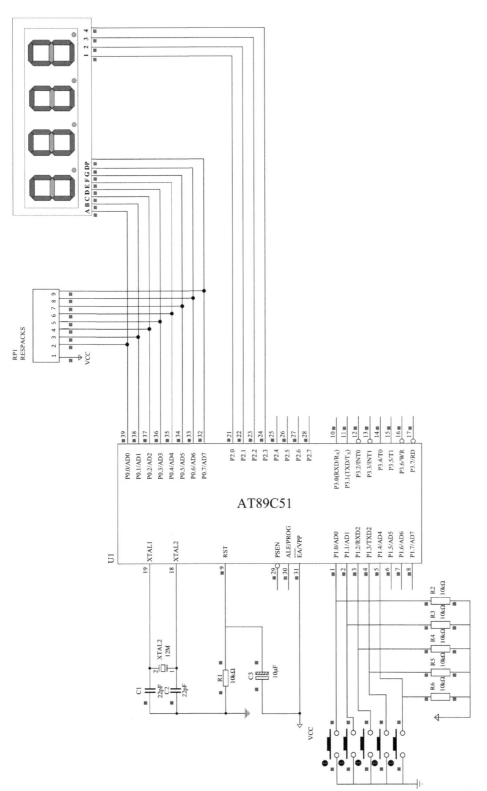

图 8.21 运行效果图

8 项目四——单片机定时器/计数器

159

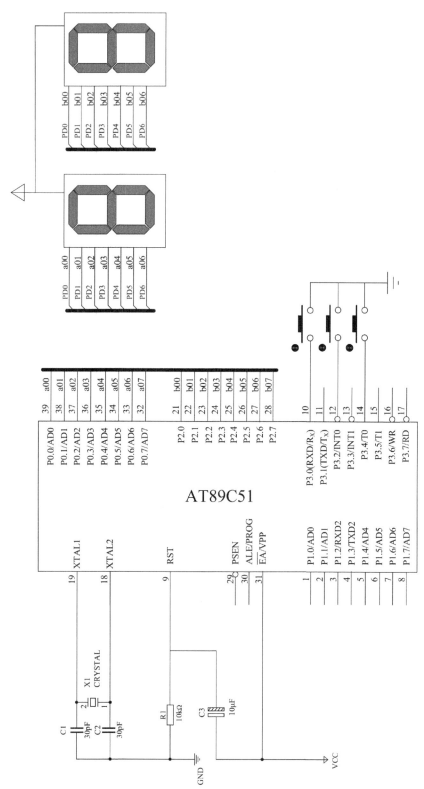

图 8.22 硬件电路设计图

```
{
    a = 0;
    i = 0;
    TMOD = 0x01;
    TH0 = (65536-50000)/256;
    TL0 = (65536-50000)%256;
    TR0 = 0;
    ET0 = 1;
    EA = 1;
    P0 = suzu[0];
    P2 = suzu[0];
    while(1)
    {
        delay(10);
        if( !kai)
            TR0 = 1;
        delay(10);
        if( !juxu)
            TR0 = 0;
        delay(10);
        if( !fuwei)
        {
            P0 = suzu[0];
            P2 = suzu[0];
            i = 0;
            a = 0;
            TR0 = 0;
        }
    }
}
void timer0( ) interrupt 1
{
    TH0 = (65536-50000)/256;
    TL0 = (65536-50000)%256;
    i++;
    if(i==20)
    {
        i = 0;
```

```
        a++;
        if(a==60)
        a=0;
        P0=suzu[a/10];
        P2=suzu[a%10];
            }
    }
```

(4)运行结果如图8.23所示。

【例8.11】单片机秒表实验之三。

(1)实验要求。开始时,显示"00.0",第一次按下按钮后开始从00.0~99.9s计时,显示精度为0.1s。共有4个功能按键,第1个按键复位00.0,第2个按键正计时开始按钮,第3个按键复位99.9,第4个按钮倒计时开始。

①设计指标。了解8051芯片的工作原理和工作方式,使用该芯片对LED数码管进行显示控制,实现用单片机的端口控制数码管,显示分和秒,并能用按钮实现秒表起动、停止、99.9秒、倒计时、清零等功能,精确到0.1秒。

要求选用定时器的工作方式,画出使用单片机控制LED数码管显示的电路图,并实现其硬件电路,并编程完成软件部分,最后调试秒表起动、停止、清零等功能。

②设计要求。

画出电路原理图(或仿真电路图)。

软件编程与调试。

③增加功能。增加一个"复位00.0"按键(即清零),一个"暂停"和"开始"按键,一个"复位99.9"按键(用来99.9秒倒计时),一个倒计时"逐渐自减"按键。

④设计难点。单片机电子秒表需要解决三个主要问题:一是有关单片机定时器(一个控制顺计时,一个控制倒计时)的使用;二是如何实现LED的动态扫描显示;三是如何对键盘输入进行编程。

⑤设计内容提要。本书利用单片机的定时器/计数器定时和记数的原理,结合集成电路芯片8051、LED数码管以及实验箱上的按键来设计计时器。将软、硬件有机地结合起来,使得系统能够正确地进行计时,数码管能够正确地显示时间。本书设计有四个开关按键:其中key2按键按下去时开始计时,即秒表开始键(同时也用作暂停键),key1按键按下去时数码管清零,复位为"00.0",key3按键按下去时数码管复位为"99.9"(用于倒计时),key4按键按下去则是数码管开始"逐渐自减"倒计时。

(2)硬件电路设计如图8.24所示。

(3)C语言程序如下。

```
#include<reg52.h>          //52系列单片机头文件
#define uchar unsigned char  //宏定义
#define uint unsigned int
sbit key1=P3^4;            //声明4个按键的锁存端
sbit key2=P3^5;
```

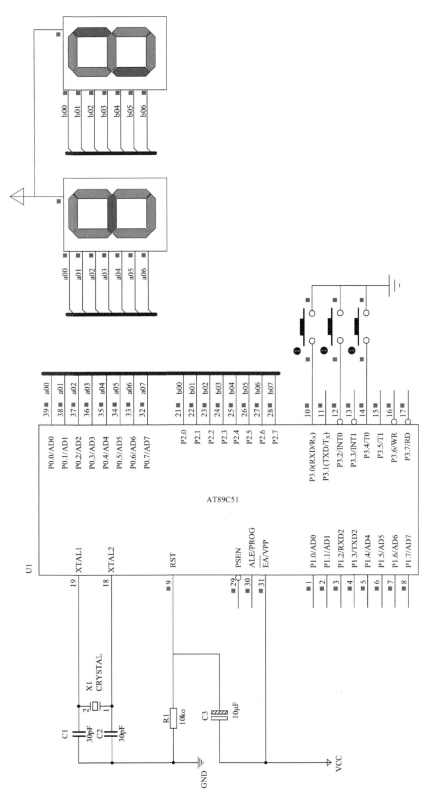

图 8.23 运行结果

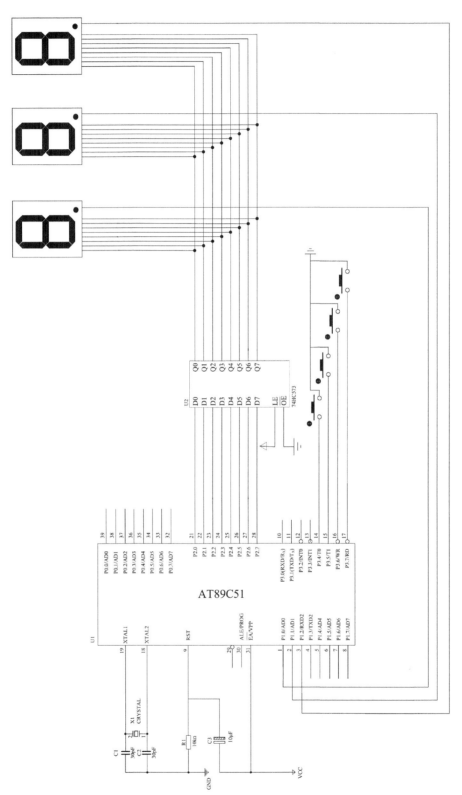

图 8.24　硬件电路设计图

```c
sbit key3 = P3^6;
sbit key4 = P3^7;
uchar code table[ ] = {                    //含有 0~9 的数字数组
                       0x3f,0x06,0x5b,0x4f,
                       0x66,0x6d,0x7c,0x07,
                       0x7f,0x67};
uchar code table2[ ] = {                   //含有 0~9 的数字数组(带小数点)
                       0xbf,0x86,0xdb,0xcf,
                       0xe6,0xed,0xfc,0x87,
                       0xff,0xe7};
void delayms(uint);                //声明延时函数
void display(uchar,uchar,uchar);   //声明显示函数
void keyscan();                    //声明按键函数
uchar num1,num2,bai,shi,ge;        //变量声明
uint num;
void main()                        //主函数入口
{
    TMOD = 0x11;                   //设置 T0,T1 定时器
    TH0 = (65536-45872)/256;       //装初值
    TL0 = (65536-45872)%256;
    TH1 = (65536-45872)/256;
    TL1 = (65536-45872)%256;
    EA = 1;                        //开总中断
    ET0 = 1;                       //开启定时器 T0 中断
    ET1 = 1;                       //开启定时器 T1 中断
    while(1)                       //程序停在这里等待中断的发生,这个大循环也是
                                   //实现数据显示的主体
    {
        keyscan();                 //三个数码管要选送的数据
        bai = num/100;             //百位
        shi = (num-100 * bai)/10;  //十位
        ge = num-100 * bai-shi * 10;//个位
        display(bai,shi,ge);       //数码管显示
    }
}
void display(uchar bai, uchar shi,uchar ge)
{
    P1 = 0xfe;                     //位选选中第一个数码管
```

```
        P2 = table[bai];              //送段选数据
        delayms(10);                  //延时
        P1 = 0xff;                    //关闭位选
        P1 = 0xfd;                    //位选选中第二个数码管
        P2 = table2[shi];             //送段选数据
        delayms(10);                  //延时
        P1 = 0xff;                    //关闭位选
        P1 = 0xfb;                    //位选选中第二个数码管
        P2 = table[ge];               //送段选数据
        delayms(10);                  //延时
        P1 = 0xff;                    //关闭位选
}
void delayms(uint xms)                //延时子函数
{
    uint i,j; for(i=xms;i>0;i--)      //i=xms 即延时约 x 毫秒
    for(j=110;j>0;j--);
}
void keyscan()
{
    if(key1==0)                       //清零
    {
        delayms(10);                  //延时去抖
        if(key1==0)
        {
            while(!key1)              //等待按下
            {
                TR0=0;                //定时器 TR0 关闭
                TR1=1;                //定时器 TR1 打开
                num=0;                //送数据 num=0
                TR1=0;                //定时器 TR1 关闭
            }
        }
    }
    if(key2==0)                       //暂停和开始
    {
        delayms(10);
        if(key2==0)
        {
```

```c
            while( !key2) ;
            TR0 = 0;
            TR1 = ~ TR1;              //每次按下,TR1 的状态是相反的
         }
      }
   if( key3 == 0)                     //使计数器显示为 60. 0
   {
   while( !key3) ;
   TR0 = 0;
   TR1 = 1;
   num = 999;
   TR1 = 0;
}
   if( key4 == 0)                     //实现计数器的倒数功能
   {
   while( !key4) ;
   TR1 = 0;
   TR0 = ~ TR0;                       //TR0 = 1;
   }
}
void T0_time( ) interrupt 1          //定时器 T0,中断序号为 1
{
   TH0 = (65536 - 45872)/256;        //重装初值
   TL0 = (65536 - 45872)%256;
   num2++;
   if( num2 == 2)                     //如果到了 2 次,说明 0.1 秒的时间到
   {
      num2 = 0;                       //然后把 num2 清零重新再计 2 次
      num1++;
   }
if( num1 == 10)
    num1 = 0;
if( num == 0)                         //当 num 自减为 0 时,重新为 60. 0,再开始倒计时
    num = 999;                        //num 逐渐自减
num--;
}
void T1_time( ) interrupt 3
{
```

```
    TH1 = (65536-45872)/256;          //重装初值
    TL1 = (65536-45872)%256;
    num2++;
    if(num2 = = 2)                     //如果到了 2 次,说明 0.1 秒的时间到
    {
        num2 = 0;                      //然后把 num2 清零重新再计 2 次
        num1++;
        if(num1 = = 10)
            num1 = 0;
        num++;                         //num 逐渐自加
        if(num = = 999)
            num = 0;                   //这个数用来送给数码管
    }
}
```

(4)运行结果如图 8.25 所示。

【例 8.12】单片机秒表实验之四。

(1)实验要求。按秒倒计时并让键盘预置分、秒各两位数;键控启动计时,数码管显示倒计时;计时器归零时输出一音频信号。

(2)硬件电路设计如图 8.26 所示。

(3)C 语言程序如下。

```
#include<reg52. h>
#include<intrins. h>
#define uint unsigned int
#define uchar unsigned char
sbit P3_0 = P3^0;
char seg_n[4] = {10,10,10,10};//设置阿拉伯数字表示
uchar seg_code[10] = {0xc0,0xf9,0xa4,0xb0,0x99,
                      0x92,0x82,0xf8,0x80,0x98};
//共阳码表
uchar seg[4] = {0xff,0xff,0xff,0xff};    //设置全局变量段值
uchar num[4] = {0,0,0,0};                //位是否赋值标志位
uchar key_num = 50;
uint rupt;
uint buz;
/* * * * * * * * * * * * *延时函数 * * * * * * * * * * * * * * */
void delay1ms(void)
{
    unsigned char a,b,c;
```

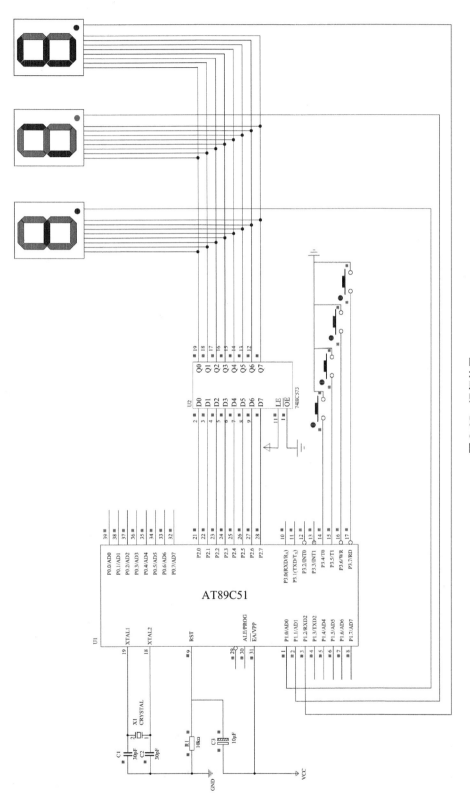

图 8.25 运行结果

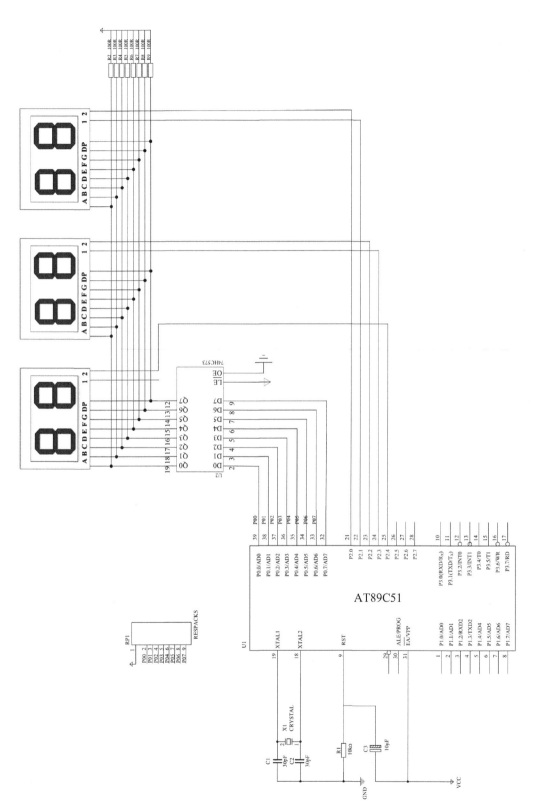

图 8.26 硬件电路设计图

```
    for( c = 1 ; c>0 ; c-- )
    for( b = 142 ; b>0 ; b-- )
    for( a = 2 ; a>0 ; a-- ) ;
}
void delay500ms( void )
{
    unsigned char    a,b,c;
    for( c = 23 ; c>0 ; c-- )
    for( b = 152 ; b>0 ; b-- )
    for( a = 70 ; a>0 ; a-- ) ;
}
void delay20ms( void )
{
    unsigned char a,b;
    for( b = 215 ; b>0 ; b-- )
    for( a = 45 ; a>0 ; a-- ) ;
    }
/* * * * * * * * * * * * * *中断函数* * * * * * * * * * * * * * */
void Timer1Interrupt( void ) interrupt 3      //中断1ms
{
    TH1 = 0x0FC;
    TL1 = 0x18;
    rupt++;
}
/* * * * * * * * * * * * * *动态扫描数码管* * * * * * * * * * * * * * */
void seg_scan( uchar chose )                   //选择闪烁显示或不闪烁,1为闪烁,0为不闪
{
    uint i = 0 ;
    uint j = 0 ;
    for( ;j<125;j++ )
    {
        for( i = 0;i<4;i++ )
        {
            P2 = 0x01;
            P2 = _crol_( P2,i );
            P0 = seg[ i ];
            delay1ms( );
            P0 = 0xff;                 //段值清零,防止乱码
```

```
        }
    if(chose==0) j=125;                        //如果为0,选择为不闪模式,跳出循环
        }
if(chose==1) delay500ms();                     //选择为闪烁模式,执行闪烁延时500ms
}
/ * * * * * * * * * * * * * * 键盘扫描 * * * * * * * * * * * * * * * * /
void keyboard_scan()
{
    uchar x=50;
    uchar i=0; //i 为行,j 为列
    uchar j=0;
    uchar r[4]={0xe0,0xd0,0xb0,0x70};
    uchar l[4]={0x0e,0x0d,0x0b,0x07};
    uchar key[4][4]={{9,8,7,14},{6,5,4,24},{3,2,1,34},{0,42,43,44}};
//按键值,代码
    P1=0xf0;
    for(i=0;i<4;i++)
    {
      if(P1==r[i])//确定在第 i 行
      {
        P1=0x0f;
        for(j=0;j<4;j++)
        {
          if(P1==l[j])//确定在第 j 列
          {
            P1=0xf0;
            delay20ms(); //延时 20ms 再测
            for(i=0;i<4;i++)
            {
              if(P1==r[i]) //确定在第 i 行
              {
                P1=0x0f;
                for(j=0;j<4;j++)
                {
                  if(P1==l[j])//确定在第 j 列
                  x=key[i][j];
                }
              }
```

```c
                    }
                }
            }
        }
    }
    key_num=x;
}
```

/＊＊＊＊＊＊＊＊＊＊＊＊"设置按键"键盘扫描＊＊＊＊＊＊＊＊＊＊＊＊＊/

```c
void setup()
{
    uchar i=0;
    seg[0]=0x88;
    seg[1]=0x88;
    seg[2]=0x88;
    seg[3]=0x88;
    for(;i!=1;)
    {
        seg_scan(0);
        keyboard_scan();
        if(key_num==44) i=1;
    }
}
```

/＊＊＊＊＊＊＊＊＊＊＊＊＊＊＊赋值函数＊＊＊＊＊＊＊＊＊＊＊＊＊＊＊/

```c
void seg_value()
{
    uchar y[4]={0,0,0,0};
    char i=0;
    seg[0]=0xff;//数码管清零
    seg[1]=0xff;
    seg[2]=0xff;
    seg[3]=0xff;
    for(i=0;;i++)
    {
        for(num[i]=0; num[i]!=1;)
        {
            key_num=50; //key_num 需要赋值一个无关值,以免出现乱码
            seg[i]=0x88; //赋值为 A,88 为共阳值
            seg_scan(1);
```

```
keyboard_scan( );
switch( key_num) //检测是否有功能键按下
{
    case 24: if( y[ 0]&y[ 1]&y[ 2]&y[ 3])
    {
        seg[ i] = seg_code[ seg_n[ i] ] ; //清掉 A
        goto label_reset;
    }
    break; //4 位都赋值完毕,且按下确定键,则进入下一阶段
    case 42: if( seg_n[ i] = = 10) {seg[ i] = 0xff;} //左移键按下
            else{ seg[ i] = seg_code[ seg_n[ i] ] ;}
    i--;break;
    case 43: if( seg_n[ i] = = 10) {seg[ i] = 0xff;} //右移键按下
            else{ seg[ i] = seg_code[ seg_n[ i] ] ;}
    i++;break;
    case 44: goto label_reset;break;
    }
    if( i= = -1) i=3;
    if( i= = 4) i=0;
    num[ i] =0; //只允许在赋值 0~9 的情况下跳出本循环,左移右移不
跳出
    if( key_num<10)
    {
        if( ( i= = 0) | | ( i= = 2))
        {
            if( key_num<6)//赋值必须小于 6
            {
            seg_n[ i] = key_num; seg[ i] = seg_code[ key_num] ;//若无功
    能键按下,则赋值
            num[ i] =1;y[ i] =1; //标志位置 1,进入下一位赋值
        }
        else{ }
        }
        else
        {
        seg_n[ i] = key_num; seg[ i] = seg_code[ key_num] ; //若无功能键按
下,则赋值
        num[ i] =1;y[ i] =1;//标志位置 1,进入下一位赋值
```

```
                }
            }
        }
    }
    label_reset:{}
}
/ * * * * * * * * * * * *"启动按键"检测程序 * * * * * * * * * * * * * /
void start( )
{
    uchar i=0 ;
    for(i=0;i! =1;)
    {
        seg_scan(0);
        keyboard_scan( );
        if(key_num= =34) i=1;
    }
}
/ * * * * * * * * * * * * * * 倒计时程序 * * * * * * * * * * * * * * * * /
void cutdown( )
{
    label:
    for( ;seg_n[0]>=0;)
        {
        for( ;seg_n[1]>=0;)
        {
        for( ;seg_n[2]>=0;)
        {
        for( ;seg_n[3]>=0;)
        {
        for(TR1=1;TR1! =0;)
        {
        for( ;rupt>=1000;)//中断1次1ms,1 000次为1s
        {
            rupt=0;
            TR1=0;
            seg[3]=seg_code[seg_n[3]];
            seg[2]=seg_code[seg_n[2]];
            seg[1]=seg_code[seg_n[1]];
```

```
                    seg[0]=seg_code[seg_n[0]];
                    seg_n[3]=(seg_n[3]-1);
                }
                seg_scan(0);
                keyboard_scan();
                if(key_num==14)
                {
                    while(1)
                    {
                    seg_scan(0);
                    key_num=50;
                    keyboard_scan();
                    if(key_num==34) goto label;
                    }
                    }
                }
                }
                seg_n[3]=9;
                seg_n[2]=(seg_n[2]-1);
                }
                seg_n[2]=5;
                seg_n[1]=(seg_n[1]-1);
            }
            seg_n[1]=9;
            seg_n[0]=(seg_n[0]-1);
            }
}
/***************蜂鸣器警报****************/
void buzzer()
{
    P3_0=0;
}
/******************主程序*****************/
void main()
{
    TMOD = 0x10;
    TH1 = 0x0FC; //TR1 用来倒计时 1s 中断
    TL1 = 0x18;
```

```
        EA = 1;
        ET1 = 1;
        begin:setup( );//循环键盘扫描'设置'按键
        seg_value( );    //赋值阶段
        if(key_num = = 44)
             goto begin;//如果设置键按下,从头开始运行程序
        seg[1] = (seg[1] & 0x7f);//点亮第二位小数点,表明设置值完成,此后不能再
设置
        start( );          //循环键盘扫描'启动'按键
        cutdown( );      //倒计时程序
        buzzer( );       //蜂鸣器鸣声程序
}
```

(4)运行结果如图 8.27 所示。

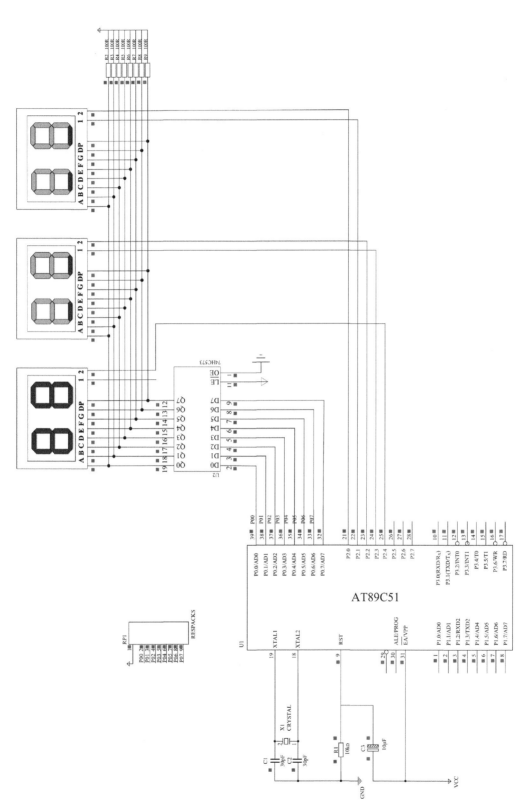

图 8.27 运行结果

9 项目五——键盘

在基于单片机为核心的应用系统中,用户输入是必不可少的一部分。输入可以分很多种情况,譬如有的系统支持 PS2 键盘的接口,有的系统输入是基于编码器的,有的系统输入是基于串口或者 USB 或者其他输入通道,等等。在各种输入途径中,最常见的是,基于单个按键或者由单个键盘按照一定排列构成的矩阵键盘(行列键盘)。这一章节主要讨论的对象就是基于单个按键的程序设计,以及矩阵键盘的程序编写。

9.1 按键检测的原理

常见的独立按键的外观如图 9.1 所示。

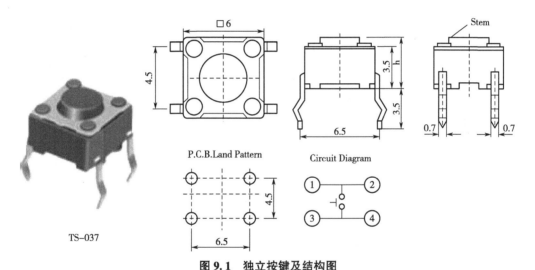

图 9.1 独立按键及结构图

独立按键总共有四个引脚,一般情况下,处于同一边的两个引脚内部是连接在一起的,如何分辨两个引脚是否处在同一边呢? 可以将按键翻转过来,处于同一边的两个引脚,有一条突起的线将它们连接一起,以表示它们俩是相连的。如果无法观察得到,用数字万用表的二极管挡位检测一下即可。弄清楚这点非常重要,对于画 PCB 的封装时很有用。

按钮和单片机系统的 I/O 口连接一般如图 9.2 所示。对于单片机 I/O 内部有上拉电阻的微控制器而言,还可以省掉外部的上拉电阻。简单分析一下按键检测的原理。当按键没有按下时,单片机 I/O 通过上拉电阻 R1 接到 VCC,在程序中读取该 I/O 的电平时,其值为 1

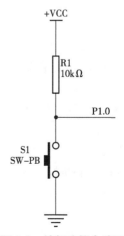

图 9.2 按钮连接电路图

（高电平）；当按键 S1 按下时，该 I/O 被短接到 GND，在程序中读取该 I/O 的电平时，其值为 0（低电平）。这样，按键的按下与否，就与该按键相连的 I/O 的电平的变化相对应起来。

9.2 按键消抖

通过上面的按键检测原理得出上述的结论时，其实忽略了一个重要的问题，那就是现实中按键按下时候的电平变化状态。本书的结论是基于理想的情况得出来的，就如同图 9.3 所示，按键按下时对应电平变化的波形图。

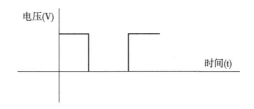

图 9.3 理想按键效果

而实际中，由于按键的弹片接触时，并不是一接触就紧紧闭合，它还存在一定的抖动，尽管这个时间非常的短暂，但是对于执行时间以 μs 为计算单位的微控制器来说，它太漫长了。因此，实际的波形图应该如图 9.4 所示。

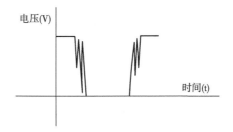

图 9.4 按键实际效果

这样便存在一个问题。假设系统有以下功能需求：在检测到按键按下的时候，将某个 I/O 的状态取反。由于这种抖动的存在，使得微控制器误以为是多次按键的按下，从而将某个 I/O 的状态不断取反，这并不是我们想要的效果，假如该 I/O 控制着系统中某个重要的执行部件，那结果更不是所期待的。于是有人便提出了软件消除抖动的思想，道理很简单，抖动的时间长度是一定的，只要避开这段抖动时期，就可以检测稳定的波形，这样实际应用起来效果也可以。于是，在各种各样的书籍，当提到按键检测的时候，都会说到软件消抖。正如下面的伪代码所描述的一样（假设按键按下时，低电平有效）。

```
If( key0 = =io_KeyEnter)          //如果有键按下
{
    delayms(20) ;                 //先延时 20ms 避开抖动时期
```

```
If( key0 = = io_KeyEnter)          //然后再检测,如果还是检测到有键按下
{
    return KeyValue;               //是真的按下,返回键值
}
else
{
    return KEY_NULL;               //是抖动,返回空的键值
}
while( key0 = io_KeyEnter) ;        //等待按键释放
}
```

在实际的系统中,一般是不允许这样做的。首先,这里的 delayms(20),让微控制器白白等待了 20ms,这是不可取的。其次是 while(key0 = io_KeyEnter),合理地分配好微控制的处理时间,是编写按键程序的基础。任何非极端情况下,都不要使用这种语句来堵塞微控制器的执行进程。原本是等待按键释放,结果 CPU 就一直死死盯住该按键,其他事情都不管了。

软件上的消抖确实可以保证按键的有效检测。但是,这种消抖确实有必要吗? 有人提出了这样的疑问。抖动是按键按下的过程中产生的,如果按键没有按下,抖动会产生吗? 如果没有按键按下,抖动不会在 I/O 上出现,永远不用这样一款微控制器。所以抖动的出现即意味着按键已经按下,尽管这个电平还没有稳定。所以只要检测到按键按下,即可以返回键值,问题的关键是,在执行完其他任务的时候,再次执行按键任务时,抖动过程还没有结束,这样便有可能造成重复检测。所以,如何在返回键值后,避免重复检测,或者在按键一按下就执行功能函数,当功能函数的执行时间小于抖动时间时,如何避免再次执行功能函数,就成为我们要考虑的问题了。所以消除抖动的目的是:防止按键一次按下,多次响应。

常用的按键是具有机械弹性的,理想状态下的按键是在按下后的一瞬间状态发生变化,松开后恢复原有状态,但现实中在当按键按下和松开时都会发生抖动,按下瞬间由于按键机械弹性会使系统的状态在改变与不改变之间来回跳变。同理,松开时系统状态也会发生跳变。在这个过程中可能会影响整个系统的工作状态,即按键消抖也是非常重要的。

按键稳定闭合的时间是由操作人员决定的,由于按键的机械结构及操作人员的控制,有关研究表明按键稳定闭合的时间最短在 40~50ms,但是通常都会达到 100ms 以上,抖动的时间是由按键机械结构决定的,在 10ms 以内。

常用的按键消抖的方法有软件消抖与硬件消抖两种,硬件消抖有很多种方法,例如可利用基本 SR 锁存器的记忆作用消除开关触点振动所产生的影响,也可以在按键电路中给按键并联一个电容,电容具有充放电的特性,可以平滑处理按键抖动的电压毛刺。软件消抖非常常用,简单来说软件消抖的原理是通过程序实现在按键系统稳定的时候进行检测。常用的消抖手法是当检测到按键按下时,先延时 10ms 的时间,再检测一遍,这样就可以有效检测到按键的状态。这种通过延时按键消抖的方法简单有效。

按键通常是用作外部的开关,现在做一个简单的检测程序,利用单独按键控制 LED 灯

的亮灭,当按键按下时 LED 变亮,再按一下熄灭。

【例 9.1】一个独立按键控制一个 LED 灯的亮灭程序如下。

仿真电路图略。

```
#include<reg52. h>
sbit key1 = P2^0;
sbit led = P2^1;
void main( )
    key1 = 1;                    //按键初始化
    led = 1;
    while(1)
    {
        if( key1 = = 0)           //按键 1 扫描
        {
            if( led = = 1)
                led = 0;          //点亮 LED
            else
                led = 1;          //熄灭 LED
        }
    }
}
```

现在为例 9.1 实现延时按键消抖,加入按键消抖后程序如下。

```
#include<reg52. h>
#define uint unsigned int
sbit key1 = P2^0;
sbit led = P2^1;
void delay( uint x) ;
void main( )
{
    key1 = 1;                        //按键初始化
    led = 1;
    while(1)
    {
        if( key1 = = 0)              //按键 1 扫描
        {
            delay(10) ;             //延时 10ms
            if( key1 = = 0)
            {
                if( led = = 1)
```

```
                    led = 0;  //点亮 LED
                else
                    led = 1;          //熄灭 LED
                }
            }
        }
}
void delay(uint x)
{
    uint a,b;
    for(a=x;a>=0;a--)
    for(b=110;b>=0;b--);
}
```

通过对以上两个程序的对比,发现上述按键消抖的方法只是在按键按下时通过一小段延时等待来实现,在今后的单片机学习中会需要很长的程序,程序运行延时函数时就会停下来等待,程序越长等待的时间越长,当程序需要实现多个功能时,如果等待的时间过长实现功能的精度就会减小,但是在程序不长且功能不复杂时以上所述当然是最简单有效的方法,下面再来介绍一种在程序复杂时,常用的定时中断按键消抖的方法。

启用定时中断,每 2ms 进入一次中断并扫描按键,连续扫描多次,当多次扫描的结果都相同时就可以认为按下按键会松开了,由按键电路图可知按键按下时读回来的值为 0,松开弹起后读回来的值为 1,所以多次进入中断读取 I/O 口的值在 0 和 1 之间跳变说明按键正在抖动的时期,将扫描次数固定后,这里设计按键扫描次数依据按键稳定闭合的时间与抖动时间来设置,完成一次扫描的时间在 10~25ms。首先,知道抖动时间在 10ms 左右,当刻意去缩小按键稳定闭合的最小时间是在 40ms 到 50ms 之间时,正常情况下都可以达到 100ms 左右,所以假设两种最极端状态,当 1 次完整的扫描结束后刚好在按键抖动的最后时刻,然而新的一轮扫描开始,扫描结果只有最后一个结果不同,这样的话只有等待下一次的扫描才能读准按键的状态,所以在 40ms 以内要尽可能完成两次以上的扫描才最为合理。由上述分析假设一次完整的扫描里有 8 次进入中断,那么完成一轮扫描的时间为 16ms。

9.2.1 仿真电路图

中断消抖方法仿真如图 9.5 所示。

9.2.2 C 语言程序

```
#include<reg52. h>
#define uint unsigned int
#define uchar unsigned char
sbit key1 = P3^3;                      //定义按键
sbit t1 = P3^0;                        //数码管共阴极 1
```

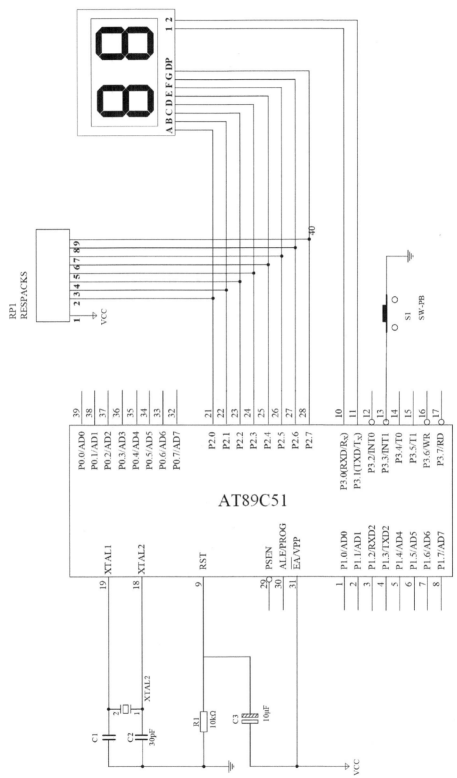

图 9.5 中断消抖方法仿真图

```c
sbit t2 = P3^1;                          //数码管共阴极 2
uchar a = 0;                             //定义变量
uchar key0, key_0;
uchar code table[ ] = {0x3f,0x06,0x5b,   //数码管显示数字
0x4f,0x66,0x6d,0x7d,0x07,0x7f,0xe7};
void main( )
{
    EA = 1;                              //使能总中断
    TMOD = 0X01;                         //设置 T0 为模式 1
    TH0 = 0xf8;                          //为 T0 赋初值 0xf8cd
    TL0 = 0xcd;
    ET0 = 1;                             //使能 T0 中断
    TR0 = 1;                             //启动 T0
    P3 = 0xfc;                           //选择哪只数码管亮
    while(1)
    {
        P2 = table[a];                   //计数值显示在数码管上
        if(key0 = = 1)                   //当有按键按下时
        {
            if(key0! = key_0)            //判断是不是第一次检测而来的
            {
                a++;                     //计数值+1
                if(a = = 10)             //显示 0 到 9 数字
                    a = 0;
            }
            key_0 = 1;                   //本次按键按下时已进行计数
        }
        else
            key_0 = 0;                   //等待下一次按键按下
    }
}
/* * * * * * * * * * * * *T0 中断函数,用于按键状态扫描并消抖* * * * */
void InterruptTimer0( ) interrupt 1
{
    static unsigned char key = 0xff;     //扫描缓冲区,保存一段时间内的扫描值
    TH0 = 0xF8;                          //重新加载初值
    TL0 = 0xcd;
    key = (key<<1)|key1;                 //缓冲区左移一位并将当前扫描值移入最低位
```

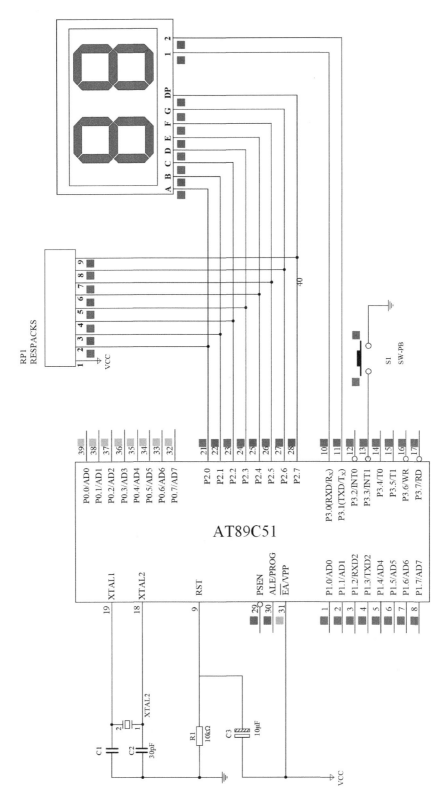

图 9.6 运行效果图

```
if( key = = 0x00)
key0 = 1;    //连续 8 次扫描值都为零,即 16ms 内检测到按下状态时,可以认为按键
已按下
else
{
if( key = = 0xff)
        key0 = 0;    //连续 8 次扫描值都为 1,即 16ms 内检测到按下状态时,可以认为
按键没有按下
    }
}
```

9.2.3　运行效果

程序功能为两位数码管同时显示 0 到 9,数值通过按键进行叠加,主体程序并不复杂,在消抖程序中也没有很多代码。但需要注意的是,按键检测只有 16ms,在按键稳定闭合的时间里可以检测 2 次或 3 次,但只需要记录 1 次,程序中通过 key0 和 key_0 来判断是记录的第一次还是多次。这个算法在实际工程中常使用按键消抖的方法。当然,按键消抖的方法不止以上叙述的两种方法,还有其他的算法和思路,但所用的方法都应该是建立在按键产生抖动的原理上。运行效果如图 9.6 所示。

9.3　矩阵按键

通过之前的学习可以知道,在使用独立按键时,一个按键就需要一个 I/O 口来检测。要知道单片机的 I/O 口是有限的,当需要多个按键时,一个一个的对应就会过多浪费单片机 I/O 口,为了解决这个问题提出了矩阵按键。

不管是独立按键还是矩阵按键的检测方法都是通过检测单片机 I/O 口电平的跳变来实现的。所谓 4×4 即为按键排列时为四行四列,在检测按键时只需得到行和列的值就可以知道是哪个按键按下了,将按键两端都接入单片机 I/O 口,如图 9.7 所示接入的规律是将行值相同按键的同一端接入同一个 I/O 口,将列值相同按键的剩下一端也接入同一个 I/O 口。

熟知 4×4 矩阵键盘的排布及接入规律,不难想象,矩阵键盘的检测规律,最简单的方法可以先一行一行检测,当只给一行送低电平,其余三行都给高点平,这时当低电平这一行中一旦有按键按下,那对应的列也跳变为低电平,则这时就可以知道是哪个按键按下了。如果这一行当中没有按键按下就进行下一行的检测,因此当四行都检测完毕后,还没有检测到按键按下,就继续重复检测过程。

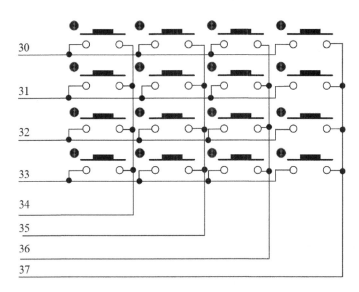

图 9.7　矩阵按键电路图

9.4　实验项目

9.4.1　设计内容及要求

单片机 AT89C52 的 P3 口外接一个 4×4 矩阵键盘,P2 口外接一个 4 位的数码管,编写键盘扫描程序和显示程序。实现功能如下:按下 4×4 矩阵键盘,其对应在一个 4 位数码管上显示 0~15,按键对应为如图 9.8 所示。

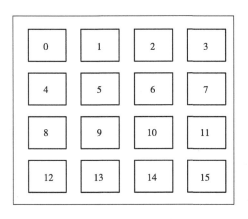

图 9.8　矩阵按键对应键值

9.4.2　硬件电路设计

硬件电路设计如图 9.9 所示。

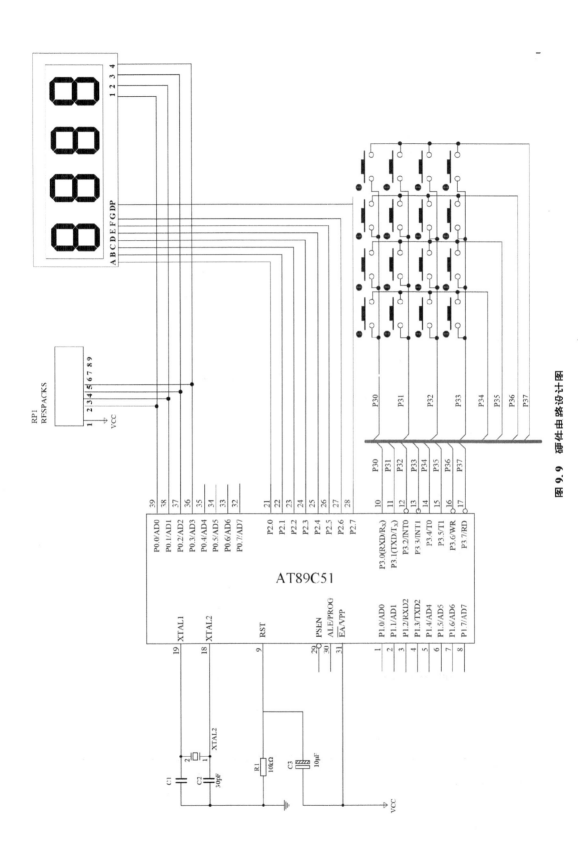

图 9.9 硬件电路设计图

9

项目五——键盘

9.4.3 软件程序设计

```
#include<reg52. h>                              //单片机头文件
#include<intrins. h>
#define uint unsigned int
#define uchar unsigned char
sbit x1 = P0^0;                                 //数码管的四个共极
sbit x2 = P0^1;
sbit x3 = P0^2;
sbit x4 = P0^3;
uchar code tab[ ] = {0x3f,0x06,0x5b,0x4f,0x66,
              0x6d,0x7d,0x07,0x7f,0x6};          //数码管需要显示的数字
uchar temp;                                      //扫描变量
uint num,decade,unit;                            //三个变量用于存储取出的扫描值
unsigned int test(void);                         //扫描函数的声明
void xs(uint aa,uint bb);                        //显示函数的声明
void delay(uint z);                              //延时函数的声明
void main()
{
    num = 0;
    while(1)                                     //主循环
    {
        P0 = 0xf0;
        P2 = 0x3f;
        delay(10);                               //延时 10ms
        while(1)
        {
            num = test();                        //扫描值返回给 num
            decade = num/10;                     //分别取出 num 的十位和个位
            unit = num%10;
            xs(decade,unit);                     //显示
        }
    }
}
/ * * * * * * * * * * * * * *延时程序 * * * * * * * * * * * * * * * * * */
void delay(uint z)
{
    int i,j;
```

```
        for(i=z;i>0;i--)
            for(j=110;j>0;j--);
}
/* * * * * * * * * * * * * * *检测程序* * * * * * * * * * * * * */
unsigned int test(void)
{
    P3 = 0xfe;                              //扫描第一行
    temp = P3;
    temp = temp&0xf0;                       //读取 P3 并与 0xf0 相与
    while(temp! = 0xf0)                      //检测 P3 的高 4 位是否都为 0
    {
        delay(5);
        temp = P3;
        temp = temp&0xf0;                   //按键消抖过程
        while(temp! = 0xf0)
        {
            temp = P3;
            switch(temp)                    //判断是这行中的哪一列
            {
                case 0xee:num = 0; break;   //是否为第 1 列
                case 0xde:num = 1; break;   //是否为第 2 列
                case 0xbe:num = 2; break;   //是否为第 3 列
                case 0x7e:num = 3; break;   //是否为第 4 列
            }
            if(P3 = = 0xfe)                 //结束扫描
            temp = temp&0xf0;
        }
    }
    P3 = 0xfd;                              //第二行扫描开始
    temp = P3;
    temp = temp&0xf0;
    while(temp! = 0xf0)
    {
        delay(5);
        temp = P3;                          //1101 1110
        temp = temp&0xf0;                   // 1101 0000
        while(temp! = 0xf0)
        {
```

```
                    temp = P3;
                    switch(temp)
                    {
                        case 0xed:num = 4; break;
                        case 0xdd:num = 5; break;
                        case 0xbd:num = 6; break;
                        case 0x7d:num = 7; break;
                    }                                //1111 1110
                    if(P3 = = 0xfd)
                    temp = temp&0xf0;                //第二行扫描结束
                }
            }
            P3 = 0xfb;                               //第三行扫描开始
            temp = P3;
            temp = temp&0xf0;
            while(temp! = 0xf0)
            {
                delay(5);
                temp = P3;                           //1101 1110
                temp = temp&0xf0;                    // 1101 0000
                while(temp! = 0xf0)
                {
                    temp = P3;
                    switch(temp)
                    {
                        case 0xeb:num = 8; break;
                        case 0xdb:num = 9; break;
                        case 0xbb:num = 10; break;
                        case 0x7b:num = 11; break;
                    }                                //1111 1110
                    if(P3 = = 0xfb)
                        temp = temp&0xf0;            //第三行扫描结束
                }
            }
            unit = num%10;
            P3 = 0xf7;
            temp = P3;
            temp = temp&0xf0;
```

```
        while(temp! = 0xf0)
        {
            delay(5);
            temp = P3;                              //1101 1110
            temp = temp&0xf0;                       // 1101 0000
            while(temp! = 0xf0)
            {
                temp = P3;
                switch(temp)
                {
                    case 0xe7:num = 12; break;
                    case 0xd7:num = 13; break;
                    case 0xb7:num = 14; break;
                    case 0x77:num = 15; break;
                }                                   //1111 1110
                if(P3 = = 0xf7)
                    temp = temp&0xf0;
            }
        }
        return num;
}
/ * * * * * * * * * * * * * * * *显示程序* * * * * * * * * * * * * * */
void xs(uint aa,uint bb)
{
    x1 = 0;
    P2 = tab[0];
    delay(5);
    x1 = 1;
    delay(5);
    x2 = 0;
    P2 = tab[0];
    delay(5);
    x2 = 1;
    delay(5);
    x3 = 0;
    P2 = tab[aa];
    delay(5);
    x3 = 1;
```

```
        delay(5);
        x4 = 0;
        P2 = tab[bb];
        delay(5);
        x4 = 1;
        delay(5);
    }
```

9.4.4 仿真运行效果图

在主程序中开始进行 I/O 口的初始化,因为需要一直检测按键状态,当进入循环时,在循环中检测函数将扫描来的按键值赋给 num,并将其十位与个位分别存于两个变量当中,最后显示。

程序检测函数的原理为:如图 9.10 中 P3^0 至 P3^3 为横排检测的 I/O 口,P3^4 至 P3^7 为列检测的 I/O 口,检测程序的具体思路为当检测第一行时将 P3 赋值为 0xfe。此时 P3 的 8 个 I/O 口中只有 P3^0 为低电平,temp 读走 P3 的值,temp 和 0xf0 相遇后可得 temp 的低四位清零,高四位保持。又因为高四位为列的值且只有当这行中按键按下时才会由 1 跳变为 0,之后使用 while 语句判断 P3 的高四位是否发生了跳变。如果有按键进入循环,在循环中使用 switch 语句时判断 temp 的高四位具体是哪一位然后对应地给 num 赋值,最后循环的前面有一个 temp 读取 P3 的值的语句是为了设置条件退出循环,当按键松开后 temp 的值变回 0xfe,即满足了退出循环的要求,并退出了循环。检测剩余的行时原理同上述所述。

下面为大家介绍另一种按键检测的方法,希望学习了两种检测方法后进行对比,看两种方法都有什么优点和缺点,第二种方法的思路和第一种方法思路是一样的,矩阵键盘按键相当于四组,每组四个独立按键,一共是 16 个按键,如何来区分这些按键呢? 想一下我们所在的地球,要是想要知道我们所在的位置,就要借助经纬线,而矩阵按键就是通过行线和列线来确定哪个按键按下。

前面介绍过按键稳定闭合的时间会在 100ms 以上和中断消抖的方法,因为现在有 4 个 keyout 需要输出,所以需要四次中断才能完成一次全的按键扫描,如果再用 2ms 进行扫描的话可能会出现错误。现在我们将一次扫描的时间降低到 1ms,这样扫描一次全部按键的时间需要 16ms。

9.4.5 软件程序设计

```
#include <reg52.h>              //单片机头文件
sbit R0 = P2^0;
sbit R1 = P2^1;
sbit KEY_IN_1  = P3^4;
sbit KEY_IN_2  = P3^5;
sbit KEY_IN_3  = P3^6;
sbit KEY_IN_4  = P3^7;
```

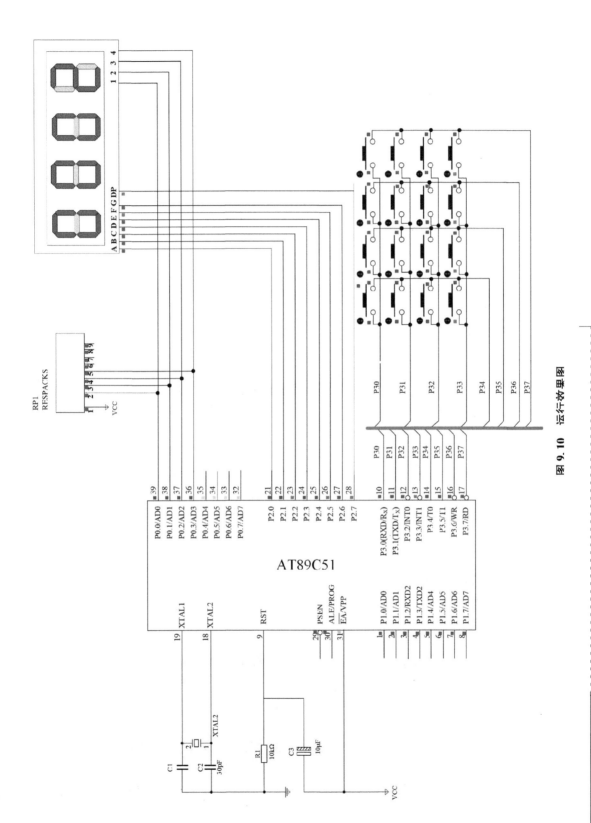

图 9. 10 运行效果图

```
sbit KEY_OUT_1 = P3^3;
sbit KEY_OUT_2 = P3^2;
sbit KEY_OUT_3 = P3^1;
sbit KEY_OUT_4 = P3^0;
unsigned char code LedChar[ ] = {        //数码管实数值表
                                    0x3f, 0x06, 0x5b, 0x4f, 0x66, 0x6d, 0x7d, 0x07,
                                    0x7f,0x6f,0x77,0x7c,0x39,0x5e,0x79,0x71};
unsigned char KeySta[4][4] =     {//矩阵按键的当前状态
                                    {1,1,1,1},{1,1,1,1},
                                    {1,1,1,1},{1,1,1,1}
                                 };
void main( )
{
    unsigned char i, j;
    unsigned char backup[4][4] = {
                                    {1,1,1,1},{1,1,1,1},
                                    {1,1,1,1},{1,1,1,1}
                                 };//按键值备份,保存前一次的值
    EA = 1;                          //使能总中断
    R1 = 0;
    R0 = 0;
    TMOD = 0x01;      //为 T0 设置为模式 1
    TH0   = 0xFC;     //为 T0 赋初值为 0xfc67
    TL0   = 0x67;
    ET0   = 1;         //使能中断
    TR0   = 1;         //启动 T0
    P0 = LedChar[0];  //默认显示
    P3 = 0xfc;
    while (1)
    {
        for (i=0; i<4; i++)        //循环检测行
        {
            for (j=0; j<4; j++)    //循环检测列
            {
                if (backup[i][j] ! = KeySta[i][j])//检测按键状态
                {
                    if (backup[i][j] ! = 0)           //按键按下时执行动作
                    {
```

```
                        P0 = LedChar[i*4+j];     //显示数值
                        backup[i][j] = KeySta[i][j];//更新前一次备份值
                    }
                }
            }
        }
    }
}
/ * * * * * * * * * * *中断函数,按键扫描和消抖 * * * * * * * * * * * */
void timer0( ) interrupt 1
{
    unsigned char i;
    static unsigned char key_a = 0; //矩阵按键引出索引
    static unsigned char key[4][4] = {//矩阵按键缓冲区
        {0xFF, 0xFF, 0xFF, 0xFF}, {0xFF, 0xFF, 0xFF, 0xFF},
        {0xFF, 0xFF, 0xFF, 0xFF}, {0xFF, 0xFF, 0xFF, 0xFF}
    };
    TH0 = 0xFC;//重新加载初值
    TL0 = 0x67;//下一行的值存入缓冲区
    key[key_a][0] = (key[key_a][0] << 1) | KEY_IN_1;
    key[key_a][1] = (key[key_a][1] << 1) | KEY_IN_2;
    key[key_a][2] = (key[key_a][2] << 1) | KEY_IN_3;
    key[key_a][3] = (key[key_a][3] << 1) | KEY_IN_4;
    //消抖后更新按键状态
    for (i=0; i<4; i++)
    {
        if ((key[key_a][i] & 0x0F) == 0x00)
        {   //连续扫描4次回来的值都为0,说明按键按下
            KeySta[key_a][i] = 0;
        }
        else if ((key[key_a][i] & 0x0F) == 0x0F)
        {   //连续扫描4次回来的值都为1,说明按键弹起
            KeySta[key_a][i] = 1;
        }
    }
    key_a++;  //执行下一行扫描的输出
    if(key_a==4)
        key_a=0;
    switch (key_a) //根据索引释放当前输出引脚,置低下次输出的引脚
```

```
        {
            case 0: KEY_OUT_4 = 1; KEY_OUT_1 = 0; break;
            case 1: KEY_OUT_1 = 1; KEY_OUT_2 = 0; break;
            case 2: KEY_OUT_2 = 1; KEY_OUT_3 = 0; break;
            case 3: KEY_OUT_3 = 1; KEY_OUT_4 = 0; break;
            default: break;
        }
    }
```

如果要在按键扫描里中断,每次让一个 keyout 输出 0,剩下的 keyout 输出 1,判断当前的 4 个 keyin 的状态。如果有就说明这一行中有按键按下了,这样此行的检测完成,检测下一行时通过将下一行的 keyout 输出低电平,其他 keyout 输出高电平,再判断四个 keyin 的状态,重复以上操作就可以确定是哪个按键按下了。

9.4.6 仿真运行效果图

前面程序完成了矩阵按键的扫描、消抖、动作分离的全部内容,本章节介绍了扫描按键的原理及方法,不管是独立按键还是矩阵按键都是通过按键的单片机 I/O 检测高低电平来实现的,所以,在学习中一定要理解到位。仿真运行效果如图 9.11 所示。

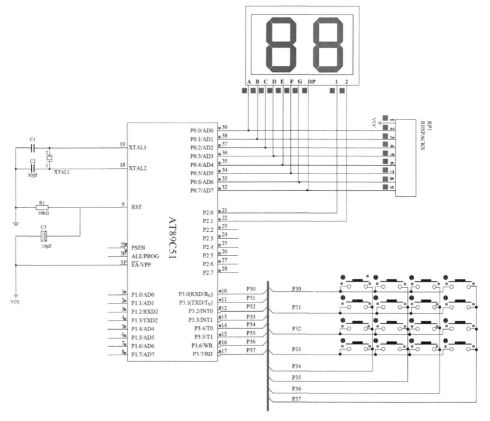

图 9.11　仿真运行效果图

10 项目六——单片机控制字符液晶显示

10.1 LCD1602 液晶显示模块原理

LCD(liquid crystal display)液晶显示器为一种被动的显示器,液晶本身不发光,但是经过液晶处理后可以改变光线的通过方式,达到发光的效果,使人眼可以辨别其显示的数据。本节主要讲解关于 LCD1602 液晶的原理及应用。图 10.1 为液晶实物图,10.2 为 Proteus 仿真图。

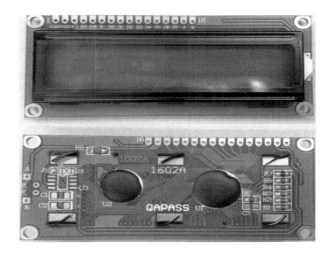

图 10.1 LCD1602 液晶(上为正,下为反)

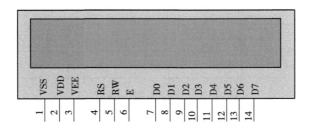

图 10.2 LCD1602 Proteus 仿真图

1602 液晶也叫 1602 字符型液晶,它是一种专门用来显示字母、数字、符号等的点阵型液晶模块,能够同时显示 32 个字符。每个字符都由 5×7 或者 5×11 个点阵组成,每一位之间有一个点距的间隔,每行之间也有间隔,起到了字符间距和行间距的作用,也正因为有间隔所以一般 1602 不能显示图形。LCD1602 主要参数如表 10-1 所示。

表 10-1　LCD1602 主要参数表

显示容量	16×2 个字符
工作电压	4.5~5.5V
工作电流	2.0mA
最佳工作电压	5.0V
字符尺寸	2.95×4.35(W×H)mm

LCD1602 是指显示的内容为 16×2,即可以显示两行,每行 16 个字符液晶模块(显示字符和数字)。现实中 1602 液晶有 16 个引脚,引脚功能如下。

(1)第 1 引脚 VSS:为电源地。

(2)第 2 引脚 VDD:接 5V 电源。

(3)第 3 引脚 V0:为液晶显示器调整对比度。

(4)第 4 引脚 RS:寄存器选择,高电平时选择数据寄存器,低电平时选择指令寄存器。

(5)第 5 引脚 RW:读写信号线,高电平时进行读操作。

(6)第 6 引脚 E/EN:使能端,高电平读取信息,负跳变时执行指令。

(7)第 7~14 引脚 D0~D7:为双向数据端。

(8)第 15 引脚 BLA:空脚或接背光灯正极。

(9)第 16 引脚 BLR:空脚或接背光灯负极。

DDRAM(display data ram)就是显示数据 RAM,用来寄存待显示的字符代码,共 80 个字节,其地址和屏幕的对应关系如图 10.3 所示。

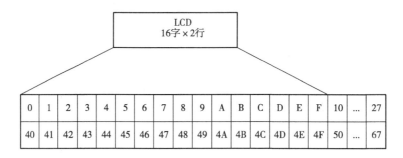

图 10.3　LCD1602 内部显示地址

DDRAM 相当于计算机的显存,为了在屏幕上显示字符,就把字符代码送入显存,这样该字符就可以显示在屏幕上。同样 LCD1602 共有 80 个字节的显存,即 DDRAM。但 LCD1602 的显示屏幕只有 16×2 大小,因此,并不是所有写入 DDRAM 的字符代码都能在屏幕上显示出来,只有写在上图所示范围内的字符才可以显示出来,写在范围外的字符不能显示出来。这样,在程序中可以利用下面的"光标或显示移动指令"使字符慢慢移动到可见的显示范围内,便看到字符的移动效果。

前面说了,为了在液晶屏幕上显示字符,就把字符代码送入 DDRAM。例如,如果想在屏幕左上角显示字符“A”,那么就把字符“A”的字符代码 41H 写入 DDRAM 的 00H 地址处即可。至于怎么写入,后面会有说明。那么为什么把字符代码写入 DDRAM,就可以在相应位置显示这个代码的字符呢?我们知道,LCD1602 是一种字符点阵显示器,为了显示一种字符的字形,必须要有这个字符的字模数据,字符的字模数据如图 10.4 所示。具体的 ASCII 字符显示表见附录一。

01110	○■■■○
10001	■○○○■
10001	■○○○■
10001	■○○○■
11111	■■■■■
10001	■○○○■
10001	■○○○■

图 10.4　字模数据示示例

10.1.1　LCD1602 与数码管的对比

10.1.1.1　价格区别

一般来说数码管要比液晶显示模块价格低。

10.1.1.2　显示特性

(1)数码管是通过电子枪扫射电子成像的,液晶显示模块是光线透过液晶体成像的。

(2)数码管显示内容单一,液晶则比较丰富。

(3)数码管一般就是一个 7 段的 8 字,当然多的有 16 段的中间米字型的,液晶可以显示各种内容。

(4)数码管是自发光的,液晶是靠背光(环境)的。

(5)数码管是 LED 发光的效果,液晶是分子偏转引起的暗影效果。

10.1.1.3　发展趋势

未来 LED 的产业竞争将取决于以下两方面。

一是技术,这包括提高发光效率、降低成本、提高器件功率的技术,方向上有现有技术路线的延伸,也有可能出现新的技术路线;也包括获得高质量产品的工艺技术,以及外围如照明系统设计及驱动芯片设计技术。

二是规模,一方面是由于规模大可以降低成本,市场议价能力强。另一方面,化合物外延片与集成电路制造用的硅片很大不同在于,即使同一片外延上制作出来的芯片性能也可能有较大差别,这对一致性要求比较高的应用领域(典型的如液晶面板背光)而言,一片外延上只有一部分符合要求。但对规模大的企业而言,其有多层次的市场结构,可以将不符合某一市场要求的芯片产品调配至另一市场,公司总的产出效率得到充分提高。

在技术不断革新,价格下降以及潜在市场庞大的态势下,LED 显示屏的运用将更为普遍。不仅在公共生活和商业活动中,更会渗入我们生活的方方面面。在这推动之下,LED 显示屏行业将获得更多的发展契机,保持蓬勃发展的态势。

10.1.2　使用方法(注意事项)

(1)先插接好 LCD1602 液晶(排针位于数码管上方 16 个孔的排母)。

插接完成后液晶屏幕处于开发板内(盖住数码管),一定要把排针全部插入 16P 排母,插接时意不能错位。如果排针有歪斜,用户用手慢慢掰正即可,不会断掉或影响使用,因为排针受外力很容易歪斜,但韧性好。

（2）打开开发板电源,输入配套 LCD1602 显示的程序。

（3）如果没有显示字符,或者出现全黑的方格和字迹不清晰,可以找一个合适的工具（有螺丝刀最好）,调节 16P 排母左边的"液晶对比度电位器"顺时针慢慢调节,直到显示清楚。顺时针调节增强对比度,逆时针减弱对比度。

10.2 LCD1602 操作时序图

时序图(sequence diagram),又名序列图或循序图,是一种 UML 交互图。它通过描述对象之间发送消息的时间顺序显示多个对象之间的动态协作。它可以表示用例的行为顺序,当执行一个用例行为时,其中的每条消息对应一个类操作或状态机中引起转换的触发事件。

所谓时序图,可以理解为按照时间顺序进行的图解,在时序图上可以反映出某一时刻各信号的取值情况。时序图可以按照从上到下,从左到右的顺序,每到一个突变点(从 0 变为 1,或从 1 变为 0)时,记录各信号的值,就可获得一张真值表,进而分析可知其相应的功能。它通过描述对象之间发送消息的时间顺序显示多个对象之间的动态协作。

使用 LCD1602 有两个部分,第一个是写(命令或数据)指令,第二个为读(命令或数据)指令。当我们要写指令字,设置 LCD1602 的工作方式时,需要把 RS 置为低电平,RW 置为低电平。然后将数据送到数据口 D0~D7,最后 E 引脚一个高脉冲将数据写入。

当要写入数据字,在 LCD1602 上实现显示时,需要把 RS 置为高电平,RW 置为低电平,然后将数据送到数据口 D0~D7,最后 E 引脚一个高脉冲将数据写入,读操作如图 10.5 所示,写操作如图 10.6 所示。

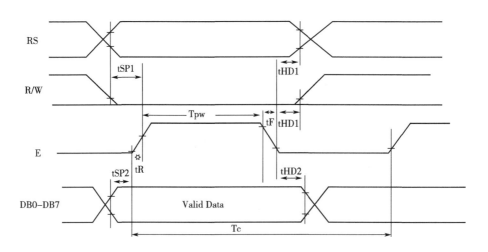

图 10.5 LCD1602 操作写时序图

LCD1602 的四个基本操作时序如下。

（1）读状态。输入:RS=L,RW=H,E=H。

　　　　　　输出:D0~D7=状态字。

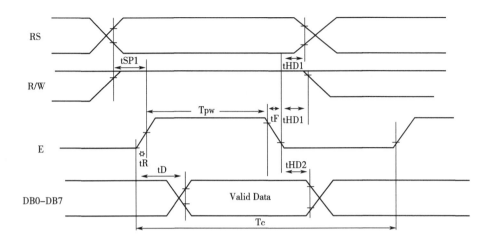

图 10.6　LCD1602 操作读时序图

（2）写指令。输入：RS＝L，RW＝L，D0～D7＝指令码，E＝高脉冲。

　　　　　　输出：无。

（3）读数据。输入：RS＝H，RW＝H，E＝H。

　　　　　　输出：D0～D7 数据。

（4）写数据。输入：RS＝H，RW＝L，D0～D7＝数据，E＝高脉冲。

　　　　　　输出：无。

时序时间参数如表 10-2 所示。

表 10-2　时序时间参数表

时序参数	符号	极限值			单位	测试条件
		最小值	典型值	最大值		
E 信号周期	Tc	400	—	—	ns	引脚 E
E 脉冲宽度	Tpw	150	—	—	ns	
E 上升沿/下降沿时间	tR，tF	—	—	25	ns	
地址建立时间	tSP1	30	—	—	ns	引脚 E、
地址保持时间	tHD1	10	—	—	ns	RS、R/W
数据建立时间（读操作）	tD	—	—	100	ns	
数据保持时间（读操作）	tHD2	20	—	—	ns	引脚
数据建立时间（写操作）	tSP2	40	—	—	ns	DB0～DB7
数据保持时间（写操作）	tHD2	10	—	—	ns	

10.3 相关指令介绍

10.3.1 清屏指令

表 10-3 清屏指令格式

指令功能	指令编码										执行时间/ms
	RS	R/W	DB7	DB6	DB5	DB4	DB3	DB2	DB1	DB0	
清屏	0	0	0	0	0	0	0	0	0	1	1.64

功能:清除液晶显示器,即将 DDRAM 的内容全部填入"空白"的 ASCII 码 20H。光标归位,即将光标撤回液晶显示屏的左上方。将地址计数器(AC)的值设为 0。

10.3.2 光标复位指令

表 10-4 光标复位指令格式

指令功能	指令编码										执行时间/ms
	RS	R/W	DB7	DB6	DB5	DB4	DB3	DB2	DB1	DB0	
光标复位	0	0	0	0	0	0	0	0	1	X	1.64

功能:把光标撤回到显示器的左上方。把地址计数器(AC)的值设为 0。保持 DDRAM 的内容不变。

10.3.3 进入模式设置指令

表 10-5 进入模式设置指令格式

指令功能	指令编码										执行时间/ms
	RS	R/W	DB7	DB6	DB5	DB4	DB3	DB2	DB1	DB0	
进入模式设置	0	0	0	0	0	0	0	1	I/D	S	40

功能:设定每次进入 1 位数据后光标的移位方向,并且设定每次写入的一个字是否移动。

表 10-6 参数设定情况

位名	设置
I/D	0=写入新数据后光标左移,1=写入新数据后光标右移
S	0=写入新数据后显示屏不移动,1=写入新数据后显示屏整体右移一个字符

10.3.4 显示开关控制指令

表 10-7 显示开关控制指令格式

指令功能	指令编码										执行时间/ms
	RS	R/W	DB7	DB6	DB5	DB4	DB3	DB2	DB1	DB0	
显示开关控制	0	0	0	0	0	0	1	D	C	B	40

功能:控制显示器开/关、光标显示/关闭以及光标是否闪烁。

表 10-8 参数设定情况

位名	设置
D	0=显示功能关,1=显示功能开
C	0=无光标,1=有光标
B	0=光标闪烁,1=光标不闪烁

10.3.5 设定显示屏或光标移动方向指令

表 10-9 设定显示屏或光标移动方向指令格式

指令功能	指令编码										执行时间/ms
	RS	R/W	DB7	DB6	DB5	DB4	DB3	DB2	DB1	DB0	
设定显示屏或光标移动方向	0	0	0	0	0	1	S/C	R/L	X	X	40

功能:使光标移位或使整个显示屏幕移位。

表 10-10 参数设定情况

S/C	R/L	设置
0	0	光标左移1格,且AC值减1
0	1	光标右移1格,且AC值加1
1	0	显示器上字符全部左移一格,但光标不动
1	1	显示器上字符全部右移一格,但光标不动

10.3.6 功能设定指令

表 10-11 功能设定指令格式

指令功能	指令编码										执行时间/ms
	RS	R/W	DB7	DB6	DB5	DB4	DB3	DB2	DB1	DB0	
功能设定	0	0	0	0	1	DL	N	F	X	X	40

功能:设定数据总线位数、显示的行数及字型。

表 10-12　参数设定情况

位名	设置
DL	0=数据总线为4位,1=数据总线为8位
N	0=显示一行,1=显示两行
F	0=5×7点阵/每字符,1=5×10点阵/每字符

10.3.7　设定 CGRAM 地址指令

表 10-13　设定 CGRAM 地址指令格式

指令功能	指令编码										执行时间/ms
	RS	R/W	DB7	DB6	DB5	DB4	DB3	DB2	DB1	DB0	
设定 CGRAM 地址	0	0	0	1	CGRAM 的地址(6位)						40

功能:设定下一个要存入数据的 CGRAM 地址。

10.3.8　设定 DDRAM 地址指令

表 10-14　设定 DDRAM 地址指令格式

指令功能	指令编码										执行时间/ms
	RS	R/W	DB7	DB6	DB5	DB4	DB3	DB2	DB1	DB0	
设定 DDRAM 地址	0	0	1	CGRAM 的地址(7位)							40

功能:设定下一个要存入数据的 CGRAM 地址。

10.3.9　读取忙碌信号或 AC 地址指令

表 10-15　读取忙碌信号或 AC 地址指令格式

指令功能	指令编码										执行时间/ms
	RS	R/W	DB7	DB6	DB5	DB4	DB3	DB2	DB1	DB0	
读取忙碌信号或 AC 地址	0	0	FB	AC 内容(7位)							40

功能如下。

(1)读取忙碌信号 BF 的内容。

(2)BF=1 表示液晶显示器忙,暂时无法接收单片机送来的数据或指令。

(3)当 BF=0 时,液晶显示器可以接受单片机送来的数据或指令。

(4)读取地址计数器(AC)的内容。

10.3.10 数据写入 DDRAM 或 CGRAM 指令一览

表 10-16 数据写入 DDRAM 或 CGRAM 指令格式

指令功能	指令编码										执行时间/ms
	RS	R/W	DB7	DB6	DB5	DB4	DB3	DB2	DB1	DB0	
数据写入 DDRAM 或 CGRAM	1	0	要写入的数据 D7~D0								40

功能如下。

(1)将字符码写入 DDRAM,以使液晶显示屏显示出相对应的字符。

(2)将使用者自己设计的图形存入 CGRAM。

10.3.11 从 CGRAM 或 DDRAM 读出数据指令一览

表 10-17 从 CGRAM 或 DDRAM 读出数据指令格式

指令功能	指令编码										执行时间/ms
	RS	R/W	DB7	DB6	DB5	DB4	DB3	DB2	DB1	DB0	
设定 DDRAM 地址	0	0	1	CGRAM 的地址(7 位)							40

功能:读取 DDRAM 或 CGRAM 中的内容。

10.4 1602 编程方法

10.4.1 1602 编程方法格式

* 函数名称:LCD1602_Write_Cmd。

* 函数功能:写 LCD1602 命令。

* 输入 cmd:需要写入的命令。

```
void LCD1602_Write_Cmd(uchar cmd)
{
    LCD1602_RS = 0;
    LCD1602_RW = 0;//拉低 RS、RW 操作时序情况
    LCD1602_DB = cmd;//写入命令
    LCD1602_EN = 1;//拉高使能端数据被传输到 LCD1602 内
    LCD1602_EN = 0;//拉低使能以便于下一次产生上升沿
}
```

* 函数名称:LCD1602_Write_Dat。

* 函数功能:写 LCD1602 数据。

* 输入 dat:需要写入的数据。

```c
void LCD1602_Write_Dat(uchar dat)
{
    LCD1602_RS = 1;
    LCD1602_RW = 0;
    LCD1602_DB = dat;
    LCD1602_EN = 1;
    LCD1602_EN = 0;
}
```

10.4.2　使用 LCD1602 循环显示两行字符

10.4.2.1　C 语言程序

```c
#include<reg52. h>
#define uchar unsigned char
#define uint unsigned int
void init( );                       //初始化函数标注
void write_com (uchar com);         //写命令函数标注
void write_data (uchar da);         //写数据函数标注
void delay (uint z);                //延时函数标注
void xianshi( );                    //1602 显示函数标注
sbit LCDen=P3^4;
sbit rs=P3^5;
sbit RW=P3^6;
uchar code aa[ ]="xin xi yuan";
uchar code bb[ ]="huan ying";
uint i;
void main( )
{
    init( );
    while(1)
    {
        xianshi( );
        write_com(0x80+16);
    }
}
void init ( )
```

```
{
    RW=0;
    LCDen=0x00;
    write_com(0x38);
    write_com(0x0c);
    write_com(0x06);
    write_com(0x01);
    write_com(0x80+0x10);
}
void write_com (uchar com)
{
    rs=0x00;
    P0=com;
    delay(5);
    LCDen=0x01;
    delay(5);
    LCDen=0x00;
}
void write_data (uchar da)
{
    rs=0x01;
    P0=da;
    delay(5);
    LCDen=0x01;
    delay(5);
    LCDen=0x00;
}
void delay (uint z)
{
    uint x,y;
    for(x=z;x>0;x--)
        for(y=110;y>0;y--);
}
void xianshi ()
{
    for(i=0;i<11;i++)
    {
        write_data(aa[i]);
```

```
            delay(20);
        }
    delay(20);
    write_com(0x80+0x50);
    for(i=0;i<9;i++)
    {
        write_data(bb[i]);
        delay(20);
    }
    for(i=0;i<16;i++)
    {
        write_com(0x1c);
        delay(200);
    }
}
```

10.4.2.2　仿真电路图

仿真电路如图 10.7 和图 10.8 所示。

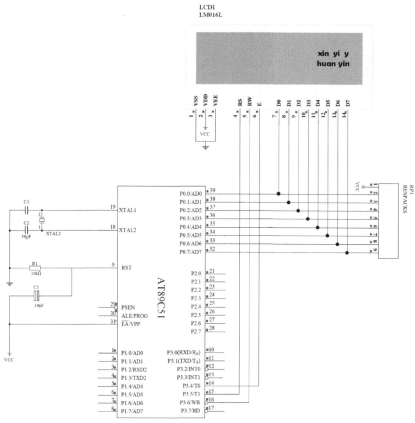

图 10.7　仿真效果图 1

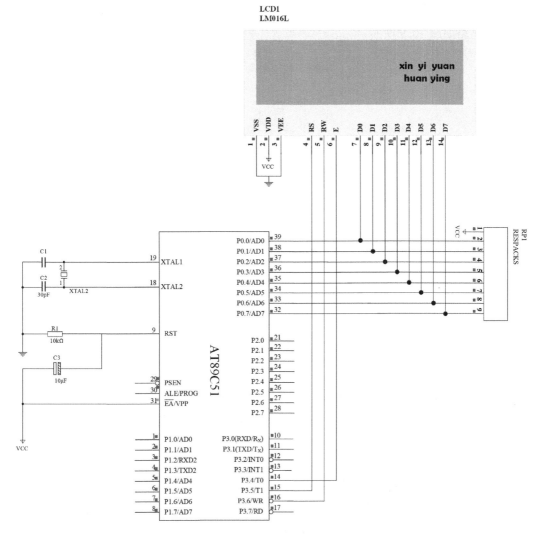

图 10.8　仿真效果图 2

10.5　实验项目

10.5.1　设计内容及要求

①利用矩阵键盘实现 6 位密码的输入;②利用 LCD1602 液晶显示工作状态,如待机、输入密码、开锁、键盘锁定、密码是否正确等状态信息;③输入密码为数字 0~9,具有输入确定及取消功能。

矩阵键盘输入密码,0~9、"#"、"＊"、确认键、清除键十四个有效键位,对密码进行输入,输入的密码数位显示在 LCD1602 上,但只显示"＊"号,按下"确认键"后,输入的密码与设置

211

的密码进行对比。若密码正确,则绿色 LED 发光二极管亮一秒钟作为提示;若密码不正确,则红色 LED 发光二极管亮一秒钟作为提示;若连续三次输入密码错误,禁止按键输入 3 秒。键盘连线电路如图 10.9 所示。

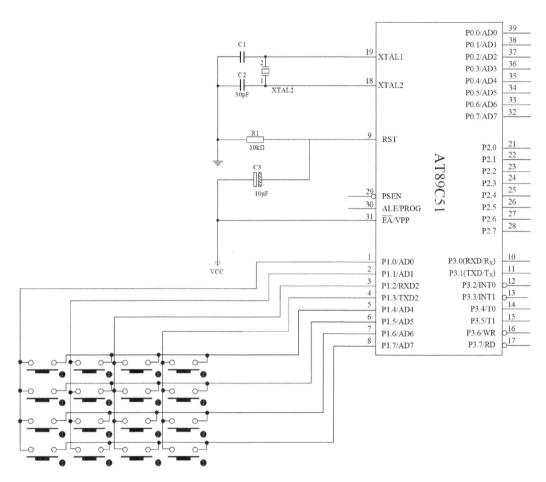

图 10.9　键盘连接电路图

在键盘中按键数量较多时,为了减少 I/O 口的占用,通常将按键排列成矩阵形式。在矩阵式键盘中,每条水平线和垂直线在交叉处不直接连通,而是通过一个按键加以连接。这样,一个端口(如 P1 口)就可以构成 4×4=16 个按键,比之前直接将端口线用于键盘多出了一倍,而且线数越多,区别越明显。比如再多加一条线就可以构成 20 键的键盘,而直接用端口线则只能多出一键(9 键)。由此可见,在需要的键数比较多时,采用矩阵法来做键盘是合理的。

当按键被按下后,单片机 I/O 口对应的引脚接收到低电平,然后执行对应的内容。原理非常简单,但是要注意按键需要防抖动和松手检测。

10.5.2 硬件要求

需要连接在 P1 I/O 口上,连接方法如图 10.9 所示。

10.5.3 软件要求

需要对每个按键进行检测,需要写入防抖动和松手检测。按键模型如图 10.10 所示。

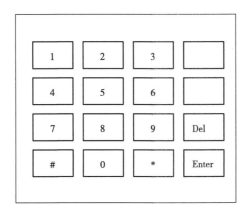

图 10.10 按键模型

10.5.4 硬件连接电路设计

P1 口连接 4×4 矩阵键盘,P0 口接上拉电阻,连接 LCD1602 的 D0~D7 引脚,P2^0、P2^1 连接 LED 提示灯,P3^2、P3^3、P3^4 分别连接 LCD1602 的 RS、RW、E 端,如图 10.11 所示。

10.5.5 实验程序设计

```
#include<reg52. h>
#include<string. h>
#define uint unsigned int
#define uchar unsigned char
sbit red = P2^0;                              //红色灯
sbit green = P2^1;                            //绿色灯
void delay( uint z);                          //延时函数
void init ( );                                //初始化
void jiance( );                               //按键检测
void write_com ( uchar com);                  //1602 写命令
void write_data ( uchar da);                  //1602 写数据
void xianshi ( );                             //1602 显示
sbit LCDen = P3^4;
sbit rs = P3^2;
```

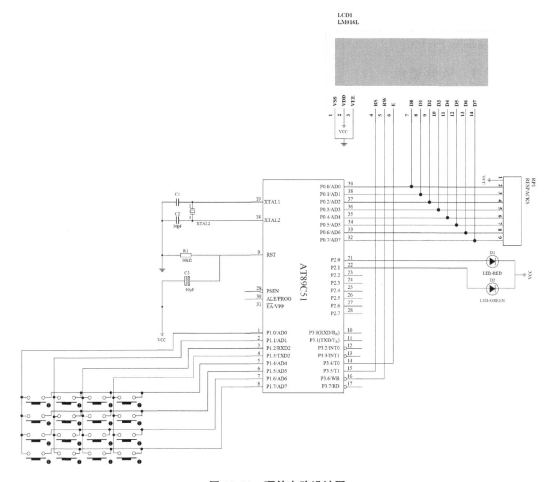

图10.11　硬件电路设计图

```
sbit RW = P3^3;
uint time,cuowu,a,b,ok,res,i;
uchar temp;
uchar shuru[16] = {'\0'};                    //输入的密码
uchar code mima[16] = {'1','2','3','4'};     //制定的密码
uchar code q[] = {"qing shu ru"};
void main()
{
    init();
    while(1)
    {
        if(time == 0)
        {
```

```
            shuru[0] = '\0';
            ok = 1;
            b = 0;
            jiance();
            delay(5);
    }
/ * for(a = 0;shuru[a]! = '\0';)
    {
            if(shuru[a] = = mima[a])
            {
                    a++;
            }
            else
            {
                    shuru[a] = '\0';
                    cuowu++;
                    red = 0;
                    delay(1000);
                    red = 1;
            }
    }
    if(shuru[a−1] = = mima[a−1])
    {
            green = 0;
            delay(1000);
            green = 1;
    } * /
    res = strcmp(shuru,mima);
    if(res = = 0)
    {
            green = 1;
            delay(1000);
            green = 0;
            init();
    }
    else
    {
            red = 1;
```

```
                cuowu++;
                delay(1000);
                red=0;
            }
            xianshi();
            if(cuowu==3)
            {
                ET1=1;
                while(ET1);
            }
        }
    }
}
/ * * * * * * * * * * * * * * 初始化 * * * * * * * * * * * * * * * * * * * /
void init ()
{
    / * 定时器 1 * /
        TMOD=0x10;
        TH1=(65536-5000)/256;
        TL1=(65536-5000)%256;
        EA=1;
        ET1=0;
        TR1=1;
    / * 1602 * /
        RW=0;
        LCDen=0x00;
        write_com(0x38);
        write_com(0x0c);
        write_com(0x06);
        write_com(0x01);
        write_com(0x80+0x10);
    / * 其余变量 * /
        time=0;
        cuowu=0;
        b=0;
        red=1;
        green=1;
}
/ * * * * * * * * * * * * * * * * 中断 * * * * * * * * * * * * * * * * * * * /
```

```
void timer3 ( ) interrupt 3
{
    TH1 = (65536-5000)/256;
    TL1 = (65536-5000)%256;
    time++;
    if( time = = 31)
    {
        time = 0;
        ET1 = 0;
        red = 1;
        delay(1000);
        red = 0;
    }
}
```
/ * * * * * * * * * * * * * * 按键检测 * * * * * * * * * * * * * * * * * * /
```
void jiance ( )
{
    delay(200);
    while(ok)
    {
        P1 = 0xfe;
        temp = P1;
        temp = temp&0xf0;
        while(temp! = 0xf0)
        {
            delay(5);
            temp = P1;
            temp = temp&0xf0;
            while(temp! = 0xf0)
            {
                temp = P1;
                switch(temp)
                {
                    case 0x7e:shuru[b] = '1';break;
                    case 0xbe:shuru[b] = '2';break;
                    case 0xde:shuru[b] = '3';break;
                    case 0xee: ;break;
                }
```

```
        while( temp = = 0xfe)
            temp = temp&0xf0;
    }
}
if( shuru[ b]! = '\0')
    b++;
delay(5);
P1 = 0xfd;
temp = P1;
temp = temp&0xf0;
while( temp! = 0xf0)
{
    delay(5);
    temp = P1;
    temp = temp&0xf0;
    while( temp! = 0xf0)
    {
        temp = P1;
        switch( temp)
        {
            case 0x7d:shuru[ b] = '4';break;
            case 0xbd:shuru[ b] = '5';break;
            case 0xdd:shuru[ b] = '6';break;
            case 0xed:;break;
        }
        while( temp = = 0xfd)
            temp = temp&0xf0;
    }
}
if( shuru[ b]! = '\0')
    b++;
delay(5);
P1 = 0xfb;
temp = P1;
temp = temp&0xf0;
while( temp! = 0xf0)
{
    delay(5);
```

```
                temp = P1;
                temp = temp&0xf0;
                while(temp! = 0xf0)
                {
                    temp = P1;
                    switch(temp)
                    {
                        case 0x7b:shuru[b] = '7';break;
                        case 0xbb:shuru[b] = '8';break;
                        case 0xdb:shuru[b] = '9';break;
                        case 0xeb:;break;
                    }
                    while(temp = = 0xfb)
                        temp = temp&0xf0;
                }
            }
        if(shuru[b]! = '\0')
            b++;
        delay(5);
        P1 = 0xf7;
        temp = P1;
        temp = temp&0xf0;
        while(temp! = 0xf0)
        {
            delay(5);
            temp = P1;
            temp = temp&0xf0;
            while(temp! = 0xf0)
            {
                temp = P1;
                switch(temp)
                {
                    case 0x77:shuru[b] = '#';break;
                    case 0xb7:shuru[b] = '0';break;
                    case 0xd7:shuru[b] = ' * ';break;
                    case 0xe7:ok = 0;break;
                }
                while(temp = = 0xf7)
```

```
                              temp=temp&0xf0;
                      }
              }
              if(shuru[b]! ='\0')
              {
                    b++;
              }
              delay(5);
      }
}
/*************1602 显示********************/
void write_com (uchar com)
{
      rs=0x00;
      P0=com;
      delay(5);
      LCDen=0x01;
      delay(5);
      LCDen=0x00;
}
void write_data (uchar da)
{
      rs=0x01;
      P0=da;
      delay(5);
      LCDen=0x01;
      delay(5);
      LCDen=0x00;
}
void xianshi ()
{
      for(i=0;i<11;i++)
      {
            write_data(q[i]);
            delay(20);
      }
      delay(20);
      write_com(0x80+0x50);
```

```
        for(i=0;i<b;i++)
        {
            write_data('*');
            delay(20);
        }
}
/***************延时函数***************/
void delay (uint z)
{
    uint x,y;
    for(x=z;x>0;x--)
        for(y=110;y>0;y--);}
```

11 项目七——单片机串口

11.1 单片机串口结构及其工作原理

89C51 单片机的串行口主要由数据发送缓冲器 SBUF、发送控制器、输出控制门、数据接收缓冲器 SBUF、接收控制器、输入位移控制器和串行口控制寄存器 SCON 构成（如图 11.1 和图 11.2 所示）。单片机内部集成了一个全双工异步通信串行口。单片机的串行通信使用的是异步串行通信。

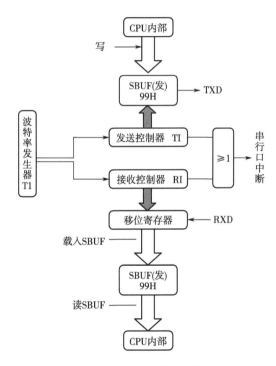

图 11.1　MCS-51 单片机串口工作方式

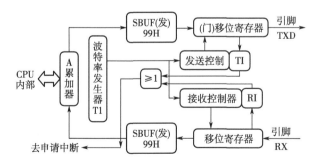

图 11.2　MCS-51 单片机串口结构

通信有并行和串行两种方式。在单片机系统以及现代单片机测控系统中,信息的交换多采用串行通信方式。

11.1.1　并行通信方式

并行通信通常是将数据字节的各位用多条数据线同时进行传送,每一位的数据都需要一条传输线。8 位数据总线的通信系统,一次传送 8 位数据(1 个字节),需要 8 位数据线。此外,还需要一条信号线和若干控制信号线,这种方式仅适合短距离的数据传输。并行通信控制简单且相对传输速度快,但由于传输线较多,长距离传送时成本高且接收存在困难。

11.1.2　串行通信方式

11.1.2.1　串行数据通信模式

(1)单工通信:数据仅能从一台设备到另一台设备进行单方向的传输。

(2)半双工通信:数据可以从一台设备到另一台设备进行传输,也可以进行反方向传输,但不能在同一时刻双向传输数据。

(3)全双工通信:数据可以在同一时刻从一台设备到另一台设备进行传输,也可以进行相反方向的传输,即可以同时双向传输数据。

图 11.3　单片机甲乙之间近距离的直接通信

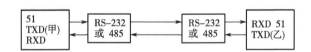

图 11.4　单片机甲乙两地之间远距离通信

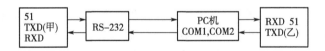

图 11.5　单片机与 PC 机之间的数据通信

11.1.2.2　当前嵌入式系统流行的串行接口

(1)异步串行 UART 和同步串行 USRT 总线接口。

(2)SPI 总线接口——同步外设接口(SPI)是由摩托罗拉公司开发全的双工同步串行总线。

(3)I^2C 总线接口——由 PHILIPS 公司开发的两线式串行总线。

(4)1-Wire 总线接口——Maxin 子公司达拉斯半导体的专利技术,采用单一信号。

(5)CAN 总线接口——1986 年德国电器商博世公司开发出面向汽车的 CAN 通信协议。

(6)USB 总线接口——由 Intel、Compaq、Digital、IBM、Microsoft、NEC、Northern Telecom 等

7家世界著名的计算机和通信公司共同推出。

串行通信是将数据字节分成一位一位的形式在一条传输线上逐个传送,此时只需要一条数据线,外加一条公共信号地线和若干控制信号线。因为一次只能传送一位,所以对于一位字节的数据,至少要分8位才能传送完毕。

串口通信的必要过程是当发送时,要把并行数据变成串行数据发送到线路上。当接收时,要把串行信号再变成并行数据,这样才能被计算机及其他设备处理。串行通信传输线比较少,长距离传送时成本低,且可以利用电话网等现成的设备,但数据的传送控制比并行通信复杂。

11.1.2.3 异步串行通信和同步串行通信

(1)异步串行通信是指通信的发送与接收设备使用各自的时钟控制数据的发送和接收过程。为使双方收、发协调,要求发送和接收设备的时钟尽可能一致,异步通信是以字符(构成的帧)为单位进行传输,字符与字符之间的间隙(时间间隔)是任意的,但每个字符的各位是以固定的时间传送的,即字符之间不一定有"位间隔"的整数倍关系,但同一字符内的各位之间的距离均为"位间隔"的整数倍。异步通信一帧字符信息由4部分组成:起始位、数据位、奇偶校验位和停止位。有的字符信息也带有空闲位形式,即在字符之间有空闲字符(如图11.6所示)。

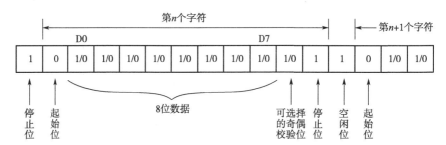

图11.6 异步串行通信时序图

异步通信的特点是不要求收、发双方时钟的严格一致,且实现容易,设备开销较小,但每个字符要附加2~3位,用于起始位、校验位和停止位。各帧之间还有间隔,因此传输效率不高。在单片机与单片机之间,单片机与计算机之间通信时,通常采用异步串行通信方式。

(2)同步串行通信时要建立发送方时钟对接收方时钟的直接控制,使双方达到完全同步。此时,传输数据的位之间的距离均为"位间隔"的整数倍,同时传送的字符之间不留间隙,既保持位同步关系,又保持字符同步关系。发送方对接收方的同步可以通过外同步和自同步两种方法实现(如图11.7所示)。

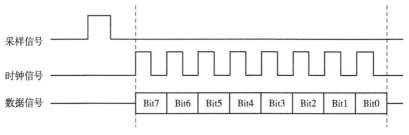

图11.7 同步串行通信时序图

此时,同步串行通信所传输的数据是由多个数据构成的,每帧有 2 个同步字符作为起始位以触发同步时钟开始发送或者接收数据。空闲位需要发送同步字符。因此,同步是指发送、接收双方的数据帧与帧之间严格同步,而不只是位与位之间严格同步。

同步传输方式比异步传输方式速度快,这是它的优点。但同步传输方式也有其缺点,即它必须要用一个时钟来协调收发器的工作,所以它的设备也比较复杂。串行通信工作方式如图 11.8 所示。

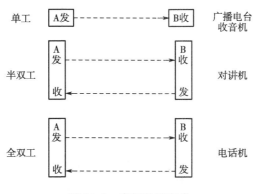

图 11.8　串行通信方式

串行通信的电平标准如下。

TTL 电平:逻辑 1(5V),逻辑 0(0V)。

RS-232 标准:逻辑 1(-15~-3V),逻辑 0(+3v~+15v)。

RS-485 标准:逻辑 1(+2~+6V),逻辑 0(-6~-2V)。

TTL 电平(0~5V):1.5 米。

RS-232 标准(-12V~+12V):15 米之内。

RS-485 标准(差分输入输出):1 200 米以上。

11.2　串口的工作方式

11.2.1　串口相关寄存器

串行数据缓冲器在逻辑上,SBUF 只有一个,既表示发送缓冲寄存器,又表示接收缓冲寄存器,具有同一个单元地址 99H。在物理上,SBUF 有两个,一个是发送缓冲寄存器,另一个是接收缓冲寄存器。发送缓冲寄存器只能写入不能读出,接收缓冲寄存器只能读出不能写入。

11.2.2　控制寄存器

与串口通信有关的控制寄存器一共有三个。

11.2.2.1　串口控制器 SCON

SCON 是 89C51 的一个可位寻址的专用寄存器,用于串行的控制。单元地址 98H,位地址 9FH–98H。寄存器及位地址如表 11–1 所示。

表 11–1　寄存器及位格式

位地址	9FH	9EH	9DH	9CH	9BH	9AH	99H	98H
位符号	SM0	SM1	SM2	REN	TB8	RB8	TI	RI

各位功能说明如下。

（1）SM0、SM1——串行口工作方式选择位。SM0、SM1 两个位共有 4 种组合，该 4 种组合分别定义了串行口的 4 种工作方式模式，4 种模式 SM0、SM1 的对应关系及功能说明如表 11–2 所示。

表 11–2　SM0 和 SM1 的工作方式及功能说明

SM0	SM1	模式	功能说明	波特率
0	0	0	同步移位寄存器	固定 $f_{osc}/12$
0	1	1	8 位 UART	可变
1	0	2	9 位 UART	$f_{osc}/16$ 或 $f_{osc}/32$
1	1	3	9 位 UART	可变

（2）SM2——多机通信控制位。在方式 2 和方式 3 中，若 SM2=1，且 RB8（接收到的第 9 位数据）=1 时，将接收到的前 8 位数据送入 SBUF，并置位 RI 产生中断请求。否则，将接收到的 8 位数据丢弃。而当 SM2=0 时，则不论第 9 位数据为 0 还是为 1，都将前 8 位数据装入 SBUF 中，并产生中断请求。在方式 0 时，SM2 必须为 0。

（3）REN——允许接收控制位。REN 位用于对串行数据的接收进行控制。REN=0，禁止接收。REN=1，允许接收。该位由软件置位或复位。

（4）TB8——方式 2 和方式 3 中要发送的第 9 位数据。在方式 2 和方式 3 时，TB8 是发送的第 9 位数据。在多机通信中，以 TB8 位的状态表示主机发送的是地址还是数据：TB8=0 表示数据，TB8=1 表示地址。该位由软件置位或复位。TB8 还可用于奇偶校检位。

（5）RB8——方式 2 和方式 3 中要接收的第 9 位数据。在方式 2 或方式 3 时，RB8 存放接收到的第 9 位数据。

（6）TI——发送中断标志。当方式 0 时，发送完第 8 位数据后，该位有硬件置位。在其他方式下，当发送停止位时，该位由硬件置位。因此 TI=1，表示帧发送结束，可软件查询 TI 位标志，也可以请求中断。TI 位必须由软件清零。

（7）RI——接收中断标志。当方式 0 时，接收完第 8 位数据后，该位由硬件置位。在其他方式下，当接收到停止位时，该位由硬件置位。因此 RI=1，表示帧接收结束，可软件查询 RI 位标志，也可以请求中断。RI 位也必须由软件清零。

接收或发送数据，无论是否采用中断方式工作，每接收或发送一个数据都必须用指令对 RI/TI 清零，以备下一次接收或发送。

11.2.2.2 电源控制寄存器 PCON(如表 11-3 所示)

表 11-3 PCON 的位格式

PCON	D7	D6	D5	D4	D3	D2	D1	D0
位名称	SMOD				GF1	GF0	PD	IDL

(1)SMOD=1,串行口波特率加倍。PCON 寄存器不能进行位寻址。

(2)SMOD 在串行口工作方式 1、2、3 中,是波特率加倍位,SMOD=1 时,波特率加倍。SMOD=0 时,波特率不加倍。

11.3 串行工作方式

11.3.1 串行工作方式 0

方式 0 是 8 位同步移位寄存器的输入输出,主要用于扩展并行输入或输出口。数据是由 RXD 引脚输入或输出,同步位移脉冲由 TXD 输出。发送和接受均为 8 位数据,低位在前,高位在后。波特率固定为 $f_{osc}/12$。

11.3.2 串行工作方式 1

方式 1 是 10 位的异步串行通信方式,共包括 1 个起始位、8 个数据位和 1 个停止位。T1 提供移位脉冲,其波特率=$2SMOD \times f_{osc}/[32 \times 12 \times (256-x)]$。

方式 1 的数据发送是 CPU 执行一条写入寄存器(SBUF)的指令启动串行口的发送,随后在串行口由硬件自动加入起始位和停止位,构成一个完整的帧格式。然后在移位脉冲的作用下,由 TXD 端串行输出。一个字符帧发送完后,使 TXD 输出线维持到 1(SPACE)状态下,并将 SCON 寄存器的 TI 置 1,通知 CPU 可以发送下一个字符(如图 11.9 所示)。

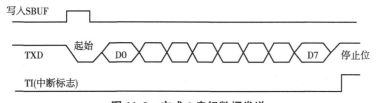

图 11.9 方式 1 串行数据发送

接收数据时,SCON 的 REN 位应处于允许接收状态(REN=1)。在此前提下,串行口采样 RXD 端,当采样到 1 向 0 的状态跳变时,就认定是接收到起始位。随后在移位脉冲的控制下,把接收到的数据位移入接收寄存器中。直到停止位到来之后把停止位送入 RB8 中,并把位置中断标志位置 RI,通知 CPU 从 SBUF 取走接收到的一个字符。

11.3.3 串行工作方式 2

11 位异步通信方式(1 个起始位、9 个数据位和 1 个停止位)。其中发送的第 9 位由

SCON 的 TB8 提供,接收的第 9 位存在 SCON 的 RB8。T1 提供移位脉冲,其波特率 $= f_{osc}/32$ 或 $f_{osc}/64$。

方式 2 的数据发送是 CPU 执行一条写入寄存器(SBUF)的指令启动串行口的发送,并把 TB8 的内容送入发送寄存器第 9 位。随后在串行口由硬件自动加入起始位和停止位,构成一个完整的帧格式,然后在移位脉冲的作用下,由 TXD 端串行输出。一个字符帧发送完后,使 TXD 输出线维持到(SPACE)状态下,并将 SCON 寄存器的 TI 置 1,通知 CPU 可以发送下一个字符(如图 11.10 所示)。

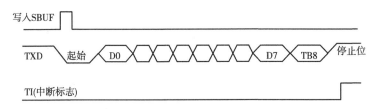

图 11.10　方式 2 串行数据发送

接收数据时,SCON 的 REN 位应处于允许接收状态(REN = 1)。在此前提下,串行口采样 RXD 端,当采样到 1 向 0 的状态跳变时,就认定是接收到起始位。随后在移位脉冲的控制下,把接到的数据位移入接收寄存器中。直到停止位到来之后把停止位送入 RB8 中,并把位置中断标志位置 RI,通知 CPU 从 SBUF 取走接收到的一个字符。

在方式 1 接收中,若下列两个条件成立则 RI = 1,9 位数据进入 SBUF,停止位进入 RB8。这两个条件是:RI = 0;SM2 = 0,或接收到第 9 位为 1。

11.3.4　串行工作方式 3

T1 提供移位脉冲,其波特率 $= 2SMOD \times f_{osc}/\left[32 \times 12 \times (256-x)\right]$。方式 3 通信过程与方式 2 完全相同。区别仅在于方式 3 的波特率可通过设置定时的工作方式和初值来设定(与串行工作方式 1 波特率设定方法相同)。

11.4　串口波特率计算

波特率 bps(bit per second)定义是每秒钟传送二进制的位数(发送一个二进制位的时间的倒数)。

波特率的单位为位/秒(bit/s)或波特(Baud)。

波特率取值范围一般为:0 到 115 200bit/s。影响波特率的主要因素是传输的分布电容、通信电平标准和传送距离。

【例 11.1】异步串行通信的数据传送的速度是 120 字符/秒,而每个字符规定包含 10 位(1 个起始位、8 个数据位、1 个停止位)数字,则传输波特率为:

120 字符/秒×10 位/字符 = 1 200 位/秒 = 1 200bps

相互通信的甲乙双方必须具有相同的波特率,否则无法成功地完成串行数据通信。

常用波特率与定时器 1 的参数关系如表 11-4 所示。

表 11-4　波特率与定时器 1 的参数关系

波特率/b/s（方式 1、3）	f_{osc}	SMOD	定时器 T1		
			C/$\overline{\text{T}}$	工作方式	初值
62.5K	12	1	0	2	FFH(255)
19.2K	11.059 2	1	0	2	FDH(253)
9 600	11.059 2	0	0	2	FDH(253)
4 800	11.059 2	0	0	2	FAH(250)
2 400	11.059 2	0	0	2	F4H(244)
1 200	11.059 2	0	0	2	E8H(2 332)

下面是一个单片机串口接收(中断)和发送例程,可以用来测试 51 单片机的中断接收,程序如下。

```c
#include    <reg52. h>
#include    <string. h>
#define    INBUF_LEN    4                //数据长度
unsigned    char    inbuf1[INBUF_LEN];
unsigned    char    checksum,count3;
sbit read_flag = 0;
void    init_serialcomm(void)
{
    SCON = 0x50;
    TMOD = 0x20;
    PCON = 0x80;
    TH1 = 0xF4;
    IE = 0x90;
    TR1 = 1;
    //TI = "1";
}
//向串口发送一个字符串,strlen 为该字符串长度
void    send_string_com(unsigned char * str,unsigned int strlen)
{
    Unsigned int k-0;
    Do
    {
        send_char_com( * (str+k));
        k++;
    } while(k<strlen);
}
```

```
//串行接收中断函数
void serial ( ) interrupt 4 using 3
{
    if( RI)
    {
        unsignedd char ch;
        RI=0;
        Ch="SBUF";
        if( ch>127)
        {
            count3=0;
            Inbuf1[count3]=ch;
            Checksum=ch-128;
        }
    else
        {

            count3++;
            inbuf1[count3]=ch;
            checksum=ch;
            if( ( count3==(INBUF_LEN-1))&&(! checksum))
            {
                read_flag=1;
```
//如果串行接收的数据达到 INBUF_LEN 个,且校检没错,就置位取数标志
```
            }
        }
    }
}

main( )
{
    init_serialcom( ); //初始化串口
    while(1)
    {
        if( read_flag)//如果取数标志已置位,就将读到的数从串口发出
        {
            read_flag=0;
            send_string_com( inbuf1,INBUF_LED) ;}
        }
}
```

11.5 单片机串口做串行移位寄存器应用实验

利用串行口与74H164实现8位串入并行输出,数据在移位时钟脉冲TXD的控制下从串行口RXD端逐步移入74HC164。当8位数据全部移出后,SCON寄存器的TI位被自动置为1。其中74HC164的内容即可并行输出。用P1.0输出低电平可将74HC164输出清零。

使用74HC164的并行输出引脚接8支发光二极管,利用串入并出功能,把发光二极管从左向右轮流点亮,并反复循环,程序如下。

```
#include<reg51. h>
#include<intrins. h>
sbit CTRL_OUT=P3^4;
#define uchar unsigned char
#define uint unsigned int
void delay(uint i) //延迟i毫秒
{
    uint x,y;
    for(x=i;x>0;x--)
    for(y=110;y>0;y--);
}
void main()
{
    uint i;
    SCON=0x00;//串行口方式0工作
    ES=1;        // 禁止串行中断
    for(;;)
    {
    for(i=0;i<8;i++)
        {
        CTRL_OUT=1;   //允许并行输出
        SBUF=_cror_(0x80,i);   //循环右移i位,串行输出
        while(! TI){}   //状态查询
        TI=0;//发送中断标志
        delay(588);//状态维持
        }
    }
}
```

仿真电路如图11.11所示。

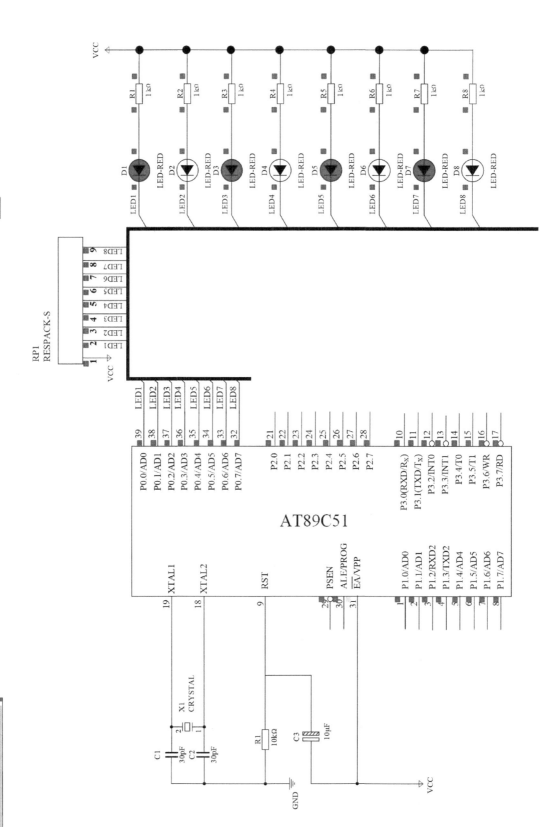

图 11.11 仿真电路图

11.6 单片机与笔记本电脑通信实验

11.6.1 串口编程初始化步骤

串口编程初始化步骤包括：①设置定时器1的工作方式；②设置串口的工作方式；③设置波特率；④开总中断，开串口中断；⑤启动定时器1。

```
void init( )                  //初始化函数
{
    TMOD = 0X20;              //设定 T1 定时器的工作方式 2
    TH1 = 0xfd;               //T1 定时器装初值
    TL1 = 0xfd;               //T1 定时器装初值
    TR1 = 1;                  //启动 T1 定时器
    REN = 1;                  //允许串口接收
    SM0 = 0;                  //设定串口工作方式 1
    SM1 = 1;                  //同上
    EA = 1;                   //开总中断
    ES = 1;                   //开串口中断
}
```

11.6.2 应用典型器件介绍

移位寄存器是一个具有移位功能的寄存器，是指寄存器中所存的代码能够在移位脉冲的作用下依次左移或右移。既能左移又能右移的称为双向移位寄存器，只需要改变左、右移的控制信号便可实现双向位移要求。根据移位寄存器存取信息方式不同分为：串入串出、串入并出、并入串出和并入并出四种形式。

74IS194 或 C40194 是 4 位双通出移位寄存器，两者功能相同，可互换使用，其逻辑符号及引脚排列如图 11.12 所示。

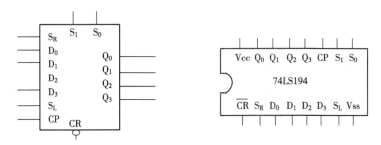

图 11.12 74IS194 逻辑符号及引脚排列图

其中 D_3、D_2、D_1、D_0 为并行输入端，Q_3、Q_2、Q_1、Q_0 为并行输出端。S_R 为右移串行输入端，S_L 为左移串行输入端，S_0、S_1 为操作模式控制端；CP 为直接无条件清零端。CP 为时钟脉冲输入端。74LS194 有 5 种操作模式:并行送数寄存、左移(方向由 $Q_3 \rightarrow Q_0$)、右移(方向由 $Q_0 \rightarrow Q_3$)、保持及清零。S_0、S_1 和 $\overline{CP}$ 的控制作用如表 11-5 所示。

表 11-5 S_0、S_1 和$\overline{CP}$的控制作用

CP	$\overline{CP}$	S_1	S_0	功能	$Q_3Q_2Q_1Q_0$
X	0	X	X	清除	$\overline{CP}=0,Q_3Q_2Q_1Q_0=0000$,寄存器正常工作时,$\overline{CP}=1$
↑	1	1	1	送数	CP 上升沿作用后,并行输入数据送入寄存器。$Q_3Q_2Q_1Q_0=D_3D_2D_1D_0$ 此时串行数据(S_X、S_L)被禁止
↑	1	0	1	右移	串行数据送至右移输入端 S_R,CP 上升沿进行右移。$Q_3Q_2Q_1Q_0=D_{SR}Q_3Q_2Q_1$
↑	1	1	0	左移	串行数据送至左移输入端 S_L,CP 上升沿进行左移。$Q_3Q_2Q_1Q_0=Q_2Q_1Q_0D_{SL}$
↑	1	0	0	保持	CP 作用后寄存器内容保持不变 $Q_3Q_2Q_1Q_0=Q_3^nQ_2^nQ_1^nQ_0^n$
↓	1	X	X	保持	$Q_3Q_2Q_1Q_0=Q_3^nQ_2^nQ_1^nQ_0^n$

移位寄存器应用很广,可构成移位寄存器计数器、顺序脉冲发生器、串行累加器可用作数据转换,即把串行数据转换为并行数据,或把并行数据转换为串行数据等。

11.7 实验项目

控制 8 个发光二极管流水点亮。图 11.13 中 74LS164 的 8 脚(CLK 端)为同步脉冲输入端,9 脚为控制端,9 脚电平由单片机的 P1.0 控制。当 9 脚为 0 时,允许串行数据由 RXD 端(P3.0)向 74LS164 的串行数据输入端 A 和 B(1 脚和 2 脚)输入,但是 74LS164 的 8 位并行输出端关闭。当 9 脚为 1 时,A 和 B 输入端关闭,但是允许 74LS164 中的 8 位数据并行输出。当串行口将 8 位串行数据发送完毕后,申请中断,在中断服务程序中,单片机向串行口输出下一个 8 位数据。

在上机位上用串口调试助手发送一个字符 X,单片机收到字符后返回给上位机"I get X",串口波特率设为 9 600bps。单片机上电后等待从上位机发送来的命令,同时在数码管的前三位以十进制方式显示 A/D 采集的数值。在未收到上位机发送来的启动 A/D 转换命令之前数码管始终显示 000。

11.7.1 实例 1:方式 0 应用实例

AT89C51 的串行口外接 74HC164 扩展 8 位并行输出口,在 Proteus 的电路中(如图 11.13 所示),P2 口外接 8 个开关,74HC164 的输出外接 8 个 LED 灯。要求编程实现通过 P2 口 8 个开关的开/合对应控制 8 个 LED 灯的亮灭。

(1)硬件连接电路如图 11.13 所示。

(2)C 语言程序如下。

```
#include <reg52. h>
sbit P3_2=P3^2;
```

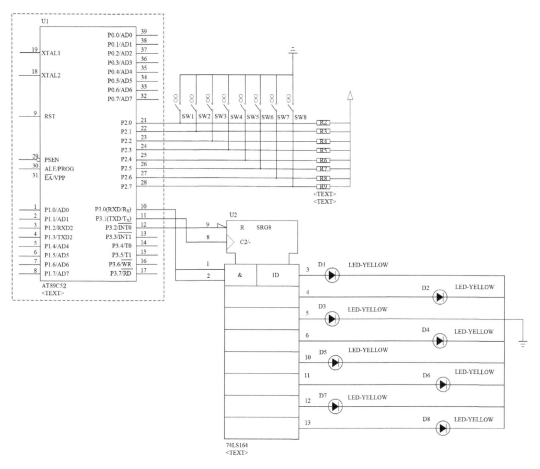

图 11.13　硬件连接电路图

```
unsigned char i;
unsigned int j;
void delay( )
{
    for(i=100;i>0;i--)
        for(j=100;j>0;j--);
}
void main( )
{
    P3_2=0;
    SCON=0x00;
    SBUF=P2;
    while(1)
    {
```

```
        if( TI)
        {
            TI = 0;
            P3_2 = 1;
            delay( );
            SBUF = P2;
        }
    }
}
```

(3)运行结果如图 11. 14 所示。

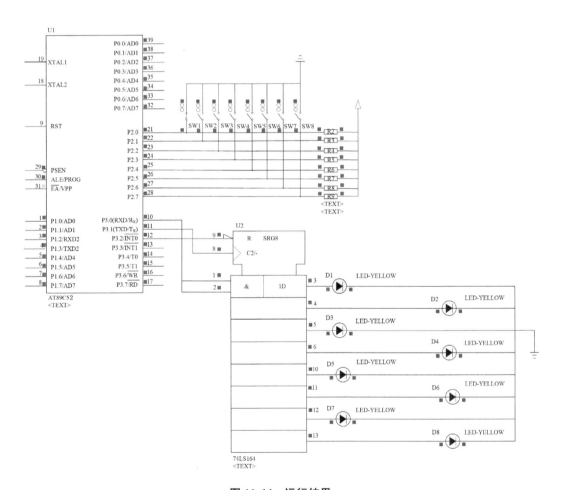

图 **11. 14**　运行结果

11. 7. 2　实例 2:扩展并行输入

AT89C52 的串行口外接 74HC165 扩展 8 位并行输入口。P2 口外接 8 个 LED 灯,

74HC165 的输入端外接 8 个开关。要求编程实现通过 8 个开关的开/合对应控制 8 个 LED 灯的亮灭。

(1)硬件连接电路设计如图 11.15 所示。

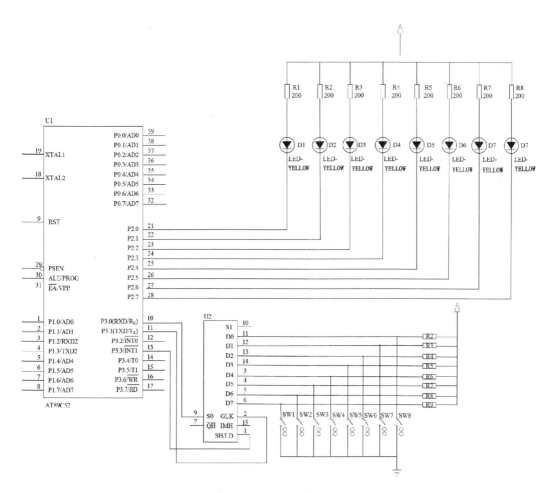

图 11.15　硬件连接电路图

(2)C 语言程序如下。

```
#include <reg52.h>
sbit SHLD=P3^3;
unsigned char i;
unsigned int j;
void delay()
{
    for(i=100;i>0;i--)
        for(j=1000;j>0;j--);
}
```

```
void main( )
{
    SCON = 0x10;
    while(1)
    {
        SHLD = 0;
        SHLD = 1;
        while( ! RI);
        RI = 0;
        P2 = SBUF;
        delay( );
    }
}
```

(3)运行结果如图 11.16 所示。

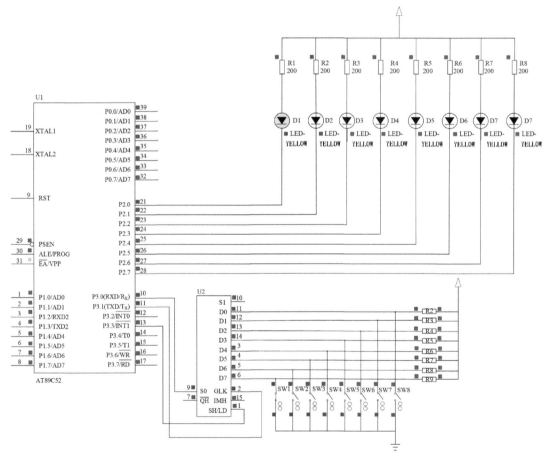

图 11.16 运行效果图

12 项目八——ADC0809

12.1 ADC0809 简介

12.1.1 基本知识

在单片机应用系统中,常常需要对外界的模拟量如电压、温度、压力和位移等进行处理,然后按照预定的策略进行控制。由于单片机是数字电路,其识别的信号只能是数字信号,所以在把模拟量送入单片机之前,必须先把它们转换成相应的数字量,这个转换过程称为模数转换(或 A/D 转换)。实现模数转换的器件称为模数转换器。

模数(A/D)转换的方式有很多种,如计数比较型、逐次通近型、双积分型等。选择 A/D 转换器件主要是从速度、精度和价格上考虑。

A/D 转换器的输出方式有串行和并行两种方式,转换精度有 8 位、10 位、12 位等。有些增强型的单片机在片内也集成有 A/D 转换器。

ADC0809 是带有 8 位 A/D 转换器、8 路多路开关以及微处理机兼容的控制逻辑的 CMOS 组件。它是逐次逼近式 A/D 转换器,可以和单片机直接接口。ADC0809 的内部逻辑结构如图 12.1 所示。

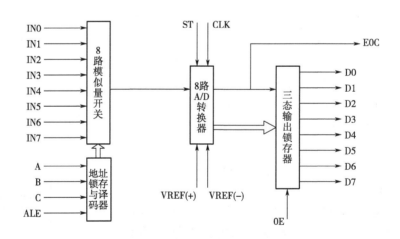

图 12.1 ADC0809 内部逻辑结构图

由上图可知,ADC0809 由一个 8 路模拟开关、一个地址锁存与译码器、一个 A/D 转换器和一个三态输出锁存器组成。多路开关可选通 8 个模拟通道,允许 8 路模拟量分时输入,共用 A/D 转换器进行转换。三态输出锁存器用于锁存 A/D 转换完的数字量,当 OE 端为高电平时,才可以从三态输出锁存器取走转换完的数据。

12.1.2 引脚结构

(1)IN0-IN7 为 8 条模拟量输入通道。ADC0809 对输入模拟量要求为信号单极性,电压范围是 0~5V,若信号太小,必须进行放大。输入的模拟量在转换过程中应该保持不变,如若模拟量变化太快,则需在输入前增加采样保持电路。

(2)地址输入和控制线有 4 条。ALE 为地址锁存允许输入线,高电平有效。当 ALE 线为高电平时,地址锁存与译码器将 A,B,C 三条地址线的地址信号进行锁存,经译码后被选中的通道的模拟量进转换器进行转换。A,B 和 C 为地址输入线,用于选通 IN0~IN7 上的一路模拟量输入。通道选择如表 12-1 所示。

表 12-1　通道选择关系

C	B	A	选择的通道
0	0	0	IN0
0	0	1	IN1
0	1	0	IN2
0	1	1	IN3
1	0	0	IN4
1	0	1	IN5
1	1	0	IN6
1	1	1	IN7

(3)数字量输出及控制线有 11 条,如图 12.2 所示。

①START(6 脚)为"启动脉冲"输入线,上升沿清零,下降沿启动 ADC0809 工作,最小脉冲宽度与 ALE 信号相同。

②EOC(7 脚)为转换结束输出线,该线高电平表示 A/D 转换已结束,数字量已锁入"三态输出锁存器",常用来作为中断请求信号。

③D0~D7(17、14、15、18~20 脚)为数字量输出线,D7 为最高位,D0 为最低位。

④OE 为"输出允许"线,高电平有效。ADC0809 接到此信号时,其三态输出端与 CPU 数据总线接通,后者可将数据取走。

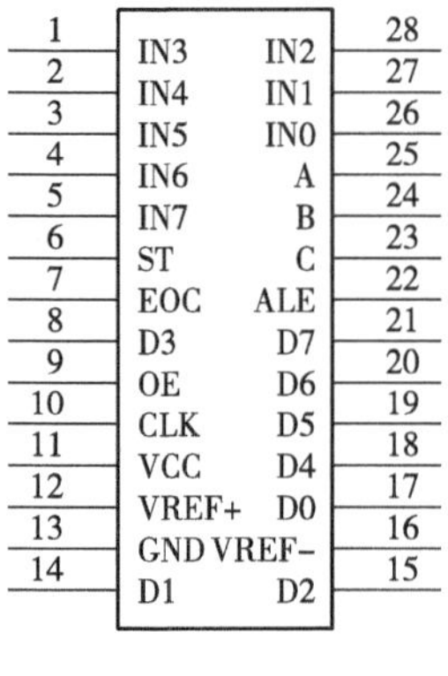

图 12.2　ADC0809 引脚结构

(4)电源线及其他共 5 条

①CLOCK(10 脚)为时钟输入线,用于为 ADC0809 提供逐次比较所需,一般为 640kHz 时钟脉冲。

②VCC(11 脚)为电源输入线,典型的输入电压为+5V。

③GND(13 脚)为地线。

V_{REF+} 和 V_{REF-}(12、16 脚)为参考电压输入线,用于给电阻网络供给标准电压。V_{REF+} 常接

+5V，V_{REF-} 常接地或−5V。两个参考电压的选择必须满足以下条件：

$$0 \leqslant V_{REF-} \leqslant V_{REF+} \leqslant V_{CC}$$

$$\frac{V_{REF+} + V_{REF-}}{2} = \frac{1}{2}V_{CC}$$

从输入的模拟电压 U_{IN} 转换成数字量的公式为：

$$N = \frac{U_{IN} - V_{REF-}}{V_{REF+} - V_{REF-}} \times 2^8$$

例如 $V_{REF+} = +5V$，$V_{REF-} = 0V$，U_{IN} 转换成数字量的公式为：

$$N = \frac{U_{IN}}{V_{REF+}} \times 2^8$$

输入的模拟电压为 $U_{IN} = 2.5V$，则 $N = 128 = 80H$。

12.1.3　ADC0809 的主要性能指标

（1）分辨率：8 位。

（2）模拟量电压输入范围：0~5V。

（3）线性误差：±1LSB。其中 LSB 为数字输出最低位，LSB = | V_{REF} |/256。若使用+5V 电压，那么线性误差为 0.019V。

（4）外接时钟频率：10kHz~1.2MHz，一般为 640kHz。

（5）转换时间：100μs。

（6）功耗：15mW。

12.1.4　ADC0809 的内部逻辑结构

ADC0809 的内部逻辑结构如图 12.2 所示，它主要由三部分组成。第一部分是模拟输入选择部分，包括一个 8 路模拟开关、一个地址锁存译码电路。输入的 3 位通道地址信号由锁存器锁存，经译码电路后控制模拟开关选择相应的模拟输入。第二部分是转换器部分，主要包括比较器，8 位 A/D 转换器，逐次逼近寄存器 SAR，电阻网络以及控制逻辑电路等。第三部分是输出部分，包括一个 8 位三态输出缓冲器，可直接与 CPU 数据总线接口。

12.1.5　ADC0809 工作原理

集成 A/D 转换器品种繁多，选用时应综合考虑各种因素选取集成芯片。一般逐次逼近型 AD 转换器用得较多，ADC0809 就是这类单片集成 AD 转换器。它采用 CMOS 工艺 20 引脚集成芯片，分辨率为 8 位，转换时间为 100μs，输入电压范围为 0~5V。芯片内具有三态输出数据锁存器，可直接连接在数据总线上。

由于芯片性能特点是一个逐次逼近型的 A/D 转换器，外部供给基准电压，分辨率为 8 位，带有三态输出锁存器，转换结束时，可由 CPU 打开三态门，读出 8 位的转换结果。该芯片有 8 个模拟量的输入端，可引入 8 路待转换的模拟量。ADC0809 的数据输出结构是内部有可控的三态缓冲器，所以它的数字量输出信号线可以与系统的数据总线直接相连。内部的三态缓冲器由 OE 控制，当 OE 为高电平时，三态缓冲器打开，将转换结果送出。当 OE 为低电平时，三态缓冲器处于阻断状态，内部数据对外部的数据总线没有影响。因此，在实际应用中,如果转换结束,要读取转换结果则只要在 OE 引脚上加一个正脉冲,ADC0809 就会将转换结果送到数据总线上。

12.1.6 ADC0809 的时序

ADC0809 的时序图如图 12.3 所示。从时序图可以看出 ADC0809 的启动信号 START 是脉冲信号,即此芯片是靠脉冲启动的。当模拟量送至某一通道后,由三位地址信号译码选择,地址信号由地址锁存允许信号 ALE 锁存。启动脉冲 START 到来后,ADC0809 就开始进行转换。启动正脉冲的宽度应大于 200ns,其上升沿复位逐次逼近 SAR,其下降沿才真正开始转换。START 在上升沿后 2μs 再加上 8 个时钟周期的时间,EOC 才变为低电平。当转换完成后,输出转换信号 EOC 由低电平变为高电平有效信号。输出允许信号 OE 打开输出三态缓冲器的门,把转换结果送到数据总线上。使用时可利用 EOC 信号短接到 OE 端,也可利用 EOC 信号向 CPU 申请中断。

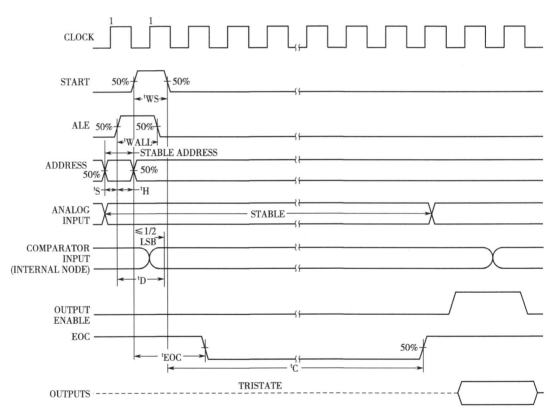

图 12.3 ADC0809 的时序图

用单片机控制 ADC0809 进行模数转换,当拧动实验板上 A/D 旁边的电位器 Re2 时,在数码管的前三位以十进制方式动态显示出 A/D 转换后的数字量(8 位 A/D 转换后数值在 0~255 变化)。

```
#include <reg52. h>
```

```
#include <intrins. h>
#define uchar unsigned char
#define uint unsigned int
sbit dula=P2^6;                    //声明 U1 锁存器的锁存端
sbit wela=P2^7;                    //声明 U2 锁存器的锁存端
sbit adwr=P3^6;                    //定义 AD 的 WR 端口
sbit adrd=P3^7;                    // 定义 AD 的 RD 端口
uchar code table[ ]={0x3f,0x06,0x5b,0x4f,0x66,0x6d,
0x7d,0x07,0x7f,0x6f,0x77,0x7c,0x39,0x5e,0x79,0x71};
void   delayms(uint xms)           //i=xms 即延时约 xms 毫秒
{
uint i,j;
for(i=xms;i>0;i--)
for(j=110;j>0;j--);
}
void display(uchar bai,uchar shi,uchar ge)    //显示子函数
{
    dula=1;
    P0=table[bai];       //送段选数据
    dula=0;
    P0=0xff;             //送位选数据前关闭所有显示,防止打开位选锁存时
    P0=0x7e;            //原来段选数据通过位选锁存器造成混乱
    wela=0;             //送位选数据
    delayms(5);         //延时
    dula=1;
    P0=table[shi];
    dula=0;
    P0=0xff;
    wela=1;
    P0=0x7d;
    wela=0;
    delayms(5);
    dula=1;
    P0=table[ge];
    dula=0;
    P0=0xff;
    wela=1;
    P0=0x7b;
```

```
        wela = 0;
        delayms(5);
    }
void main()                    //主程序
    {
        uchar a, A1, A2, A3, adval;
        wela = 1;
        P0 = 0x7f;
        wela = 0;
        while(1)
        adwr = 1;
        _nop_();
        adwr = 0;              //启动 A/D 转换
        _nop_();
        adwr = 1;
        for(a = 10; a>0; a--)
            {
                Display(A1, A2, A3);      // AD 工作频率较低
                                          //所以启动转换后要多留点时间用来转换
                }                         //把显示部分放这里的原因也是为了延长转换
                                          时间
        P1 = 0xff;            //读取 P1 口之前先给其写全 1
        adrd = 1;            //选通 ADCS
        _nop_();
        adrd = 0;            //A/D 读取
        _nop_();
        adval = P1;          //A/D 数据读取后赋给 P1 口
        adrd = 1;
        Al = adval/100;
        A2 = adval% 100/10;  //输出百位、十位和个位
        A3 = adval%10;
        }
    }
```

12.2 ADC0809 与单片机的接口及其编程

ADC0809 与 MCS-51 单片机的接口电路主要涉及两个问题。一是 8 路模拟信号通道的选择,二是 A/D 转换完成后转换数据的传送。在讨论此接口设计之前,应先了解单片机是

如何控制 ADC 问题的。

　　由于 MCS-51 单片机受到引脚数目的限制,数据线和低 8 位地址线是重复使用的,由 P0 口线兼用。为了将它们分离出来,需要在单片机外部增加地址锁存器,从而构成与一般 CPU 相类似的片外三总线:地址总线(AB)、数据总线(DB)、控制总线(CB),如图 12.4 所示。目前常用的地址锁存器芯片有:74LS373、8282、74LS573 等。在实际应用中,先把低 8 位的地址送锁存器暂存,地址锁存器的输出给系统提供低 8 位的地址,而把 P0 口作为数据线使用。以 P2 口的口线作为高位地址线,如使用 P2 口的全部 8 位口线,再加上 P0 口提供的低 8 位地址,便形成了完整的 16 位地址总线,使单片机系统的寻址范围达到 64KB。

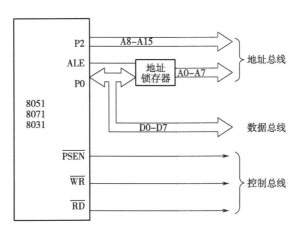

图 12.4　MCS-51 扩展的三总线

　　在扩展系统中还需要一些控制信号线,以构成扩展系统的控制总线。这些信号有的是引脚的第一功能,有的是 P3 口的第二功能信号,主要包括使用 ALE 信号作为低 8 位地址的锁存控制信号,以$\overline{EA}$信号作为内外程序存储器的选择控制信号。$\overline{EA}=1$ 时,访问片内程序存储器,$\overline{EA}=0$ 时,访问片外程序存储器。由$\overline{RD}$和$\overline{WR}$信号作为扩展数据存储器和 I/O 的读选通和写选通信号。以$\overline{PSEN}$信号作为扩展程序存储器的读选通信号用来接外扩 EPROM 的 $\overline{OE}$引脚。

　　总的来说,单片机控制 ADC0809 的工作过程是首先用指令选择 0809 的一个模拟输入通道,当执行 MOVX @ DPTR,A 时,单片机的$\overline{WR}$信号有效,因此产生一个启动信号,给 START 引脚送入脉冲,开始对已选中的通道进行转换。这就是前面所说的第一个 8 路模拟通道的选择问题。

　　转换结束后,0809 发出转换结束 EOC 信号,即通过检查 EOC 引脚的电平即可,高电平时转换结束。此信号供单片机查询,也可以反向后作为向单片机发出的中断请求信号。当在执行 MOVX A,@ DPTR 时,单片机发出读控制信号$\overline{RD}$、OE 端为高电平,允许输出,把转换完的数字量读到累加器 A 中。

　　A/D 转换后得到的数据应及时传送给单片机进行处理。由上述可知,单片机控制 ADC 时,可采用查询和中断控制两种方式。查询方式时,A/D 转换芯片有表明转换完成的状态信号,即 0809 的 EOC 端。启动 A/D 转换后,执行别的程序,同时对 EOC 引脚的状态进行查询,以检查转换是否完成。若查询到变换已经完成就接着进行数据传送。中断方式是在启动信号送到 ADC 后,单片机执行别的程序。0809 转换结束并向单片机发出中断请求信号时,单片机响应此中断请求,进入中断服务程序,读入转换数据。此方式效率高,特别适合于变换时间较长的 ADC。

还可采用定时传送方式进行数据的传送。因为对于一种 A/D 转换器来说,转换时间作为一项技术指标是已知的和固定的。ADC0809 转换时间为 128μs,相当于 6MHz 的 MCS-51 单片机的 64 个机器周期。可据此设计一个延时子程序,A/D 转换启动后即调用此子程序,延迟时间一到,转换肯定已经完成了,接着就可进行数据传送。

不管使用上述哪种方式,只要一旦确定转换完成,即可通过指令进行数据传送。首先送出口地址并以 $\overline{RD}$ 信号有效时,OE 信号即有效,把转换数据送上数据总线,供单片机接收。这里需要说明的是,ADC0809 的三个地址端 A、B、C 可如前所述与地址线相连,也可与数据线相连。例如与 D0~D2 相连,这时启动 A/D 转换的指令与上述类似,只不过 A 的内容不能为任意数,而必须和所选输入通道号 IN0~IN7 相一致。例如当 A、B、C 分别与 D0、D1、D2 相连时,启动 IN7 的 A/D 转换。

模数转换器定位为单片机的外部 RAM 单元,因此与单片机的连接就有很多种。大体上说 ADC0809 在整个单片机系统中是作为外部 RAM 的一个单元定位的。具体到某一个连接方式,定位又有区别。0809 与单片机典型的连接有以下三种。

12.2.1 ADC0809 与 51 单片机的第一种连接方式

数据线对数据线、地址线对地址线的标准连接方式,如图 12.5 所示。由于 ADC0809 片内没有时钟,可利用单片机提供的地址锁存信号 ALE 经 D 触发器 2 分频后获得,ALE 引脚的频率是单片机时钟频率的 1/6,如果单片机时钟频率采用 6MHz,则 ALE 引脚的输出频率为 1MHz,再经过 2 分频后为 500kHz,恰好符合 0809 对时钟的要求。

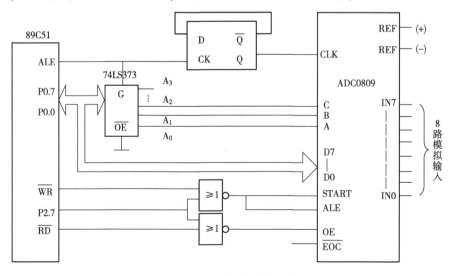

图 12.5 固定通道连接方式

由于 ADC0809 具有输出三态锁存器,其 8 位数据输出引脚可直接与数据总线连接。地址译码引脚 C、B、A 分别与地址总线的低 3 位 A2、A1、A0 相连,以选通 IN0～IN7 中的一个通路。P2.7(地址线 A15)作为片选信号端,在启动 A/D 转换时,由单片机的写信号$\overline{WR}$和 P2.7 引脚信号控制 ADC 的地址锁存和转换启动,由于 ALE 信号与 START 信号接在一起,这样连接使得在信号的前沿写入(锁存)通道地址,紧接着在其后沿就启动转换。图 12.6 是有关信号的时间配合示意图。

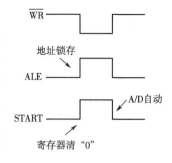

图 12.6 信号的时间配合

在读取转换结果时,用低电平的读信号$\overline{RD}$和 P2.7 引脚经 1 级或非门后,产生的正脉冲作为 OE 信号,用以打开输出三态锁存器。ADC0809 的转换结果寄存器在概念上定位为单片机外部 RAM 单元的一个只读寄存器,与通道号无关。因此读取转换结果时不必关心 DPTR 中的通道号如何。

此方式下单片机采用的是查询方式来控制 ADC。还可以采用中断方式的接口电路,只要把图 12.5 中的 EOC 引脚经过一非门接到单片机的$\overline{INT1}$引脚上即可。采用中断方式可大大节省 CPU 的时间,当转换结束,EOC 发出一个信号向单片机提出中断请求,单片机响应中断请求,由外部中断 1 的中断服务程序读 A/D 转换结果。并启动 ADC0809 的下一次转换,外部中断 1 采用跳沿触发方式。

12.2.2 ADC0809 与 51 单片机的第二种连接方式

ADC0809 的数据线有一特点是:只能出不能进。通常芯片的地址线只能进不能出。因此可以在把 51 单片机的 8 位数据线接到 ADC0809 的 8 位数据线的同时,又把其中的 3 位直接接到 ADC0809 的 3 根地址线以确定通道号。如图 12.7 所示。通常把 51 单片机的 8 位数据线中的低 3 位 D2、D1、D0 直接接到 ADC0809 的 3 根地址线 A2、A1、A0 以确定通道号。采用这种连接方式明显可以省去一片 74LS373。

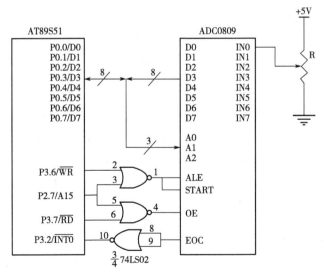

图 12.7 选通方式

247

12.2.3 ADC0809 与 51 单片机的第三种连接方式

在很多应用场合中 51 单片机内部的硬件资源已经够用。例如 AT89C51 单片机内部有 4KB 闪存,128B 内部 RAM,一个串行口和 4 个 8 位并行口等。从而不需要外扩 RAM 或 I/O 口。当 51 单片机没有外扩 RAM 和 I/O 口时,ADC0809 就可以在概念上作为一个特殊的唯一的外扩 RAM 单元。因此也就没有地址编号,不需要任何地址线或者地址译码线。只要单片机往外部 RAM 写入,就写到 ADC0809 的地址寄存器中。单片机从外部 RAM 读取数据,就是读 ADC0809 的转换结果。基于这种外部 RAM 的唯一单元概念设计的 AT89C51 与 ADC0809 的连接电路如图 12.8 所示。

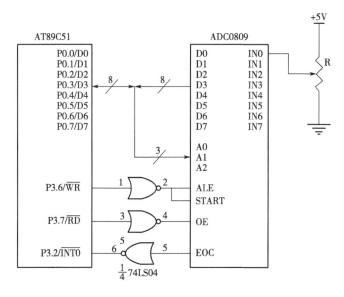

图 12.8 总线操作方式

三种接口电路各有特点,第一种和第二种接口电路允许多片 ADC0809 与单片机连接。一般一片 ADC0809 就能满足控制工程需要,在单片机没有外扩 RAM 和 I/O 接口时,第三种接口电路是优选方案。用两片或者更多 ADC0809 时,第二种接口电路是优选方案。第一种接口电路是在单片机系统有 74LS373 锁存器的基础上使用比较方便可行。

12.2.4 程序设计内容

(1)进行 A/D 转换时,采用查询 EOC 的标志信号来检测 A/D 转换是否完毕,若完毕则把数据通过 P0 端口读入,经过数据处理之后在数码管上显示。

(2)进行 A/D 转换之前,要启动转换的方法。ABC = 110 选择第三通道。ST = 0,ST = 1, ST = 0 产生启动转换的正脉冲信号。

12.2.5 C 语言源程序

#include <AT89X52. H>

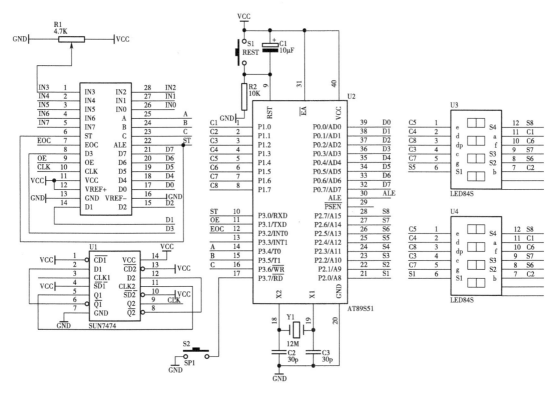

图 12.9　ADC0809 接线方式

```c
unsigned char code dispbitcode[ ] = {0xfe,0xfd,0xfb,0xf7,0xef,0xdf,0xbf,0x7f};
unsigned char code dispcode[ ] = {0x3f,0x06,0x5b,0x4f,0x66,0x6d,0x7d,0x07,0x7f,
                                   0x6f,0x00};
unsigned char dispbuf[8] = {10,10,10,10,10,0,0,0};
unsigned char dispcount;
sbit ST = P3^0;
sbit OE = P3^1;
sbit EOC = P3^2;
unsigned char channel = 0xbc;
unsigned char getdata;
void main(void)
{
    TMOD = 0x01;
    TH0 = (65536-4000)/256;          //给高 8 位赋初值
    TL0 = (65536-4000)%256;          //给低 8 位赋初值
    TR0 = 1;
    ET0 = 1;
```

```
    EA = 1;                        //开总中断
    P3 = channel;
    while(1)
      {
        ST = 0;
        ST = 1;
        ST = 0;
        while(EOC = = 0);
        OE = 1;
        getdata = P0;
        OE = 0;
        dispbuf[2] = getdata/100;
        getdata = getdata%10;
        dispbuf[1] = getdata/10;
        dispbuf[0] = getdata%10;
      }
}
void t0(void) interrupt 1 using 0        //定时器0中断
{
    TH0 = (65536-4000)/256;
    TL0 = (65536-4000)%256;
    P1 = dispcode[dispbuf[dispcount]];
    P2 = dispbitcode[dispcount];
    dispcount++;
    if(dispcount = = 8)
      {
        dispcount = 0;
      }
}
```

小结:当单片机 I/O 口资源比较紧张时可采用总线操作方式,相比 I/O 控制方式能够节省端口,而且编程简单,程序执行效率高。但对初学者来说在理解掌握上会有一定难度。

12.2.6　接口电路设计

图 12.10 所示为一典型的 ADC0809 与 AT89C51 以总线操作方式设计的接口电路,采用中断方式进行控制。单片机的数据总线与 ADC0809 的数据总线连接,ADC0809 的 ADDA、ADDB 和 ADDC 数据由 P0 口的低三位送出。单片机的地址总线只使用了 P2.7,其余地址线的数据与 ADC0809 无关。P2.7 和写选通信号 WR 通过或非门输出接到 ADC0809 的 ALE 和 START 引脚,和读选通信号 RD 通过或非门输出接到 ADC0809 的 OE 引脚。

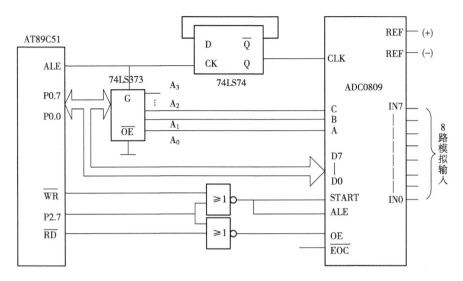

图 12.10　ADC0809 与 AT89C51 总线方式接口电路图(中断方式)

可以把 ADC0809 看作一片外存储单元。当单片机 AT89C51 执行向 ADC0809 写通道选择字指令时,WR 信号会自动输出一负脉冲,此时只要满足地址线 P2.7 为 0,则 ALE 和 START 引脚即为高电平,ADC0809 可启动转换。同理,单片机在执行读 ADC0809 转换结果的指令时,RD 会自动输出一负脉冲,只要满足地址线 P2.7 为 0,则 OE 引脚为高电平,转换结果即可送到数据口 D0~D7,进而进入到单片机内部。因此,在对 ADC0809 进行读写编程时的存储单元地址可以是 0000H~7FFFH 中的任意一个。

12.2.7　程序设计

按照图 12.10 所示的接口电路,可以得出单片机控制 ADC0809 进行转换的过程如下。

(1)单片机执行一条写数据指令,如 XBYTE[0x7ff] = 0x04,把通道地址写到 ADC0809 的 ADDA、ADDB 和 ADDC 端。同时,逻辑电路使 ALE 和 START 引脚为高电平,锁存输入通道并启动 A/D 转换。

(2)A/D 转换完毕,EOC 端变为高电平,经反向器后变为低电平输入到单片机的外部中断 1 输入端,申请外部中断。

(3)单片机进入中断服务程序,执行一条读数据指令,如 buffer = XBYTE[0x7ff],逻辑电路使 OE 端为高电平,同时将 8 位转换结果从 P0 口读入到 CPU 中。

对应图 12.10 所示电路接法,以中断方式编写的单通道 A/D 转换例程如下:

```
#include<reg51. h>
#include<absacc. h>
unsigned char adcbuf;
void main( )
{
    IT1 = 1; //边沿触发
```

```
        EA = 1;
        EX1 = 1;
        XBYTE [0x7fff] = 0x04;
        while(1);
}

void int_1 ( )    interrupt   2
{
        adcbuf= BYTE[0x7fff];                //读数存放
        XBYTE [0x7fff] = 0x04;
}
```

如果是 8 个通道巡回转换,则例程如下:

```
#include<reg51 . h>
#include<absacc. h>
unsigned char i = 0, adcbuf[8];
void main( )
{
        IT1 = 1;   //边沿触发
        EA = 1;
        EX1 = 1;
        XBYTE[0x7fff] = i;                //启动 0 通道转换
        while(1) ;
}

void int_1 ( ) interrupt 2
{
        Adcbu[i] = BYTE[0x7fff];          //通道 i 读数存放
        if( ++i! = 8)                     //最后一个通道没结束
        BYTE[0x7fff] = i;                 //启动下一个通道转换
}
```

12.3   实验项目

12.3.1   设计内容及要求

单片机 AT89C52 扩展一片并行 A/D 转换器,ADC0809 同时采集三路外部电压信号,外部电压信号范围为 0~5V。采集的三路电压值使用四位 LED 数码管轮流显示,时间间隔自定,电压单位为 mV。同时用一位数码管显示外部电压对应的通道号。

12.3.2   硬件电路设计

在 Proteus 中设计的硬件电路如图 12.11 所示,图中省略了晶振和复位电路。

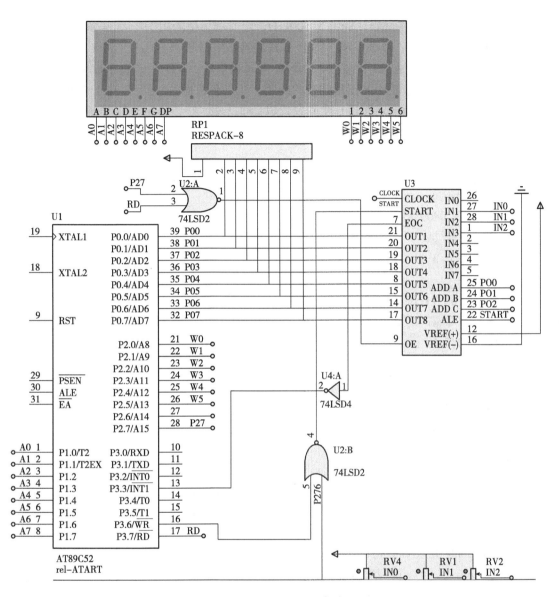

图 12.11　Proteus 中的硬件电路原理图

这里采用上一节介绍的总线操作方式接口电路设计,因此图 12.11 和图 12.10 原理完全一致,也就不再对其控制过程做详细阐述。ADC0809 的时钟信号由单片机通过内部定时器产生并经过 P3.0 端口输出。外部三路输入电压分别从通道 IN1、IN2 和 IN3 输入,电压范围为 0~5V 可调。显示部分使用一个 6 位共阳 LED 数码管,用于显示外部电压通道号和 4位电压值。单片机的 P1 口作为段选信号控制端,P2.0 ~ P2.5 作为位选信号控制端。ADC0809 的参考电压为+5V。

12.3.3　程序软件设计

程序设计采用中断方式,同时用到了外部中断和定时器中断。其中,定时器 0 中断用于产生 ADC0809 需要的时钟信号,频率为 500kHz。定时器 1 中断用于产生 1s 定时,控制 3 个通道电压值的轮流显示。外部中断 1 用于 A/D 转换结束信号。

编程时需要注意的是,如果这三个中断源为同级中断,那么由于定时器 0 中断频率较高,就会造成其他两个中断不能正常响应的问题。所以在编程时,把定时器 1 中断和外部中断 1 设置成高优先级,而把定时器 0 中断设置成低优先级。C 语言编写的源程序如下。

```c
#include <reg52. h>
#include <absacc. h>
#define uint unsigned int
#define uchar unsigned char
#define ADC0809 XBYTE[0x7fff]
sbit CLK = P3^0;
uchar i = 0, j = 1, k = 0;
uint value;
uchar adcbuf[3], dispbuf[6];
uchar code segcode[] = {0xc0, 0xf9, 0xa4, 0xb0, 0x99, 0x92, 0x82, 0xf8,
0x80, 0x90, 0xff};                    //数字"0~9"及"灭"状态的共阳 7 段码表
void delay(uint z)                    //延时函数
{
    uint x, y;
    for(x = z; x > 0; x--)
        for(y = 110; y > 0; y--);
}
void display()                        //显示程序
{
    value = adcbuf[j-1] * (float)5000/255;   //转换结果换算为电压值
    dispbuf[0] = value%10;
    dispbuf[1] = value/10%10;
    dispbuf[2] = value/100%10;
    dispbuf[3] = value/1000;
    dispbuf[4] = 10;                  //第 5 位数码管对应"灭"状态
    dispbuf[5] = j;                   //第 6 位数码管显示通道号
    for(i = 0; i < 6; i++)
    {
        P2 = (0x20>>i);               //P2 口送位选信号
        P1 = segcode[dispbuf[i]];     //P1 口送 7 段码值
        delay(5);                     //延时 5ms
        P1 = 0xff;                    //消隐
    }
}
```

```c
    }
void main( )
{
    TMOD=0x12;                          //定时器1模式1,定时器0模式2
    TH0=0xFE;                           //定时器0初值,产生时钟信号
    TL0=0xFE;
    TL1=(65536-10000)%256;              //设置定时器1处值,定时10ms
    TH0=(65536-10000)/256;
    TR0=1;                              //启动定时器
    TR1=1;
    PT1=1;                              //设置定时器1中断为高优先级
    PX1=1;                              //设置外部中断1为高优先级
    ET0=1;                              //开启定时中断
    ET1=1;
    IT1=1;                              //外部中断1边沿触发
    EX1=1;                              //开外部中断1
    EA=1;                               //开总中断
    while(1)
    {
        ADC0809=j;                      //写通道号,启动A/D转换
        display( );                     //显示通道电压值
    }
}
void int_1( ) interrupt 2
{
    adcbuf[j-1]=ADC0809;                //读通道j数据并存放
}
void Timer1_Serve( ) interrupt 3
{
    TL1=(65536-10000)%256;              //重装定时初值
    TH1=(65536-10000)/256;
    if(++k==100)                        //定时够1s
    {
        k=0;
        j++;                            //通道号加1
        if(j==4)                        //通道3结束,回到通道1
        j=1;
        ADC0809=j;                      //启动下一个通道转换
```

```
        }
}
void Timer0_Serve( ) interrupt 1          //定时器 0 中断,输出方波
{
    CLK = ~ CLK ;
}
```

12.3.4　仿真运行效果图

仿真运行效果如图 12.12 所示。

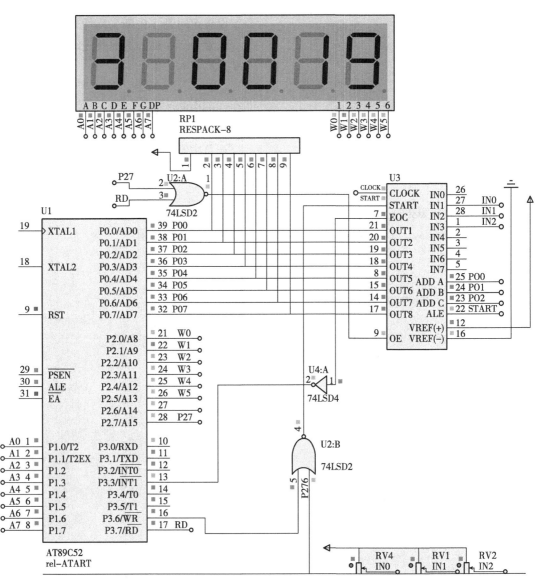

图 12.12　Proteus 中的仿真运行效果图

12.3.5 实验小结

单片机控制 ADC0809 进行 A/D 转换的工作过程如下。

（1）为 ADC0809 添加基准电压和时钟信号。

（2）外部模拟电压信号从通道 IN0~IN7 中的一路输入到多路模拟开关。

（3）将通道选择字输入到 ADDC、ADDB、ADDA 引脚。

（4）在 ALE 引脚输入高电平,选通并锁存相应通道。

（5）在 START 引脚输入高电平,启动 A/D 转换。

（6）当 EOC 引脚变为高电平时,在 OE 引脚输入高电平。

（7）将 D0~D7 上的并行数据读入单片机。

13　项目九——DAC0832

13.1　DAC0832 转换器介绍

13.1.1　基本知识

单片机系统的控制输出一般有两种:一是输出开关量信号,作用于执行机构;二是输出模拟量信号,作用于模拟量控制系统。由于单片机的输出信号只能是二进制数字量,因此只有进行数模转换才能得到模拟量。

D/A 转换是将数字量转换为模拟量的过程,完成 D/A 转换的器件称为 D/A 转换器(DAC),它将数字量转换成与之成正比的模拟量。D/A 转换器通常由译码网络、模拟开关、集成运放和基准电压等部分组成(如图 13.1 所示)。

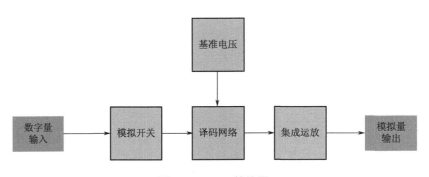

图 13.1　D/A 转换器

13.1.2　D/A 转换器的分类

D/A 转换器的种类很多,由于使用情况不同,D/A 转换器的位数、精度、速度、价格、接口方式等也不相同。根据译码网络的不同,D/A 转换器分为权电阻网络型、T 形电阻网络型、倒 T 形电阻网络型和权电流型等。

13.1.2.1　权电阻网络型

(1)电路组成。S0~S3 为模拟开关(如图 13.2 所示),它们的状态分别受输入代码 di 的取值控制。di = 1 时开关接参考电压 V_{REF} 上,此时有支路电流 Ii 流向求和放大器。di = 0 时开关接地,此时支路电流为零。求和放大器是一个接负反馈的运算放大器。为了简化分析计算,可以把运算放大器近似地看成理想放大器——即它的开环放大倍数为无穷大,输入电流为零(输入电阻为无穷大),输出电阻为零。当同相输入端 V_+ 的电位高于反相输入端 V_- 的电位时,输入端对地电压 V_0 为正。当 V_- 高于 V_+ 时,V_0 为负。

(2)工作原理。当参考电压经电阻网络加到 V_- 时,只要 V_- 稍高于 V_+ 时,便在 V_0 产生很

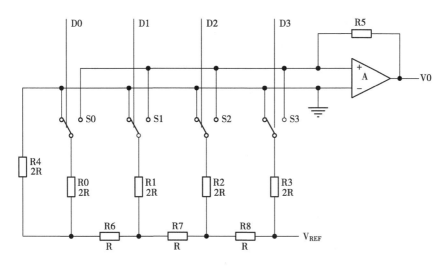

图 13.2　电路组成

负的输出电压 V_0 经 RF 反馈到 V_端,使 V_降低,其结果必然使 $V_- \approx V_+ = 0$。

在认为运算放大器输入电流为零的条件下可以得到:

$$V_0 = -R_F i_\Sigma = -R_F(I_3 + I_2 + I_1 + I_0)$$

由于 $V_- \approx 0$,因而各支路电流分别为:

$$I_3 = \frac{V_{REF}}{R}(d_3 = 1 \text{ 时 } I_3 = \frac{V_{REF}}{R}, d_3 = 0 \text{ 时 } I_3 = 0)$$

$$I_2 = \frac{V_{REF}}{2R}d_2$$

$$I_1 = \frac{V_{REF}}{2^2 R}d_1$$

$$I_0 = \frac{V_{REF}}{2^3 R}d_0$$

将它们代入输出 V_0 中并取 $R_F = R/2$,则得到:

$$V_0 = -\frac{V_{REF}}{2^4}(d_3 2^3 + d_2 2^2 + d_1 2^1 + d_0 2^0)$$

对于 n 位的权电阻网络 D/A 转换器,当反馈电阻取为 $R/2$ 时,输出电压的计算公式可写成:

$$V_0 = -\frac{V_{REF}}{2^n}(d_{n-1} 2^{n-1} + d_{n-2} 2^{n-2} + \cdots + d_1 2^1 + d_0 2^0) = -\frac{V_{REF}}{2^n}D_n$$

上式表明,输出的模拟电压正比于输入的数字量 Dx,从而实现了从数字量到模拟量的转换。当 $Dx = 0$ 时 $V_0 = 0$。

当 $D_n = 11\cdots 11$ 时,$v_0 = -\frac{2^n - 1}{2^n}V_{REF}$,所以 V_0 的最大变化范围是 $0 \sim \frac{2^n - 1}{2^n}V_{REF}$,从上面的分析计算可以看到,在 V_{REF} 为正电压时,输出电压 V_0 始终为负值。要想得到正的输出电压,可以将 V_{REF} 取为负值。

（3）优缺点。

①优点：结构比较简单，所用的电阻元件数很少。

②缺点：各个电阻阻值较大，尤其在输入信号的位数较多时，这个问题更加突出。要想在极为宽广的阻值范围内保证每个电阻都有很高的精度是十分困难的，尤其对制作集成电路更加不利。为了克服这个缺点，可以采用双级权电阻网络（有兴趣可查阅参考资料），或者采取其他形式 D/A 转换器。

13.1.2.2 T 型电阻网络型

（1）电路组成。如图 13.3 所示为 4 位 T 形电阻网络 DAC 原理电路图。

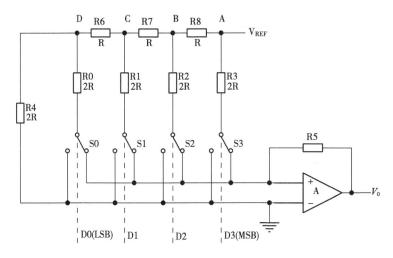

图 13.3 4 位 T 型电阻网络 DAC 原理电路图

图中电阻 R 和 2R 构成 T 形电阻网络。S3～S0 为 4 个电子开关，它们分别受输入的数字信号 4 位二进制数 D3～D0 的控制，D3 为最高位，写作 MSB（most significant bit）。D0 为最低位，写作 LSB（least significant bit），当 DI＝0 时，电子开关 Si 置左边接地（0，1，2，3）。当 Sx＝1 时，电子开关 S 置右边与运算放大器 A 反向输入端相接。运算放大器 A 构成反相比例放大器，其输出 U_0 模拟信号电压，V_{REF} 为基准电压。

（2）工作原理。由于运算放大器 A 的反相输入端为"虚地"，因此，无论电子开关 Si 置于左边还是右边，从 T 形电阻网络节点 A、B、C、D 对"地"往左看的等效电阻均为 R，于是能很方便地求得电路中有关电流的表达式，即：

$$I = \frac{V_{REF}}{R}, I_3 = \frac{I}{2}, I_2 = \frac{I_3}{2} = \frac{I}{4},$$

$$I_1 = \frac{I_2}{2} = \frac{I}{8}, I_0 = \frac{I_1}{2} = \frac{I}{16}$$

而流向运算放大器 A 反相输入端的总电流，与电子开关 S3～S0 所处状态有关（置右边），考虑到输入数字信号 4 位二进制数 D3～D0 对电子开关的控制作用，则可见输出模拟电压 V_0 与输入数字量成正比，完成了数模转换。这种 T 形电阻网络的转换原理可以推广到 n 位。

综上所述,DAC 的工作过程为:输入数字信号(二进制数)控制相应的电子开关,经 T 形电阻网络将二进制数字信号转换成与其数值成正比的电流,再由运算放大器将模拟电流转换成模拟电压输出,从而实现由数字信号到模拟信号的转换。

13.1.2.3 常见 D/A 转换器类型比较

表 13-1 常见 D/A 转换器比较

类型	优点	缺点
权电阻	原理简单,适合于 n 较小的场合	当 n 增大时,权电阻阻值差别大,不易集成制造
T 型	原理简单,适用于 n 较大的情况	当 D 变化时,流过 V_{REF} 的电流大小不一,影响精度
倒 T 型	克服了 T 型的缺点,流过 V_{REF} 为恒定电流,有利于提高精度	模拟开关残余电压会影响精度
电流型	克服了电子开关残余电压的影响,速度快	制造成本较高,功耗较大

除此分类方式以外,D/A 转换器还以位数划分,有 8 位、10 位、13 位和 16 位,且与 CPU 的接口方式有并行和串行两种。

13.1.3 性能指标

在实现 D/A 转换时,主要涉及下面几个性能参数。

(1)分辨率。分辨率是指最小输出电压(对应于输入数字量最低位增 1 所引起的输出电压增量)和最大输出电压(对应于输入数字量所有有效位全为 1 时的输出电压)之比。例如,4 位 DAC 的分辨率为 $1/(16-1) = 1/15 = 6.67\%$(分辨率也常用百分比来表示)。8 位 DAC 的分辨率为 $1/255 = 0.39\%$。显然,位数越多,分辨率越高。

(2)转换精度。如果不考虑 D/A 转换的误差,DAC 转换精度就是分辨率的大小。因此,要获得高精度的 D/A 转换结果,首先要选择有足够高分辨率的 DAC。D/A 转换精度分为绝对和相对转换精度,一般是用误差大小表示。DAC 的转换误差包括零点误差、漂移误差、增益误差、噪声和线性误差、微分线性误差等综合误差。

绝对转换精度是指满刻度数字量输入时,模拟量输出接近理论值的程度。它和标准电源的精度、权电阻的精度有关。相对转换精度指在满刻度已经校准的前提下,整个刻度范围内,对应任一模拟量的输出与它的理论值之差。它反映了 DAC 的线性度。通常,相对转换精度比绝对转换精度更有实用性。

相对转换精度一般用绝对转换精度相对于满量程输出的百分数来表示,有时也用最低位(LSB)的几分之几表示。例如,设 VFS 为满量程输出电压 5V,n 位 DAC 的相对转换精度为 $\pm 0.1\%$,则最大误差为 $\pm 0.1\% \text{VFS} = \pm 5\text{mV}$。若相对转换精度为 $\pm 1/2\text{LSB}$,$\text{LSB} = 1/2n$,则最大相对误差为 $\pm 1/2n+1\text{VFS}$。

(3)非线性误差。D/A 转换器的非线性误差定义为实际转换特性曲线与理想特性曲线之间的最大偏差,并以该偏差相对于满量程的百分数度量。转换器电路设计一般要求非线性误差不大于±1/2LSB。

(4)转换速率/建立时间。转换速率实际是由建立时间来反映的。建立时间是指数字量为满刻度值(各位全为 1)时,DAC 的模拟输出电压达到某个规定值(比如,90%满量程或±1/2LSB 满量程)时所需要的时间。

建立时间是 D/A 转换速率快慢的一个重要参数。很显然,建立时间越大,转换速率越低。不同型号 DAC 的建立时间一般从几个毫微秒到几个微秒不等。若输出形式是电流,DAC 的建立时间是很短的。若输出形式是电压,DAC 的建立时间主要是输出运算放大器所需要的响应时间。

13.2 DAC0832 简介

DAC0832 是采用 CMOS 工艺制成的,单片直流输出型 8 位 D/A 转换集成芯片,与微处理器完全兼容(如图 13.4 所示)。这个芯片以其价格低廉、接口简单、转换控制容易等优点,在单片机应用系统中得到广泛的应用。

13.2.1 主要参数

(1)分辨率为 8 位。

(2)电流稳定时间 $1\mu s$。

(3)可单缓冲、双缓冲或直接数字输入。

(4)只需在满量程下调整其线性度。

(5)单一电源供电(+5V~+15V)。

(6)低功耗,20mW。

13.2.2 引脚功能

(1)D0~D7:8 位数据输入线,TTL 电平,有效时间应大于 90ns(否则锁存器的数据会出错)。

(2)ILE:数据锁存允许控制信号输入线,高电平有效。

(3)CS:片选信号输入线(选通数据锁存器),低电平有效。

(4)WR1:数据锁存器写选通输入线,负脉冲(脉宽应大于 500ns)有效。由 ILE、CS、WR1 的逻辑组合产生 LE1,当 LE1 为高电平时,数据锁存器状态随输入数据线变换,LE1 负跳变时将输入数据锁存。

(5)XFER:数据传输控制信号输入线,低电平有效,负脉冲(脉宽应大于 500ns)有效。

(6)WR2:DAC 寄存器选通输入线,负脉冲(脉宽应大于 500ns)有效。由 WR2、XFER 的逻辑组合产生 LE2,当 LE2 为高电平时,DAC 寄存器的输出随寄存器的输入而变化,LE2 负跳变时将数据锁存器的内容打入 DAC 寄存器并开始 D/A 转换。

(7)I_o1:电流输出端 1,其值随 DAC 寄存器的内容线性变化。

(8)I_o2:电流输出端 2,其值与 I_o1 值之和为一常数。

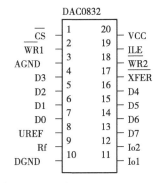

图 13.4　DAC0832 引脚图

（9）RFB：反馈信号输入线，改变 R_{fb} 端外接电阻值可调整转换满量程精度。

（10）VCC：电源输入端，VCC 的范围为+5V～+15V。

（11）V_{REF}：基准电压输入线，V_{REF} 的范围为−10V～+10V。

（12）AGND：模拟信号地。

（13）DGND：数字信号地。

13.2.3 内部结构

如图 13.5 所示，D/A 转换器由 8 位输入寄存器、8 位 DAC 寄存器、8 位 D/A 转换电路及转换控制电路构成。

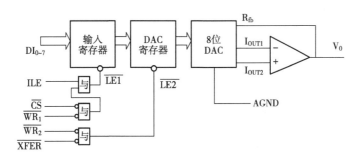

图 13.5 DAC0832 内部结构图

DAC0832 是使用非常普遍的 8 位 D/A 转换器，由于其片内有输入数据寄存器，故可以直接与单片机接口。D/A 转换结果采用电流形式输出。若需要相应的模拟电压信号，可通过一个高输入阻抗的线性运算放大器实现。运放的反馈电阻可通过 RFB 端引用片内固有电阻，也可外接。它的逻辑输入满足 TTL 电平，可直接与 TTL 电路或微机电路连接。

DAC0832 以电流形式输出，当需要转换为电压输出时，可外接运算放大器。属于该系列的芯片还有 DAC0830、DAC0831，它们可以相互代换。一个 8 位 D/A 转换器有 8 个输入端（其中每个输入端是 8 位二进制数的一位），有一个模拟输出端。输入可有 $2^8 = 256$ 个不同的二进制组态，输出为 256 个电压之一，即输出电压不是整个电压范围内任意值，而只能是 256 个可能值。

13.2.4 相关知识

DAC0832 输出的是电流，一般要求输出是电压，所以还必须经过一个外接的运算放大器转换成电压。D/A 转换器是接收数字量，输出一个与数字量相对应的电流或电压信号的模拟量。D/A 转换器被广泛用于计算机函数发生器、计算机图形显示，以及与 A/D 转换器相配合的控制系统等。

D/A 转换原理是数字量的值由每一位的数字权叠加而得的。D/A 转换器品种繁多，包括权电阻 DAC、变形权电阻 DAC、T 型电阻 DAC、电容型 DAC 和权电流 DAC 等。为了掌握数/模转换原理，必须先了解运算放大器和电阻译码网络的工作原理和特点。

输出形式有以下两种。

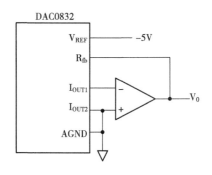

图 13.6 单极性电压输出电路

13.2.4.1 单极性输出

如图 13.6 所示，由运算放大器进行电流/电压转换，使用内部反馈电阻。输出电压值 V_{OUT} 和输入数字量 D 的关系为：

$V_{OUT} = -V_{REF} \times D/256$。

$D = 0 \sim 255$，$V_{OUT} = 0 \sim -V_{REF} \times 255/256$。

$V_{REF} = -5V$，$V_{OUT} = 0 \sim 5 \times (255/256) V$。

$V_{REF} = +5V$，$V_{OUT} = 0 \sim -5 \times (255/256) V$。

13.2.4.2 双极性输出

如果实际应用系统中要求输出模拟电压为双极性，则需要用转换电路实现。如图 13.7 所示。

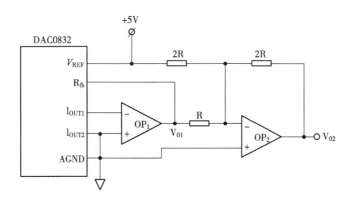

图 13.7 双极性电压输出电路

其中：R2＝R3＝2R1。

$V_{OUT} = 2 \times V_{REF} \times D/256 - V_{REF} = (2D/256 - 1) V_{REF}$。

$D = 0$，$V_{OUT} = -V_{REF}$。

$D = 138$，$V_{OUT} = 0$。

$D = 255$，$V_{OUT} = (2 \times 255/256 - 1) \times V_{REF} = (137/138) V_{REF}$。

即输入数字为 $0 \sim 255$ 时，输出电压在 $-V_{REF} \sim +V_{REF}$ 之间变化。

13.3 DAC0832 与单片机的接口及其编程

DAC0832 是采样频率为 8 位的 D/A 转换芯片，集成电路内有两级输入寄存器，使 DAC0832 芯片具备双缓冲、单缓冲和直通三种输入方式，以便适于各种电路的需要(如要求多路 D/A 异步输入、同步转换等)。

DAC0832 中的两级锁存器，第一级锁存器称为输入寄存器，它的锁存信号为 ILE。第二级锁存器称为 DAC 寄存器，它的锁存信号为传输控制信号。因为有两级锁存器，DAC0832 可以工作在双缓冲器方式，即在输出模拟信号的同时采集下一个数字量，这样能有效地提高转换速度。此外,两级锁存器还可以在多个 D/A 转换器同时工作时,利用第二级锁存信号来实现多个转换器同步输出。

当 ILE 为高电平、WR1 和 CS 为低电平时,LE1 为高电平,输入寄存器的输出跟随输入而变化。此后,当 WR1 由低变高时,LE1 为低电平,资料被锁存到输入寄存器中,这时的输入寄存器的输出端不再跟随输入资料的变化而变化。对第二级锁存器来说,WR2 和 XFER 同时为低电平时,LE2 为高电平,DAC 寄存器的输出跟随其输入而变化。此后,当 WR2 由低变高时,LE2 变为低电平,将输入寄存器的资料锁存到 DAC 寄存器中。

DAC0832 进行 D/A 转换,可以采用两种方法对数据进行锁存。第一种方法是使输入寄存器工作在锁存状态,而 DAC 寄存器工作在直通状态。具体地说,就是使 $\overline{WR_2}$ 都为低电平,DAC 寄存器的锁存选通端得不到有效电平而直通。此外,使输入寄存器的控制信号 ILE 处于高电平或处于低电平,这样当来一个负脉冲时,就可以完成 1 次转换。

第二种方法是使输入寄存器工作在直通状态,而 DAC 寄存器工作在锁存状态。就是使和为低电平,ILE 为高电平,这样输入寄存器的锁存选通信号处于无效状态而直通。当和端输入 1 个负脉冲时,使得 DAC 寄存器工作在锁存状态,提供锁存数据进行转换。

根据上述对 DAC0832 的输入寄存器和 DAC 寄存器不同的控制方法,DAC0832 有如下 3 种工作方式。

13.3.1 直通方法

直通方式是输入寄存器和 DAC 寄存器共用一个地址,同时选通输出,即 $\overline{WR1}$、$\overline{WR2}$、$\overline{CS}$、$\overline{XFER}$ 均接地,ILE 接高电平。此方式适用于连续反馈控制线路,不过在使用时,必须通过另加 I/O 接口与 CPU 连接,以匹配 CPU 与 D/A 转换(如图 13.8 所示)。

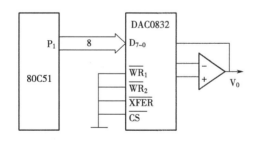

图 13.8 直通连接方式

【例 13.1】D/A 转换子程序的功能是将任意给定的数字量转换成对应的模拟电压,函数的入口参数为要转换的 8 位数字量,无返回值,编程方法如下:

```
#include<reg51. h>
void DAC0832( unsigned char x)
{
    P0 = x;
}
```

【例13.2】D/A 转换程序,用 DAC0832 输出 0~+5V 锯齿波,电路为直通方式。设 $V_{REF}=-5V$,若 DAC0832 地址为 00FEH,编程方法如下:

```c
#include <reg52.h>
#include <absacc.h>
#define uchar unsigned char
#define uint unsigned int
#define DAC0832   XBYTE[0x00FE]
sbit cs=P2^7;   //将位定义为P2.7引脚(片选端),地址为07FFFH
sbit wr=P3^6;   //将位定义为P3.6引脚1WR2WR
void main()
{
    uchar i;
    cs=0;       //输出低电平以选中 DAC0832
    wr=0;       //输出低电平以选中 DAC0832
    while(1)
    {
        for (i=0;i<0xff;i++)
            DAC0832=i;
            for (i=255;i>0;i--)
            DAC0832=i;
    }
}
```

13.3.2 单缓冲方法

单缓冲方式是控制输入寄存器和 DAC 寄存器同时接收资料,或者只用输入寄存器而把 DAC 寄存器接成直通方式。此方式适用只有一路模拟量输出或几路模拟量异步输出的情形(如图 13.9 所示)。

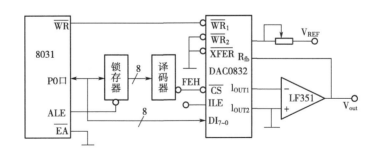

图 13.9　单缓冲连接方法

【例13.3】可以把 DAC0832 看作单片机扩展的一个外部存储单元,向 DAC0832 送数据的过程就相当于写一个数据到外部存储单元。在软件中,执行一条写外部存储单元的指令,此时 $\overline{WR}$ 引脚会自动输出低电平。只要保证地址信息的最高位 P2.7 为 0,就可以把数据从 P0 口直接送到 DAC0832 的 D/A 转换器开始进行转换,所以 DAC0832 的地址可以选择 0x0000~0x7FFF 中的任意一个。

这里使用访问存储器的宏进行程序设计,编程如下:

```
#include<absacc.h>      //添加访问存储器宏定义的头文件
void DAC0832 (x)        //参量 x 为转换的数字量
{
        XBYTE [0x7FFF] = x;  //DAC0832 的地址使用 0x7FFF
}
```

【例 13.4】D/A 转换程序,用 DAC0832 输出 0~+5V 三角波,电路为单缓冲方式。设 $V_{REF} = -5V$,若 DAC0832 地址为 00FEH,脉冲周期要求为(100ms)。

```
#include<absacc.h>
#include<reg52.h>
#define DAC0832 XBYTE[0x00FE]
#define uchar unsigned char
#define uint unsigned int
void stair(void)
{
  ucar i;
  while(1)
  {
    for(i=0;i<=255;i=i++)    //形成锯齿不输出值,最大 255
    {
        DAC0832=i;          //D/A 转换输出
    }
    }
}
```

13.3.3 双缓冲方法

双缓冲方式是先使输入寄存器接收资料,再控制输入寄存器的输出资料到 DAC 寄存器,即分两次锁存输入资料。此方式适用于多个 D/A 转换同步输出的情况(如图 13.10 所示)。

【例 13.5】先分别将待转换的数据写入每片 DAC0832 的输入寄存器,然后再执行一次写操作,同时选通两个 DAC0832 的 DAC 寄存器,实现同步转换。

```
#include <absacc.h>
#define DAC0832 XBYTE [0xefff]    //设置两个 DAC 寄存器的同步控制地址
#define DAC1 XBYTE[0xfeff]        //设置 1# DAC0832 输入寄存器的访问地址
```

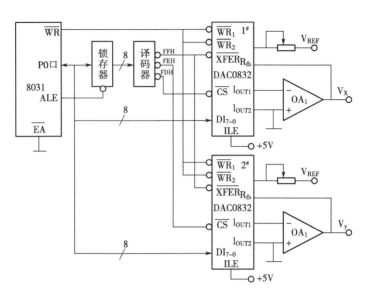

图 13.10 双缓冲方式

```
#define DAC2 XBYTE[0xfdff]        //设置 2# DAC0832 输入寄存器的访问地址
unsigned char i,data1=100, data2=50;
void main()
{
    while(1)
    {
        DAC1=data1;
        DAC2=data2;
        DAC0832=data1; //此处的 data1 无意义,只为使两片的 XFER 同时有效
    }
}
```

13.3.4 DAC0832 的应用举例

在实际应用中,经常需要用到一个线性增长的电压去控制某一个检测过程,或者作为扫描电压去控制一个电子束的移动。利用 D/A 转换器产生一个锯齿波电压,实现此类控制作用。利用 C 语言编程如下。

```
#pragma db oe sb
#include<reg51. h>
#include<absacc. h>
#define DAC0832 XBYTE[0x7fff] //定义 DAC0832 端口地址
#define uchar unsigned char
void delay(uchar t)//延时函数
```

```
{
    while(t--);
}
void saw(void)//锯齿波发生函数
{
    uchar i;
    for (i=0;i<255;i++) {
    DAC0832=i;
    }
}
void square(void)//方波发生函数
{
    DAC0832=0x00;
    delay(0x10);
    DAC0832=0xff;
    delay(0x10);
}
void main(void)
{
    uchar i,j;
    i=j=0xff;
    while(i--) {
    saw();//产生一段锯齿波
    }
while(j--) {
    square();//产生一段方波
    }
}
```

13.4 实验项目

13.4.1 设计内容及要求

AT89C52 单片机的 P0 口接 DAC0832 的 8 个输入端。请用单缓冲方式,设计硬件电路并编写程序,实现用中断方式控制示波器分别显示方波、三角波、锯齿波和正弦波,频率任意。

13.4.2 硬件电路设计

根据题目要求,单片机的 P0 口接 DAC0832 的数据口,用 P2.0 控制$\overline{\text{CS}}$和$\overline{\text{XFER}}$,$\overline{\text{WR}}$同 DAC0832 的$\overline{\text{WR1}}$和$\overline{\text{WR2}}$端相连,ILE 固定接高电平。运放输出接示波器的通道 A。外部中断 0 的输入引脚通过按键接地,当按键按下时产生外部中断信号。在 Proteus 中,元件 DAC0832 的数据口是用 DI0~DI7 表示的,这一点和前面的表示方法不一致(如图 13.11 所示)。

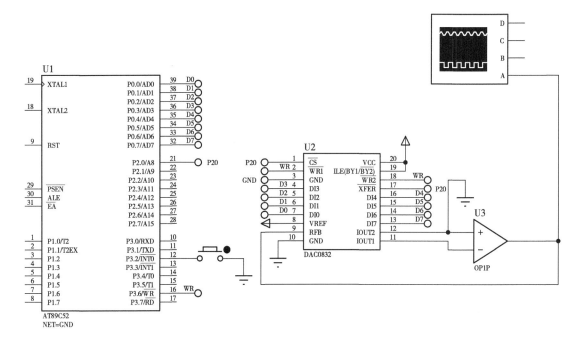

图 13.11　硬件连接电路图

13.4.3 实验软件设计

```c
#include <reg52. h>
#include <absacc. h>
#include <math. h>
#define DAC0832 XBYTE[0xfeff]
#define uint unsigned int
#define uchar unsigned char
uchar flag=1;
void delay(uint z)          //延时函数
{
    while(z--);
```

```
}
void saw( void)              //锯齿波发生函数
{
    uchar i;
    for( i = 0 ; i < 250 ; i++ )
    {
        DAC0832 = i;         //进行 D/A 转换
        delay( 200 ) ;       //延时
    }
}
void square( void)           //方波发生函数
{
    DAC0832 = 0x00;          //输出低电平
    delay( 400 ) ;           //延时
    DAC0832 = 0xfe;          //输出高电平
    delay( 400 ) ;           //延时
}
void sanjiao( void)          //三角波发生函数
{
    uchar i;
    for( i = 0 ; i < 250 ; i++ )
    {
        DAC0832 = i;         //进行 D/A 转换
        delay( 100 ) ;       //延时
    }
    for( i = 250 ; i > 0 ; i-- )
    {
        DAC0832 = i;
        delay( 100 ) ;
    }
}
void zhengxian( void)        //正弦波发生函数
{
    uchar i;
    for( i = 0 ; i < 200 ; i++ )
    DAC0832 = 135 * sin( 0. 0314 * i) +135;  //计算函数值并进行转换
}
void main( )
```

```
{
    EX0=1;                      //开外部中断 0
    IT0=1;                      //边沿触发
    EA=1;                       //根据按键次数控制波形输入
    while(1)
    {
        if(flag==1)
            square();
        if(flag==2)
            saw();
        if(flag==3)
            sanjiao();
        if(flag==4)
            zhengxian();
    }
}
void t0() interrupt 0           //外部中断 0 中断函数
{
    flag++;
    if(flag==5)
        flag=1;
}
```

13.4.4 运行结果

13.4.4.1 锯齿波运行结果

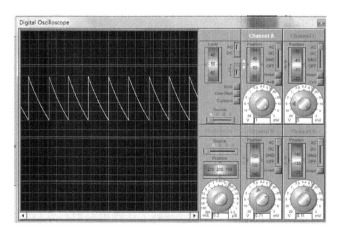

图 13.12 锯齿波运行结果图

13.4.4.2 三角波运行结果

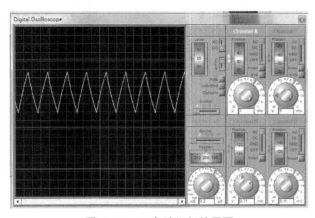

图 13.13　三角波运行结果图

13.4.4.3 正弦波运行结果

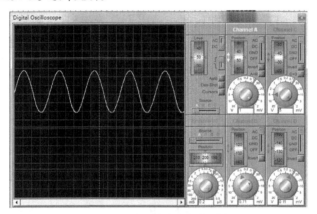

图 13.14　正弦波运行结果图

13.4.4.4 方波运行结果

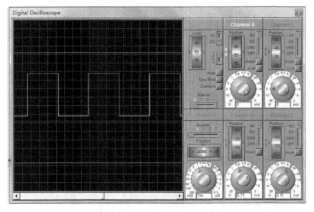

图 13.15　方波运行结果图

14 项目十——I²C 串行总线

14.1 I²C 串行总线的组成及工作原理

采用串行总线技术的优点是可以使系统的硬件设计大大简化、系统的体积减小、可靠性提高。同时,系统的更改和扩充极为容易。因为串行总线的通信线很少,通常只需一根时钟线和一根数据线。

常用的串行扩展总线有:I²C 总线、单总线、SPI 总线及 Micro-wire/PLUS 等(在后面会介绍)。这里仅讨论 I²C 串行总线。

14.2 I²C 串行总线概述

首先,I²C 总线是 PHLIPS 公司推出的一种串行总线,是具备多主机系统所需的包括总线和高低速器件同步功能的高性能串行总线。它是同步通信的一种特殊形式,具有接口线少,控制简单,器件封装性失效、通信速率较高等优点,所以 I²C 总线可以多主机进行通讯。I²C 总线只有两根双向信号线,一根是数据线 SDA,另一根是时钟线 SCL。如图 14.1 所示。

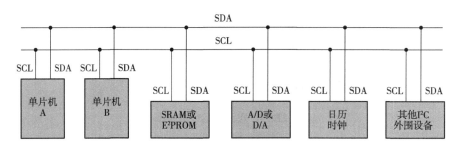

图 14.1 I²C 总线结构

在总线上面可以挂接多个设备,比如单片机 A、单片机 B、E²PROM 等,只要有 I²C 总线接口的器件,都可以通过总线挂接。I²C 总线通过上拉电阻接正电源(VCC)。当总线空闲时,两根线均为高电平,因为已经将主线用上拉电阻进行了上拉,拉高了总线,所以默认为高电平。连到总线上的任一器件输出的低电平,都将使总线的信号变低,只有总线上所连器件都为高电平时,总线才为高电平。因为各器件的 SDA 及 SCL 都是线"与"关系,如图 14.2 所示。

每个接到 I²C 总线上的器件都有唯一的地址。主机与其他器件间的数据传送可以是由主机发送数据到其他器件,这时主机即为发送器,由主机发送到其他器件。由总线上接收数据的器件则为接收器,也就是 I²C 总线上的器件接收数据。

在多主机系统中,可能同时有几个主机企图启动总线传送数据。为了避免混乱,I²C 总

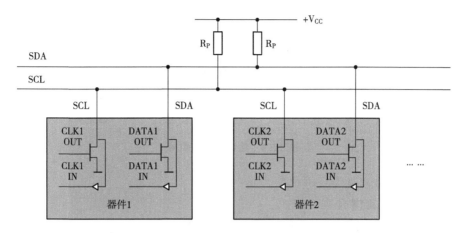

图 14.2 器件间的连接线"与"关系

线要通过总线仲裁,以决定由哪一台主机控制总线。

在 AT89C51 单片机应用系统的串行总线扩展中,经常遇到的是以 AT89C51 单片机为主机,其他接口器件为从机的单主机情况。

14.3 I^2C 总线的数据传送

14.3.1 数据位的有效性规定

I^2C 总线进行数据传送,时钟信号为高电平期间,SDA 数据线上的数据必须保持稳定,只有在时钟线上的信号为低电平期间,数据线上的高电平或低电平状态才允许变化。如图 14.3 所示为要求数据稳定和允许数据变化的局域。

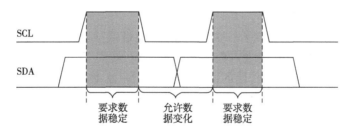

图 14.3 允许数据变化局域

14.3.2 起始和终止信号

SCL 线为高电平期间,SDA 线由高电平向低电平的变化表示起始信号。SCL 线为高电平期间,SDA 线由低电平向高电平的变化表示终止信号,如图 14.4 所示。

起始和终止信号都是由主机发出的,在起始信号产生后,总线就处于被占用的状态。在

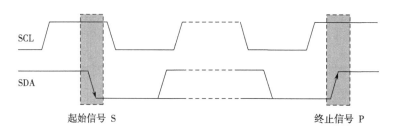

图 14.4　起始和终止信号

终止信号产生后,总线就处于空闲状态。

14.3.2.1　起始信号

在时钟线 SCL 保持高电平期间,数据线 SDA 上的电平被拉低(即负跳变),定义为 I^2C 总线的起始信号,它标志着一次数据传输的开始。起始信号是一种电平跳变时序信号,而不是一个电平信号。起始信号是由主控器主动建立的,在建立该信号之前 I^2C 总线必须处于空闲状态。

14.3.2.2　终止信号

在时钟线 SCL 保持高电平期间,数据线 SDA 被释放,使得 SDA 返回高电平(即正跳变),称为 I^2C 总线的终止信号,它标志着一次数据传输的终止。终止信号也是一种电平跳变时序信号,而不是一个电平信号,终止信号也是由主控器主动建立的,建立该信号之后, I^2C 总线将返回空闲状态。

连接到 I^2C 总线上的器件,若具有 I^2C 总线的硬件接口,则很容易检测到起始和终止信号。接收器件收到一个完整的数据字节后,有可能需要完成一些其他工作,如处理内部中断服务等,可能无法立刻接收下一个字节,这时接收器件可以将 SCL 线拉成低电平,从而使主机处于等待状态。直到接收器件准备好接收下一个字节时,再释放 SCL 线使之为高电平,从而使数据传送可以继续进行。

14.3.2.3　重启动信号

在主控器控制总线期间完成了一次数据通信(发送或接收)之后,如果想继续占用总线再进行一次数据通信(发送或接收),而又不释放总线,就需要利用重启动 Sr 信号时序。重启动信号 Sr 既作为前一次数据传输的结束,又作为后一次数据传输的开始。利用重启动信号的优点是,在前后两次通信之间主控器不需要释放总线,这样就不会丢失总线的控制权,即不让其他主器件节点抢占总线。

14.3.2.4　总线封锁状态

在特殊情况下,如果需要禁止所有发生在 I^2C 总线上的通信活动,封锁或关闭总线是一种可行途径,只要挂接于该总线上的任意一个器件将时钟线 SCL 锁定在低电平上即可。

14.3.2.5　总线竞争的仲裁

总线上可能挂接有多个器件,有时会发生两个或多个主器件同时想占用总线的情况,这种情况叫作总线竞争。 I^2C 总线具有多主控能力,可以对发生在 SDA 线上的总线竞争进行仲裁,其仲裁原则是当多个主器件同时想占用总线时,如果某个主器件发送高电平,而另一个主器件发送低电平,则发送电平与此时 SDA 总线电平不符的那个器件将自动关闭其输出级。总线竞争的仲裁是在两个层次上进行的。首先是地址位的比较,如果主器件寻址同一个从器件,则进入数据位的比较,从而确保了竞争仲裁的可靠性。由于是利用 I²C 总线上的信息进行仲裁,因此不会造成信息的丢失。

14.3.2.6 时钟信号的同步

在 I²C 总线上传送信息时的时钟同步信号是由挂接在 SCL 线上的所有器件的逻辑"与"完成的。SCL 线上由高电平到低电平的跳变将影响到这些器件,一旦某个器件的时钟信号下跳为低电平,将使 SCL 线一直保持低电平,使 SCL 线上的所有器件开始为低电平期。此时,低电平周期短的器件的时钟由低至高的跳变并不能影响 SCL 线的状态,于是这些器件将进入高电平等待的状态。当所有器件的时钟信号都上跳为高电平时,低电平期结束,SCL 线被释放返回高电平,即所有的器件都同时开始它们的高电平期。其后,第一个结束高电平期的器件又将 SCL 线拉成低电平。这样就在 SCL 线上产生一个同步时钟。可见,时钟低电平时间由时钟低电平期最长的器件确定,而时钟高电平时间由时钟高电平期最短的器件确定。

14.3.3 数据传送格式

每一个字节必须保证是 8 位长度。数据传送时,先传送最高位(MSB),每一个被传送的字节后面都必须跟随一位应答位(即一帧共有 9 位),前面 8 位是一个字节的数据,后面一位是应答位。

如图 14.5 所示,SLC 为高电平时,主机由高电平变为低电平时为一个起始信号,这时数据总线就会被占用,开始传送数据,通过主机不断改变,发送数据。在主机 SLC 为高电平时,SDA 保持稳定,只有主机 SLC 为低电平时,才会改变。传送完 8 位数据后,从机要进行应答或者是非应答(即应答位)。

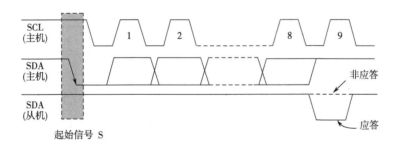

图 14.5 数据传送格式

由于某种原因从机不对主机寻址信号应答时(如从机正在进行实时性的处理工作而无法接收总线上的数据),它必须将数据线置于高电平,而由主机产生一个终止信号以结束总线的数据传送。如果从机对主机进行了应答,但在数据传送一段时间后无法继续接收更多的数据时,从机可以通过对无法接收的第一个数据字节的"非应答"通知主机,主机则应发出终止信号以结束数据的继续传送。

当主机接收数据时,它收到最后一个数据字节后,必须向从机发出一个结束传送的信号。这个信号是由对从机的"非应答"来实现的。然后,从机释放 SDA 线,以允许主机产生终止信号。

14.3.4 数据帧格式

I²C 总线上传送的数据信号是广义的,既包括地址信号,又包括真正的数据信号。在起始信号后必须传送一个从机的地址(7 位),第 8 位是数据的传送方向位(R/T),用"0"表示主机发送数据(T),"1"表示主机接收数据(R)。每次数据传送总是由主机产生的终止信号结束。但是,若主机希望继续占用总线进行新的数据传送,则可以不产生终止信号,马上再次发出起始信号对另一从机进行寻址。因为主机进行一次通讯,首先是一个起始信号,接着是 8 位的一个字节数据,第 9 位是应答或者是非应答,最后一位是停止位。如果要继续数据传输,就不要停止位,再继续一个起始信号,字节数据和应答(非应答),直到数据传输完毕,最后由主机发送一个终止信号。

在总线的一次数据传送过程中,可以有以下几种组合方式。

(1)主机向从机发送数据,数据传送方向在整个传送过程中不变。

S	从机地址	0	A	数据	A	数据	A/$\overline{A}$	P

注:有阴影部分表示数据由主机从从机传送,无阴影部分则表示数据由从机向主机传送。第 8 位(从机地址后一位)是数据的传送方向位(R/T),用"0"表示主机发送数据(T),"1"表示主机接收数据(R)。S 为起始信号,P 为终止信号。A 表示应答,A 非表示非应答(高电平)。

(2)主机在第一个字节后,立即从从机读数据。

S	从机地址	1	A	数据	A	数据	$\overline{A}$	P

(3)在传送过程中,当需要改变传送方向时,起始信号和从机地址都被重复产生一次,但两次读/写方向位正好反相。

S	从机地址	0	A	数据	A/$\overline{A}$	从机地址	A	数据	P

14.3.5 总线的寻址

I²C 总线协议有明确的规定要采用 7 位的寻址字节(寻址字节是起始信号后的第一个字节)。寻址字节的位定义如下所示。

位:

7	6	5	4	3	2	1	0
从机地址							R/$\overline{W}$

D7~D1 位组成从机的地址。D0 位是数据传送方向位,为"0"时表示主机向从机写数据,为"1"时表示主机由从机读数据。

(1)主机发送地址时,总线上的每个从机都将这 7 位地址码与自己的地址进行比较,如果相同,则认为自己正被主机寻址,根据 R/T 位将自己确定为发送器或接收器。

(2)从机的地址由固定部分和可编程部分组成。在一个系统中可能希望接入多个相同的从机,从机地址中可编程部分决定了可接入总线该类器件的最大数目。如一个从机的 7 位寻址位有 4 位是固定位,3 位是可编程位,这时仅能寻址 8 个同样的器件,即可以有 8 个同样的器件接入该总线系统中。

14.3.6　总线数据传送的模拟

主机可以采用不带总线接口的单片机,如 80C51、AT89C2051 等单片机,利用软件实现总线的数据传送,即软件与硬件结合的信号模拟。典型信号模拟如下。

为了保证数据传送的可靠性,标准的总线的数据传送有严格的时序要求。总线的起始信号、终止信号、发送"0"及发送"1"的模拟时序如图 14.6 所示。

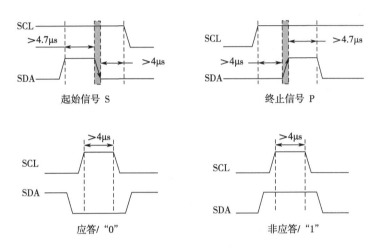

图 14.6　起始信号、终止信号及发送"0""1"模拟时序

起始信号用 S 表示,终止信号用 P 表示。起始信号中,SCL 为高电平时,SDA 由高电平变为低电平,这就是一个起始信号,要用软件模拟,高电平时间要>4.7μs 的,SCL 为高电平,SDA 为低电平时间要>4μs 的。终止信号时,SCL 为高电平时,SDA 由低电平变为高电平,这就是一个终止信号。SCL 为高电平时,SDA 由低电平时为应答,SCL 为高电平时,SDA 由高电平时为非应答。

14.3.7　典型信号模拟子程序

14.3.7.1　起始信号

```
void start(void)
{
    SDA = 1;
    SomeNop( );
    SCL = 1;
    SomeNop( );
    SDA = 0;
```

```
        SomeNop(  );
}
```

14.3.7.2 终止信号

```
void stop(void)
{
    SDA = 0;
    SomeNop(  );
    SCL = 1;
    SomeNop(  );
    SDA = 1;
    SomeNop(  );
}
```

14.3.8 总线器件的扩展

14.3.8.1 扩展电路

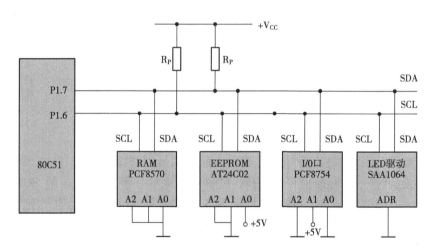

图 14.7 I²C 扩展电路

ATMEL 公司的 AT24C 系列如下。

(1)AT24C01:138 字节(138×8 位)。

(2)AT24C02:256 字节(256×8 位)。

(3)AT24C04:513 字节(513×8 位)。

(4)AT24C16:2K 字节(2K×8 位)。

(5)AT24C08:1K 字节(1K×8 位)。

14.3.8.2 写入过程

AT24C 系列 E²PROM 芯片地址的固定部分为 1010,A2、A1、A0 引脚接高、低电平后得到确定的 3 位编码。形成的 7 位编码即为该器件的地址码。单片机进行写操作时,首先发送该器件的7位地址码和写方向位"0"（共8位,即一个字节）,发送完后释放SDA线并在SCL线上产生第9个时钟信号。被选中的存储器器件在确认是自己的地址后,在SDA线上产生一个应答信号作为响应,单片机收到应答后就可以传送数据了。

传送数据时,单片机首先发送一个字节的被写入器件的存储区的首地址,收到存储器器件的应答后,单片机就逐个发送各数据字节,但每发送一个字节后都要等待应答。AT24C系列器件片内地址在接收到每一个数据字节地址后自动加1,在芯片的"一次装载字节数"（不同芯片字节数不同）限度内,只需输入首地址。装载字节数超过芯片的"一次装载字节数"时,数据地址将"上卷",前面的数据将被覆盖。当要写入的数据传送完后,单片机应发出终止信号以结束写入操作。写入n个字节的数据格式如下。

S	器件地址+0	A	写入首地址	A	Data 1	A	……	Data 2	A	P

14.3.8.3 读出过程

单片机先发送该器件的7位地址码和写方向位"0"（"伪写"）,发送完后释放SDA线并在SCL线上产生第9个时钟信号。被选中的存储器器件在确认是自己的地址后,在SDA线上产生一个应答信号作为回应。

然后,再发一个字节的要读出器件存储区的首地址,收到应答后,单片机要重复一次起始信号并发出器件地址和读方向位（"1"）,收到器件应答后就可以读出数据字节,每读出一个字节,单片机都要回复应答信号。当最后一个字节数据读完后,单片机应返回以"非应答"（高电平）,并发出终止信号以结束读出操作。

S	器件地址+0	A	读出首地址	A	器件地址+1	A	Data 1	A	……	Data a	$\overline{A}$	P

移位操作是左移时最低位补0,最高位移入PSW的CY位;右移时最高位保持原数,最低位移除。

14.4 实验项目

14.4.1 AT24CXX 存储器工作原理

（1）与400KHz I^2C 总线兼容。

（2）1.8~6.0V 工作电压范围。

（3）低功耗 CMOS 技术。

（4）写保护功能当 WP 为高电平时进入写保护状态。

（5）页写缓冲器。

（6）自定时擦写周期。

（7）100 万次编程/擦除周期。

（8）可保存数据 100 年。

（9）8 脚 DIP SOIC 或 TSSOP 封装。

(10)温度范围为商业级和工业级。

14.4.2　CAT24WC 概述

CAT24WC01/02/04/08/16 是一个 1K/2K/4K/8K/16K 位串行 CMOS,EEPROM 内部含有 138/256/513/1024/2048 个 8 位字节,CATALYST 公司的先进 CMOS 技术实质上减少了器件的功耗,CAT24WC01 有一个 8 字节页写缓冲器,CAT24WC02/04/08/16 有一个 16 字节页写缓冲器,该器件通过 I²C 总线接口进行操作有一个专门的写保护功能(如图 14.8 所示)。

图 14.8　CAT24WC0 实物图和引脚图

14.4.3　I²C 硬件接口电路

这个电路是基于 LPC2368 ARM7 芯片进行设计的(如图 14.9 所示),使用其内部的 I²C 接口作为主设备,使用 ADT75 和 SC16IS740 作为两个从设备的 I²C 总线应用。

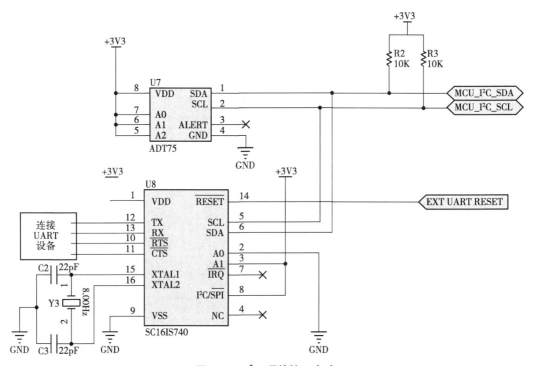

图 14.9　I²C 硬件接口电路

14.4.4 引脚说明

表 14-1 I²C 引脚说明

引脚号	引脚名称	功能说明
1	A0	地址输入。A2、A1 和 A0 是器件地址输入引脚
2	A1	24C02/32/64 使用 A2、A1 和 A0 输入引脚作为硬件地址,总线上可同时级联 8 个 24C02/32/64 器件(详见器件寻址) 24C04 使用 A2 和 A1 输入引脚作为硬件地址,总线上可同时级联 4 个 24C04 器件,A0 为空脚,可接地
3	A2	24C08 使用 A2 输入引脚作为硬件地址,总线上可同时级联 2 个 24C08 器件,A0 和 A1 为空脚,可接地 24C16 未使用器件地址引脚,总线上最多只可连接一个 16K 器件,A2、A1 和 A0 为空脚,可接地
4	SDA	串行地址和数据输入/输出。SDA 是双向串行数据传输引脚,漏极开路,需外接上拉电阻到 VCC(典型值 10kΩ)
5	SCL	串行时钟输入。SCL 同步数据传输,上升沿数据写入,下降沿数据读出
6	WP	写保护。WP 引脚提供硬件数据保护。当 WP 接地时,允许数据正常读写操作,当 WP 接 VCC 时,写保护,只读地
7	GND	地
8	V_CC	正电源

14.4.5 总线时序

三种 I²C 传输模式为标准模式传输速率 100k bit/s,快速模式传输速率 400k bit/s 和高速模式可达 3.4M bits/s(一般设备不支持)。

读写周期范围如表 14-2 所示。时序如图 14.10 所示。

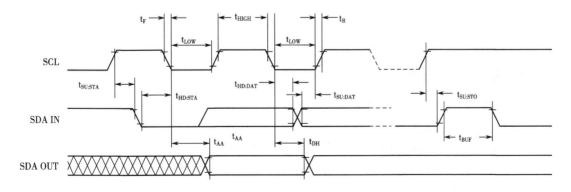

图 14.10 时序图

表 14-2 读写周期范围

符号	参数	1.8V,2.5V		4.5V~5.5V		单位
		最小	最大	最小	最大	
F_{SCL}	时钟频率		100		400	kHz
T_I	SCL,SDA 输入的噪声抑制时间		200		200	ns
t_{AA}	SCL 变低至 SDA 数据输出及应答信号		3.5		1	μs
t_{BUF}	新的发送开始前总线空闲时间	4.7		1.2		μs
$t_{HD;STA}$	起始信号保持时间	4		0.6		μs
t_{LOW}	时钟低电平周期	4.7		1.2		μs
t_{HIGH}	时钟高电平周期	4		0.6		μs
$t_{SU;STA}$	起始信号建立时间	4.7		0.6		μs
$t_{HD;DAT}$	数据输入保持时间	0		0		
$t_{SU;DAT}$	数据输入建立时间	50		50		
t_R	SDA 及 SCL 上升时间		1		0.3	
t_F	SDA 及 SCL 下降时间		300		300	
$t_{SU;STO}$	停止信号建立时间	4		0.6		
t_{DH}	数据输出保持时间	100		100		

14.4.6 电路图

2402 硬件连接电路如图 14.11 所示。

在 I^2C 总线的应用中应注意的事项总结为以下几点。

(1)严格按照时序图的要求进行操作。

(2)若与口线上带内部上拉电阻的单片机接口连接,可以不外加上拉电阻。

(3)程序中为配合相应的传输速率,在对口线操作的指令后可用 NOP 指令加一定的延时。

(4)为了减少意外的干扰信号将 EEPROM 内的数据改写可用外部写保护引脚(如果有),或者在 EEPROM 内部没有用的空间写入标志字,每次上电时或复位时做一次检测,判断 EEPROM 是否被意外改写。

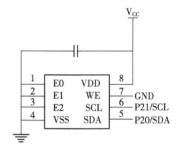

图 14.11 2402 硬件连接电路图

14.4.7 技术性能

(1)工作速率有 100K 和 400K 两种。

(2)支持多机通讯。

(3)支持多主控模块,但同一时刻只允许有一个主控。

(4)由数据线 SDA 和时钟 SCL 构成串行总线。

(5)每个电路和模块都有唯一的地址。

(6)每个器件可以使用独立电源。

14.4.8 基本工作原理

（1）以启动信号 START 来掌管总线，以停止信号 STOP 来释放总线。

（2）每次通讯以 START 开始，以 STOP 结束。

（3）启动信号 START 后紧接着发送一个地址字节，其中 7 位为被控器件的地址码，1 位为读/写控制位 R/W，R/W 位为 0 表示由主控向被控器件写数据，R/W 为 1 表示由主控向被控器件读数据。

（4）当被控器件检测到收到的地址与自己的地址相同时，在第 9 个时钟期间反馈应答信号。

（5）每个数据字节在传送时都是高位（MSB）在前。

14.4.9 实验设计要求

用 C 语言编写程序，在 TX-1C 实验板上能够利用定时器产生一个 0~99 秒变化的秒表，并且显示在数码管上，每过 1 秒，将这个变化的数写入 AT24C02 内部，当关闭实验板电源，并再次打开实验板电源时，单片机先从 AT24C02 中将原来写入的数读取出来，接着此数继续变化并显示在数码管上。通过本实验可以看到，若向 AT24C02 中成功写入且成功读取，则数码管上显示的数会接着关闭实验板时的数继续显示，否则可能显示乱码。

14.4.10 实验仿真电路图

硬件仿真电路如图 14.12 所示。

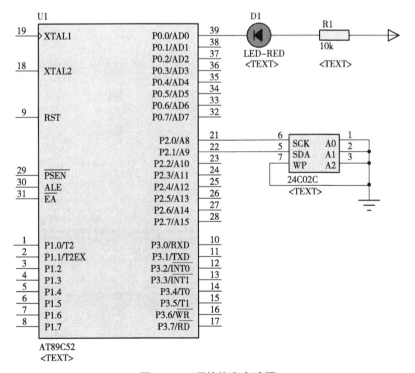

图 14.12 硬件仿真电路图

14.4.11 设计程序

```c
#include <reg51.h>
#define uchar unsigned char
#define uint unsigned int
bit write=0;              //写 24C02 的标志
sbit SCL=P2^1;            //串行时钟输入端
sbit SDA=P2^0;            //串行数据输入端
sbit dula=P2^6;           //138 译码器的 3 位控制数码管
sbit wela=P2^7;
uchar sec,tcnt;
uchar code table[ ] = {0x3f,0x06,0x5b,0x4f,0x66,0x6d,0x7d,0x07,0x7f,0x6f,0x77,
0x7c,0x39,0x5e,0x79,0x71};
void delay() {;;};
void delay1ms(uint z)
{
    uint x,y;
    for(x=z;x>0;x--)
        for(y=110;y>0;y--);
}
void start()             //起始信号
{
    SDA=1;
    delay();
    SCL=1;
    delay();
    SDA=0;
    delay();
}
void stop()     //停止信号
{
SDA=0;
    delay();
    SCL=1;
    delay();
    SDA=1;
    delay();
}
```

```
void respons( )
{
    uchar i;
    SCL=1;
    delay( );
    while((SDA==1)&&(i<250))
     i++;
    SCL=0;
    delay( );
}
void init( )    //初始化
{
        SDA=1;
    delay( );
    SCL=1;
    delay( );
}
void write_byte(uchar date)    //写字节数据
{
    uchar i,temp;
    temp=date;
    for(i=0;i<8;i++)
    {
        temp=temp<<1; //左移一位,移出的一位在 CY 中
        SCL=0;     //只有在 SCL=0 时 SDA 能变化
        delay( );
        SDA=CY;
        delay( );
        SCL=1;
        delay( );
    }
    SCL=0;
    delay( );
    SDA=1;
    delay( );
}
uchar read_byte( )
{
```

```
        uchar i,k;
        SCL=0;
        delay();
        SDA=1;
        delay();
        for(i=0;i<8;i++)
        {
            SCL=1;
            delay();
            k=(k<<1)|SDA;//先左移一位,再在最低位接受当前位
            SCL=0;
            delay();
        }
        return k;
}
void write_add(uchar address,uchar date)
{
        start();
        write_byte(0xa0);
        respons();
        write_byte(address);
        respons();
        write_byte(date);
        respons();
        stop();
}
uchar read_add(uchar address)
{
        uchar date;
        start();
        write_byte(0xa0);
        respons();
        write_byte(address);
        respons();
        start();
        rite_byte(0xa1);
        respons();
        date=read_byte();
```

```
        stop( ) ;
        return date ;
}
void display( uchar bai_c ,uchar sh_c )
{
    dula = 0 ;
    P0 = table[ bai_c ] ;
    dula = 1 ;
    dula = 0 ;
    wela = 0 ;
    P0 = 0x7e ;
    wela = 1 ;
    wela = 0 ;
    delay1ms( 5 ) ;
    dula = 0 ;
    P0 = table[ sh_c ] ;
    dula = 1 ;
    dula = 0 ;
    wela = 0 ;
    P0 = 0x7d ;
    wela = 1 ;
    wela = 0 ;
    delay1ms( 5 ) ;
    void main( )
    {
        init( ) ;
        second = read_add( 2 ) ; //读出保存的数据
        if( second>100 )
            second = 0 ;
        TMOD = 0x01 ;    //定时器工作方式 1
        ET0 = 1 ;
        EA = 1 ;
        TH0 = ( 65536−50000 )/256 ;
        TL0 = ( 65536−50000 )%256 ;
        TR0 = 1 ;            //开始计时
            while( 1 )
            {
                display( second/10 ,second ) ;
```

```
            if( write = = 1 )
            {
                write = 0;
                write_add( 2 , second ) ;
            }
        }
    }
void t0( ) interrupt 1
    {
            TH0 = ( 65536−50000 ) /256;
            TL0 = ( 65536−50000 ) %256;
            tempt++;
            if( tempt = = 20 )
            {
            tempt = 0;
            second++;
            write = 1 ;
            if( second = = 100 )
                    second = 0;
            }
    }
```

15 数字温湿度测量系统设计

15.1 设计任务

采用 AT89C52 单片机和 SHT11 传感器设计一个数字温湿度测量系统,温度测量范围为-40℃～+120℃,相对湿度测量范围为 0～100%,采用 LED 数码管显示器,同时采用绿发光二极管作为工作正常指示灯和红色作为工作出错指示灯。

15.2 SHT11 芯片介绍

15.2.1 SHT11 引脚功能

SHT11 温湿度传感器采用 SMD(LCC)表面贴片封装形式,管脚排列如图 15.1 所示,其引脚说明如下。

(1)GND:接地端。

(2)DATA:双向串行数据线。

(3)SCK:串行时钟输入。

(4)VDD 电源端:0.4～5.5V 电源端。

(5)(5～8)NC:空管脚。

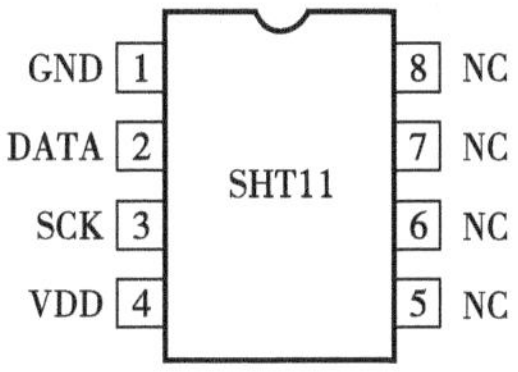

图 15.1 SHT11 引脚图

15.2.2 SHT11 特点

SHT11 是瑞士 Scnsirion 公司推出的一款数字温湿度传感器芯片。该芯片广泛应用于暖通空调、汽车、消费电子、自动控制等领域。其主要特点如下。

(1)高度集成,将温度感测、湿度感测、信号变换、A/D 转换和加热器等功能集成到一个芯片上。

(2)提供二线数字符串行接口 SCK 和 DATA,接口简单,支持 CRC 传输校验,传输可靠性高。

(3)测量精度可编程调节,内置 A/D 转换器(分辨率为 8～12 位,可以通过对芯片内部寄存器编程来选择)。

(4)测量精确度高,由于同时集成温湿度传感器,可以提供温度补偿的湿度测量值和高质量的露点计算功能。

(5)封装尺寸超小(7.62mm×5.08mm×2.5mm),测量和通信结束后,自动转入低功耗模式。

(6)高可靠性,采用 CMOSens 工艺,测量时可将感测头完全浸于水中。

15.2.3 SHT11 的工作原理

SHT11 采用 CMOSens TM 技术将温、湿度传感器结合在一起,而且还将信号放大器、模/数转换器、校准数据存储器、标准 PC 总线等电路全部集成在一个芯片内,具有比其他类型湿度传感器优越得多的性能。首先是传感器信号强度的增加增强了抗干扰性能,保证了长期稳定性,而 AD 转换的同时完成,则降低了传感器对干扰噪声的敏感程度。其次在芯片内装载的校准数据保证了每一只传感器都具有相同的功能,即具有 100% 的互换性。最后,传感器可通过 I²C 总线与单片机系统连接,减少了接口电路的硬件成本。

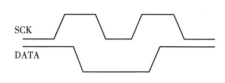

图 15.2 "启动传输"时序

选择供电电压后将传感器通电,上电速率不能低于 1V/ms。通电后传感器需要 11 毫秒进入休眠状态,在此之前不允许对传感器发送任何命令。为确保自身温升小于 0.1℃,SHT11 的激活时间应小于测量值的 10%,例如,对于 12 位测量,最多每秒 1 次。

用如图 15.2 所示的"启动传输"时序,来完成数据传输的初始化。后续命令包含三个地址位(目前只支持 000)和五个命令位。SHT11 会用下述方式表示已正确地接收到指令。在第 8 个 SCK 时钟的下降沿之后,将 DATA 下拉为低电平(ACK 位)。在第 9 个 SCK 时钟的下降沿之后,释放 DATA(恢复高电平)。SHT11 的控制命令含义如表 15-1 所示。

表 15-1 SHT11 控制命令含义

命令代码	含义
00011	测量湿度
00101	测量温度
00111	读内部状态寄存器
00110	写内部状态寄存器
11110	复位命令,使用内部状态寄存器恢复默认值,下一次命令前至少等待 11ms
其他	保留

当发布测量命令后,单片机要等待测量结束,14 位测量时需要大约 320ms,确切时间随晶振频率不同而变化。SHT11 通过下拉 DATA 信号至低电平进入空闲模式,表示测量结束。单片机在再次触发 SCK 时钟来读出数据之前,必须等待 DATA 信号"备妥"(ready)。测量数据先被存储,这样单片机可以继续执行其他任务,在需要时再读出数据。

接着传输 2 个字节的测量数据和 1 个字节的 CRC 校验(可选)。单片机需要通过下拉 DATA 信号为低电平以确认每个字节。所有数据从高字节(MSB)开始,右值有效(例如,对于 12 位数据,从第 5 个 SCK 时钟起算作 MSB)。而对于 8 位数据,则首字节无意义)。

数据传输的可靠性由 CRC 校验来保证,用户可选择是否使用 CRC 功能。在收到 CRC 的确认位之后,通信结束。如果不使用 CRC 校验,单片机可以在测量值低字节(LSB)后,通过保持 ACK 信号为高电平来终止通信。在测量和通信完成后,SHT11 自动转入休眠模式。SHT11 的整个数据传输过程如图 15.3 所示。

图 15.3 数据传输过程

SHT11 的某些高级功能可以通过给状态寄存器发送指令来实现,如选择测量分辨率,电量不足提醒,使用 OTP 加载中启动加热功能等。状态寄存器各位的功能表如表 15-2 所示。

表 15-2 SHT11 状态寄存器

位	类型	描述	默认值	
7	只读	保留	0	
6		低电压检测,精度为 0.005V 0:VDD>2.47 1:VDD<2.47	X	无默认值,每次测量后更新
5		保留	0	
4		保留	0	
3		仅供测试,用户不要使用	0	
2	读/写	加热器	0	关
1	读/写	不从 OTP 加载	0	加载
0	读/写	1:8 位湿度/12 位温度分辨率 0:12 位湿度/4 位温度分辨率	0	12 位湿度 14 位温度

通过向状态寄存器的第 2 位写入"1"来启动传感器内部加热器。通过加热器可以使传感器本身的温度高于周围环境 5~10℃,功耗大约为 8mA/5V。加热前和加热后的温湿度比较,发现温度将会上升而湿度会降低,露点不变。请注意,此时测出的温度为传感器本身温度而并非周围环境温度。因此,加热器不宜连续使用。开启 OTP 加载功能后,标定数据将在每次测量前被上传到寄存器。如果不开启此功能,可减少大约 10ms 的测量时间。SHT11 内部温度传感器具有极好的线性。可用如下公式将数字输出(SO_T)转换为温度值(其中的参数如表 15-3 所示)。

$$T=d1+d2\times SO_T$$

表 15-3　温度转换系统

VDD	$d1(℃)$	$d1(℉)$	SO_T	$d2(℃)$	$d1(℉)$
5V	−40.1	−40.2	14 位	0.01	0.018
4V	−39.8	−39.6	12 位	0.04	0.072
3.5 V	−39.7	−39.5			
3V	−39.6	−39.3			
2.5 V	−39.4	−38.9			

为了获得精确的湿度测量数据,需要进行非线性补偿,补偿公式如下(其中的参数如表15-4 所示)。

$$RH_1 = c1 + c2 \times SO_{RH} + c3 \times SO_{RH}^2$$

表 15-4　湿度的非线性补偿系数

SO_{RH}	$c1$	$c2$	$c3$
12 位	−2.046 8	0.036 7	−1.595 5E-6
8 位	−2.046 8	0.587 2	−4.084 5E-4

由于实际温度与测试参考温度25℃的显著不同,湿度信号需要补偿,补偿公式如下(其中的参数如表15-5所示)。

$$RH_t = (T - 25) \times (t1 + t2 \times SO_{RH}) + RH_1$$

表 15-5　湿度的温度补偿系统

SO_{RH}	$t1$	$t2$
12 位	0.01	0.000 08
8 位	0.01	0.001 28

SHT11 并不直接进行露点测量,但露点可以通过温度和湿度读数计算得到。露点的计算方法很多,这里不再介绍。

15.3　硬件电路设计

图 15.4 所示为数字温湿度测量系统硬件,它由 8051 单片机、数字温湿度传感器 SHT11、串行接口 LED 数码管驱动器 MAX7219、共阴极 LED 数码管以及发光二极管等组成。SHT11 采用 I²C 方式与单片机进行接口,MAX7219 采用 SPI 方式与单片机接口,普通 8051 单片机没有这两种串行接口,利用软件模拟总线时序的方法实现接口。单片机 8051 的 P3.6 和 P3.7 用于模拟 I²C 总线时序,P2.3、P2.4 和 P2.5 用于模拟 SPI 总线时序,其硬件接口比较简单。

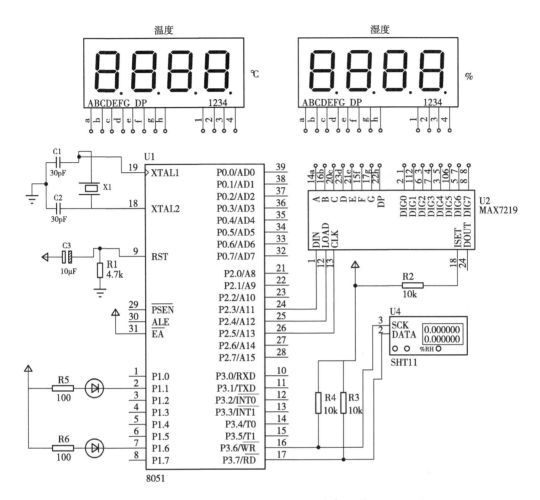

图 15.4 SHT11 数字温湿度测量系统

15.4 软件程序设计

温湿度测量系统软件采用 C51 编写,在主函数中首先进行 MAX7219 初始化,同时将定时器 T0 初始化为 16 位定时模式,并开启定时中断。每当定时 1~10 秒时间到时,启动 SHT11 进行温、湿度测量,并将测量数据转换为十进制数,通过 MAX7219 送到 LED 数码管显示。

15.4.1 C 语言程序

```
#include<reg52. h>
#include<intrins. h>
#include<absacc. h>
#include<float. h>
```

```
#include<math. h>
#define uint unsigned int
#define uchar unsigned char
uint i,ii,any;
uchar vv,crc0,crc1,imm,error=0;
float TEMP=0,HUMI=0;
uchar code table[ ] ={
//共阴数码管:0、1、2、3、4、5、6、7、8、9、-、不显示
            0x7e,0x30,0x6d,0x79,
            0x33,0x5b,0x5f,0x70,
            0x7f,0x7b,0x01,0
    };
sbit DIN=P2^3;        //MAX7219 接口定义,数据总线
sbit LOAD=P2^4;       //MAX7219 接口定义,片选位
sbit CLK=P2^5;        //MAX7219 接口定义,时钟信号端
sbit SCL_sht=P3^6;    //SHT21 接口定义,时钟信号端
sbit SDA_sht=P3^7;    //SHT21 接口定义,数据总线
sbit D1=P1^6;         //正常一次测量完成信号,低电平有效
sbit ERR=P1^1;        //故障位定义,低电平有效
/ * * * * * * * * * 7219命令函数 * * * * * * * * * * * * * * */
void LEE( uint e){
    uint zz;
    LOAD=0;
    for(zz=0x8000;zz>0;zz>>=1){
        if(zz&e)  DIN=1;
        else DIN=0;
        _nop_();
        CLK=1;
        CLK=0;
    }
    LOAD=1;
}
/ * * * * * * * * * * * * * 7219显示函数 * * * * * * * * * * * * */
void Disp(){
    uint TEMP_,HUMI_;
    uchar sign_;
    TEMP_=fabs(TEMP) * 10;
    HUMI_=HUMI * 10;
```

```
    if(TEMP>=0)
sign_=1;
else
sign_=0;
if(! error){
    if(TEMP>=100)
        LEE(table[TEMP_%10000/1000]+0xf100);
    else
        LEE(table[10+sign_]+0xf100);
        LEE(table[TEMP_%1000/100]+0xf200);
        LEE(table[TEMP_%100/10]+0xf300+0x80);//加小数点位
        LEE(table[TEMP_%10]+0xf400);
        LEE(table[HUMI_%10000/1000]+0xf500);
        LEE(table[HUMI_%1000/100]+0xf600);
        LEE(table[HUMI_%100/10]+0xf700+0x80);//加小数点位
        LEE(table[HUMI_%10]+0xf800);
    }
    else{
        LEE(0xf14f);    //7219 显示出错信息
        LEE(0xf277);
        LEE(0xf377);
        LEE(0xf47e);
        LEE(0xf501);
        LEE(0xf601);
        LEE(0xf701);
        LEE(0xf801);
    }
}
/* * * * * * * * * * * * * * 延时函数 * * * * * * * * * * * * * * * * * */
void delay(){         //12μs 延时,晶振 12MHz
    _nop_();;_nop_();_nop_();_nop_();_nop_();
    _nop_();_nop_();_nop_();_nop_();_nop_();
}
/* * * * * * * * * * * * * SHT11 启动函数 * * * * * * * * * * * * * */
void SAT_sht11(){
    SCL_sht=0;
    delay();
    SDA_sht=1;
```

```
        SCL_sht=1;
        delay();
        SDA_sht=0;
        delay();
        SCL_sht=0;
        delay();
        SCL_sht=1;
        delay();
        SDA_sht=1;
        delay();
        SCL_sht=0;
        delay();
        SDA_sht=0;
        delay();
}
/* * * * * * * * * * * * * SHT11写入函数 * * * * * * * * * * * * * * * */
void write_sht11(uchar y){
    for(ii=0x80;ii>0;ii>>=1) {
        if(y&ii)
        SDA_sht=1;
        else
        SDA_sht=0;
        delay();
        SCL_sht=1;
        delay();
        SCL_sht=0;
        delay();
    }
    SDA_sht=1;
    delay();
    SCL_sht=1;
    delay();
    if(SDA_sht) {
        if(! (error&0x08))
        error+=0x04;
    }
    SCL_sht=0;
}
```

```
/ * * * * * * * * * * * SHT11 软复位函数 * * * * * * * * * * * * * * */
void soft_rest_sht11( ) {
    SAT_sht11( ) ;
    SDA_sht = 1 ;
    SCL_sht = 0 ;
    delay( ) ;
    for( ii = 0 ; ii < 20 ; ii++) {
      SCL_sht = 1 ;
      delay( ) ;
      SCL_sht = 0 ;
      delay( ) ;
    }
    if( error&0x08) {
      write_sht11( 0x1e) ;
      for( ii = 0 ; ii < 1000 ; ii++)
      delay( ) ;
    }
    SAT_sht11( ) ;
    error& = 0x03 ;
}
/ * * * * * * * * * * * * 读取 SHT11 函数 * * * * * * * * * * * * * * * */
void read_sht11( bit x_ack) {
    vv = 0 ;
    SDA_sht = 1 ;
    delay( ) ;
    for( ii = 0 ; ii < 8 ; ii++) {
    SCL_sht = 1 ;
        delay( ) ;
        vv << = 1 ;
            if( SDA_sht)
                vv| = 1 ;
            delay( ) ;
            SCL_sht = 0 ;
            delay( ) ;
    }
    SDA_sht = ! x_ack ;
    delay( ) ;
    SCL_sht = 1 ;
```

15
数字温湿度测量系统设计

```
        delay( ) ;
        SCL_sht = 0 ;
        delay( ) ;
        SDA_sht = 1 ;
}
/* * * * * * * * * * * * SHT11 校验函数 * * * * * * * * * * * * * */
void crc_8( ) {
    for( ii = 0 ; ii<8 ; ii++) {
    if( crc1&0x80) {
        crc1<< = 1 ;
        crc1^ = 0x31 ;
            }
    else
        crc1<< = 1 ;
    }
}
/* * * * * * * * * * * * SHT11 工作函数 * * * * * * * * * * * * * */
void sht11( uchar yi) {
    if( error&0x0c)
    soft_rest_sht11( ) ;
else
SAT_sht11( ) ;
write_sht11( yi) ;
for( ii = 0 ; ii<65532 ; ii++)
    {
  delay( ) ;
    if( ! SDA_sht)
      break ;
    }
if( ! SDA_sht)
{
  any = 0 ;
  read_sht11( 1) ;
  any = vv ;
  any<< = 8 ;
  crc1 = 0 ;
  crc1^ = yi ;
  crc_8( ) ;
```

```
        crc1^=vv;
        crc_8();
        read_sht11(1);
        any+=vv;
        crc1^=vv;
        crc_8();
        read_sht11(0);
        crc0=0;
        for(ii=1;ii<0xe0;ii<<=1){        //crc 校验值高低位翻转
            crc0<<=1;
            if(vv&ii)
            crc0++;
        }
        crc0=vv;                          //Proteus 仿真时加上这一句,实际工作时去掉
    }
    else
    crc1=! crc0;
}
/* * * * * * * * * * * * * 温、湿度测量函数 * * * * * * * * * * * * */
void EEi_sht11() {
    sht11(0x03);                //测温
    if(crc1! =crc0){
        if(! (error&0x08))
            error+=0x04;
    }
    else {
        any&=0x3fff;
        TEMP=any * 0.01-39.65;
    }
    sht11(0x05);                //测湿
    if(crc1! =crc0||! any){
        if(! (error&0x08))
                error+=0x04;
    }
    else{
        error&=0x03;
        D1=~D1;
        any&=0x0fff;
```

```
        HUMI = 0.0367 * any - 2.0468 - 0.0000015955 * any * any;
        HUMI += (TEMP - 25) * (0.01 + 0.00008 * any);
        if(HUMI > 99.90 || HUMI < 0)
//相对湿度大于 99.9%或为负数,需将其强制为 100%
        HUMI = 100.00;
    }
}
/ * * * * * * * * *定时器 T0 中断函数 * * * * * * * * * * * * * * * * * * */
void Timer0( ) interrupt 1 {
    TH0 = 0xa2; TL0 = 0;            //定时 1~2s,晶振 = 12MHz
    i++;
    if(i > 62) {
        i = 0;
        EEi_sht11( );              //周期启动 SHT11 测量
    }
    Disp( );                        //开启 7219 显示
    if(! error) ERR = 1;            //出错,开启错误指示灯
    else {
        ERR = 0;                    //正常
        imm++;
        if(imm > 200) {
            imm = 0;
            error = 0;
        }
    }
}
/ * * * * * * * * * * * 7219 初始化函数 * * * * * * * * * * * * * * * */
void MAX7219_init( ) {
    LEE(0xf900);                    //不译码
    LEE(0xfa0e);                    //亮度设定
    LEE(0xfb07);                    //扫描界限设定,7 位显示
    LEE(0xfc01);                    //正常工作
    LEE(0xff00);                    //正常显示
}
/ * * * * * * * * * * * * * * * 主函数 * * * * * * * * * * * * * * * * * */
void main( ) {
    MAX7219_init( );                //MAX7219 初始化
    TMOD = 0x01;                    //定时器 0 初始化,方式 1
```

```
        TH0 = 0xa2; TL0 = 0;
        TR0 = 1;
        EA = 1; ET0 = 1;                    //开中断
    while(1);
}
```

15.4.2　运行结果图

运行结果如图 15.5 所示。

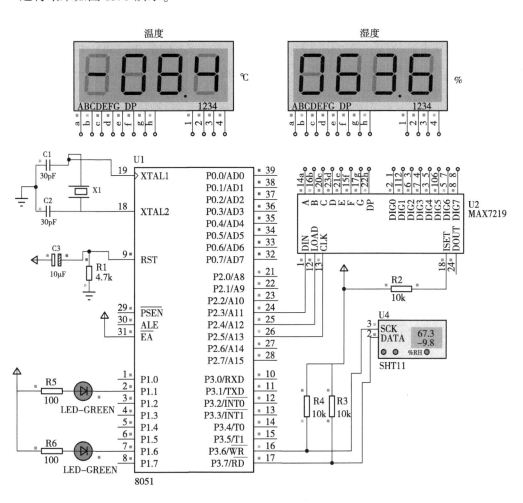

图 15.5　运行结果图

16　基于单片机的可扩展智能插座

16.1　设计任务

制作具有学习红外指令、支持多种类型传感器接入、内含智能控制单元、可接入 WiFi 网络的智能插座。该智能插座通过微控制处理器与传感器相结合智能检测环境因素,结合用户习惯对家中现有的非智能通断式电器进行智能控制。

该插座预留多种通信方式的传感器接口,包括 I/O 控制类型、串口通信类型、I²C 通信类型等接口。用户可根据自己习惯设置不同功能的传指令,并将其上传至手机端进行保存。该设计具有红外学习模块,通过将红外模块安装在智能电器的遥控器接口处,通过学习配套遥控器的控制,可完成多种遥控器控制命令的统一管理。该智能插座还配套设计手机 App,手机 App 可通过 WiFi 控制家中电器,并可以支持远程控制。

16.2　设计思想

本设计以 51 单片机为主控芯片,以 ESP8266 WiFi 模块为主要通信模式。通过电路设计和软件设计完成两大功能,完成传统电器智能化即针对现有开关式电器通过增加智能传感器配合手机 App 完成智能监测、自动控制、远程控制功能。对其在不改变现有电路的前提下智能升级。完成智能电器统一化即针对现有智能家居品牌过多通过采用红外学习模块,存储和管理现在不同品牌电器遥控指令和手机 App,使其完成统一,更加便捷。

16.3　系统结构设计

该智能插座主要由不同类型传感器插座预留模块、ESP8266WiFi 模块、继电器控制模块、红外学习模块组成。其中不同类型传感器预留模块、ESP8266WiFi 模块、红外学习模块为该系统的输入部分,继电器控制模块、ESP8266WiFi 模块、红外学习模块为该系统的输出部分。MCU 主控接收到输入部分检测到的数据,通过输出部分执行各个模块的功能,具体如图 16.1 所示。

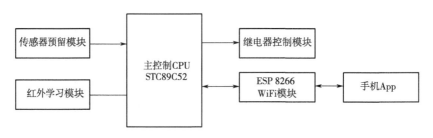

图 16.1　系统功能图

16.4 硬件电路设计

16.4.1 单片机

16.4.1.1 器件介绍

该智能插座采用 51 单片机为该系统的核心芯片,用于检测环境因素、发送红外指令、信息交互。51 单片机有 2 个外部中断,3 个定时器中断,1 个全双工串口,可以存储程序,并能读写数据,由操作逻辑和控制逻辑构成 CPU 单片机。该芯片共 40 个引脚,其中有 4 组 8 位基本引脚,可实现输入输出功能。

51 单片机中的最小系统为智能插座的最基本系统,该系统由晶振电路和复位电路两部分组成。其中,晶振电路作为单片机能量源,在实际中为单片机提供脉冲。复位电路可初始化为系统设置,复位电路分为功率复位和手动复位两种方法。最小系统为最基本系统,为其他外围电路的加入进行铺垫。单片机最小系统实物如图 16.2 所示,硬件连接电路如图 16.3 所示。

图 16.2　单片机最小系统实物图

16.4.1.2 实现功能

该最小系统用来实现传感器信号的采集,通过不同传感器的设计完成不同的智能控制,ESP8266WiFi 模块通过串口与单片机进行信息交互,红外传感器模块通过模拟串口与单片机进行信息交互,单片机通过发送控制指令对继电器进行控制。该最小系统控制简便,信息处理速度较快。

16.4.2 ESP8266WiFi 模块

16.4.2.1 器件介绍

ESP8266WiFi 是一个完整的、独立的无线模块,作为 CPU 能够独立操作其他传感器,也能够作为从 WiFi 模块与其他主机 MCU 运转负责体系的无线数据连接。ESP8266WiFi 模块在独立运行时,可以不需要外围控制,自身从外接闪存中驱动芯片进行工作。ESP8266WiFi 芯片中装有高速缓冲存储器有利于提升系统的运行速度,搭载的 WiFi 网络可以减少开发任务,并缩小内存需求。当 ESP8266WiFi 模块作为系统的无线模块时,它可以被添加到任何单片机中。该连接是简单可行的,只需要 UART 端口即可。

ESP8266WiFi 模块片内设计集成天线开关 BALUN 作为天线不需要重新设计匹配天线,电源管理转换器可接入 5V 电压片上转换为 3V,所以需要非常少的外部电路,在设计时,整个解决方案都包含在模组设计中,其中包括最小系统在内,确保在使用时所用空间最小。装有 ESP8266WiFi 模块的系统具有支持睡眠休眠系统并且可以通过设置进行快速切换、前端信号的处理,还具有自检电路,当发生故障时能通过自身电路进行故障排除。除此之外,它还支持无线电系统共存,可与蓝牙、短距通信芯片一起工作。ESP8266 实物如图 16.4 所示,WiFi 模块硬件连接电路如图 16.5 所示。

单片机应用技术项目化教程

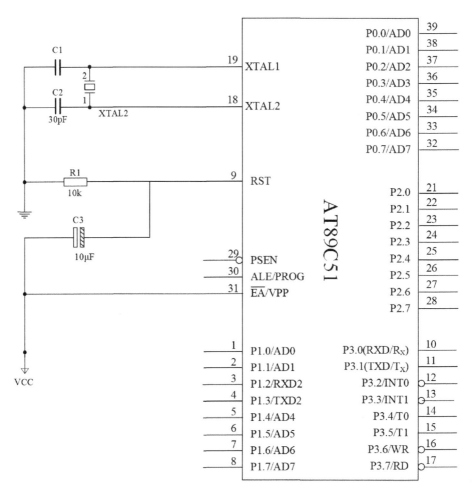

图 16.3　硬件连接电路图

图 16.4　ESP8266 实物图

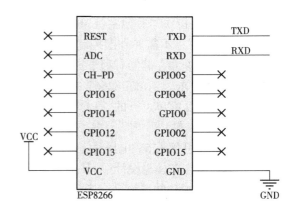

图 16.5　WiFi 模块硬件连接电路图

306

16.4.2.2 实现功能

ESP8266WiFi 模块通过 WiFi 网络和手机 App 相互连接,通过 WiFi 网络模块与手机进行信息交互,包括密码账号管理、信息内容传送、控制指令执行等功能。手机能够向 ESP8266WiFi 模块发送控制指令,信息上传到 51 单片机中,用户直接在手机端对家中电器进行远程控制。由 51 单片机采集到的环境信息可以利用 ESP8266WiFi 模块向手机回传。ESP8266WiFi 模块与主控 51 单片机通过串口通信,进行控制命令和环境信息的整合,再由 51 单片机进行智能控制或者由手机直接对 51 单片机发送控制指令,从而实现信息的交互和控制,将整个系统挂载在 WiFi 网络中。

16.4.3　NEC 红外编解码模块

16.4.3.1　器件介绍

NEC 红外编解码模块是一款集成红外发射头、红外接收头和 UART 单片机串口通信接口的红外编解码模块。红外发射头用于发射智能电器遥控器的红外信号,波长为 940nm。红外接收头可以接收智能电器遥控器发出的红外控制信号,51 单片机对接收到的控制指令信号进行分析解码存储操作,并在手机 App 端分配相应的按钮作为控制按钮触发到的控制指令。NEC 红外编解码通过串口与 51 单片机相互连接,该设计中由于主串口被 ESP8266WiFi 模块占用,故设计普通 I/O 口进行串口模拟,如图 16.6 和图 16.7 所示。

图 16.6　NEC 红外编解码模块

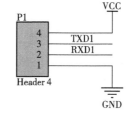

图 16.7　NEC 红外编解码电路

16.4.3.2　实现功能

NEC 红外编解码通过串口与 51 单片机相互连接,进行信息交互。红外接收头用于接收智能电器遥控器发射的控制指令,并将其传至 51 单片机内进行分析解码和存储。红外发射头用于发射 51 单片机存储的智能电器的控制命令完成对智能电器的控制。

16.4.4　I^2C 型插座接口

16.4.4.1　器件介绍

该设计留有 I^2C 型插座接口用于 I^2C 通信类型传感器的接入。I^2C 型传感器插座由以下 4 个接口组成:①VCC:向传感器提供 5V 供电电源。②GND:传感器模块与 51 单片机系统共地。③SDA:双向数据线。④SCL:时钟线。

I²C 通信模式中最主要的是通过 SDA 和 SCL 的数据配合可以在总线挂载多个 I²C 类型设备,通过识别不同的地址码,从而完成多路信息的采集,如图 16.8 所示。

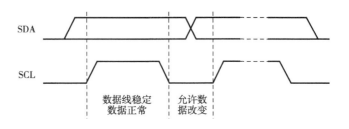

图 16.8　I²C 通信模型

16.4.4.2　实现功能

该传感器插座可接入任何 I²C 通信类型的传感器。例如,光照强度传感器,通过接入不同的 I²C 型传感器,当传感器进行工作时,51 单片机主动接收环境信息,配合手机端数据设定范围,即可完成对环境因素的记录并对非智能通断式电器进行控制,从而使通断式电器智能化。

16.4.5　继电器模块

16.4.5.1　器件介绍

继电器模块作为常见的控制电器件,主要能够完成通过控制小电压、小电流信号达到控制大电压、大电流信号的目的,可以使操作设备更加的安全。在该设计中智能插座要控制家用电器的电源通断,家用电器大部分采用 220V 市电供电,直接插拔危险性较大,通过继电器控制更加安全。继电器实物图如图 16.9 所示,硬件连接电路如图 16.10 所示。

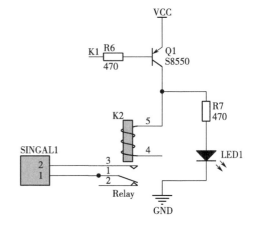

图 16.9　继电器实物图　　　　**图 16.10　继电器硬件连接电路图**

16.4.5.2 实现功能

非智能通断式电器只需要开关电源就可以完成电器的开关,实现电器功能。并且家居中电器需 220V 电源进行电源供电。继电器模块可以通过接受 51 单片机的控制命令,进行低电压通断控制高电压通断,完成对非智能通断式电器的控制。

16.4.6 LCD 液晶显示屏

16.4.6.1 器件介绍

本系统采用 LCD1602 字符型显示器模块。LCD1602 是工业型液晶模块,用来显示字母、数字、符号等点阵型数据,能够同时显示 2 行 16 列共 32 个字符。液晶显示屏如图 16.11 所示,硬件连接电路如图 16.12 所示。

16.4.6.2 实现功能

LCD1602 液晶显示屏用于显示 NEC 红外编解码模块接收到的控制指令的编码。

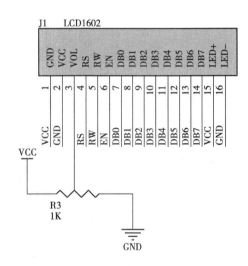

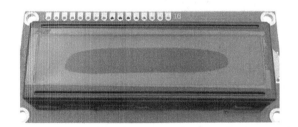

| 图 16.11 液晶显示屏 | 图 16.12 液晶显示硬件连接电路图 |

16.4.7 上拉式插座、下拉式插座

16.4.7.1 器件介绍

上拉式插座和下拉式插座为数字量输出型传感器接口。数字量输出型接口输出电平较为固定,上拉式插座在传感器没有接入或没有检测到信号时,由硬件进行上拉向 51 单片机输出高电平信号,检测到信号时向 51 单片机输出低电平信号。下拉式插座在传感器没有接入或没有检测到信号时,由硬件进行下拉向 51 单片机输出低电平信号,检测到信号时向 51 单片机输出高电平信号。硬件连接电路如图 16.13 所示。

16.4.7.2 实现功能

在无对应数字量传感器接入或者传感器接入后环境未发生变化时,传感器信号口由硬

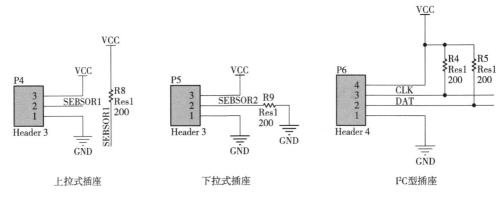

图 16.13　传感器插座电路

件系统完成置 1 或者置 0。当数字量传感器监测到环境发生变化时,信号输出口信号翻转,单片机检测信号变化完成信号的捕获,结合手机参数设置完成通断控制。

16.5　软件程序设计

16.5.1　软件系统总流程图

软件部分由两大系统组成,分别完成不同的功能。首先对系统初始化,分别为液晶显示程序初始化、串口初始化、单片机引脚初始化、继电器初始化、定时器初始化。传感器插座 SENSOR1、SENSOR2、I²C 通信口 CLK(P1.2)和 DAT(P1.3)、NEC 红外编码通过模拟串口 TXD1(P2.2)和 RXD1(P2.1)、ESP8266WiFi 模块通过串口 RXD(P3.0)和 TXD(P3.1)向 51 单片机输入信息。输出部分为通过继电器控制非智能通断式电器,LCD1602 显示接收的红外编码信息,手机 App 界面显示收集到的信息,如图 16.14 所示。

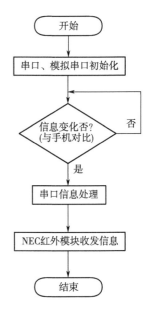

图 16.14　系统流程图

16.5.2　C 语言程序

```
#include "stc89c52.h"
#include <String.h>
#include <stdio.h>
#include "intrins.h"
#define S2RI 0x01      //串口 1 接收中断请求标志位
#define S2TI 0x02      //串口 2 发送中断请求标志位
sbit key = P2^1;
//sbit io = P2;
```

```c
sbit jdq1 = P0^3;
sbit jdq2 = P0^4;
sbit jdq3 = P0^5;
sbit jdq4 = P0^6;
sbit LED1 = P0^0;
sbit LED2 = P0^2;
sbit dht11 = P1^4;
unsigned char    U8FLAG = 0, U8temp = 0;
unsigned char    U8T_data_H = 0, U8T_data_L = 0, U8RH_data_H = 0, U8RH_data_L = 0,
U8checkdata = 0;
unsigned char str[5];
unsigned char flag1, flag2, temp1, temp2;
voidTxByte(unsigned char dat);
voidPrintStrings(unsigned char code * sts);
voidPrint2Strings(unsigned char code * sts);
void UART_1SendOneByte(unsigned char c);
void Delay(unsigned char n);
unsigned int i = 0;
unsigned int max = 2000;
void Delay2(unsigned int j)
{
    unsigned int i;
    for( ; j>0; j--)
    {
        or(i = 0; i<150; i++);
    }
}
void   Delay_10us(void)
    {
    unsigned   i;
    for(i = 16; i>0; i--) ;
    }
nsigned char COM(void)
    {
        unsigned char i, U8comdata ;
        for(i = 0; i<8; i++)
        {
            U8FLAG = 2;
```

```
            while((! dht11)&&U8FLAG++);
                Delay_10us();
            Delay_10us();
                Delay_10us();
                U8temp=0;
                if(dht11)U8temp=1;
                U8FLAG=2;
                while((dht11)&&U8FLAG++);
                    if(U8FLAG==1)break;
                U8comdata<<=1;
                U8comdata|=U8temp;
                }
    return   U8comdata;
    }
void RH(void){
unsigned char   U8T_data_H_temp,U8T_data_L_temp,
                U8RH_data_H_temp,U8RH_data_L_temp,
                U8checkdata_temp;
dht11=0;
Delay2(180);
dht11=1;
Delay_10us();
Delay_10us();
Delay_10us();
Delay_10us();
dht11=1;
if(! dht11)
    {
    U8FLAG=2;
        while((! dht11)&&U8FLAG++);
        U8FLAG=2;
        while((dht11)&&U8FLAG++);
        U8RH_data_H_temp= COM();
        U8RH_data_L_temp= COM();
        U8T_data_H_temp=COM();
        U8T_data_L_temp=COM();
        U8checkdata_temp=COM();
        dht11=1;
```

```
    U8temp = ( U8T_data_H_temp + U8T_data_L_temp + U8RH_data_H_temp + U8RH_data_L_
temp) ;    if( U8temp = = U8checkdata_temp)
        {
        U8RH_data_H = U8RH_data_H_temp;
        U8RH_data_H = 0x01;
        U8RH_data_L = 0x01;
        U8T_data_H = U8T_data_H_temp;
        U8T_data_L = U8T_data_L_temp;
        U8checkdata = U8checkdata_temp;
        }
        }
    }
    void Timer_Routine( void) interrupt 1
    {
        TL0   = 0x3C;
        TH0   = 0xB0;
        i++;
        if( i = = max) {
            RH() ;
        str[0] = U8RH_data_H;
        str[1] = U8RH_data_L;
        str[2] = U8T_data_H;
        str[3] = U8T_data_L;
        str[4] = U8checkdata;
        i = 0;
        }
    }
    void InitUART( void)
    {
        TMOD = 0x01;
        TL0   = 0x3C;
        TH0   = 0xB0;
        TMOD = 0x20;
        SCON = 0x50;
        TH1 = 0xFA;
        TL1 = TH1;
        TR1 = 1;
        EA = 1;
```

```
        ES = 1;
        AUXR & = 0xF7;
        S2CON = 0x50;
        AUXR |= 0x04;
        BRT = 0xFA;
        AUXR |= 0x10;
        IE2 = 0x01;        //开串口 2 中断
        ET0 = 1;
        TR0 = 1;
}
void UART_1SendOneByte( unsigned char c)
{
        SBUF = c;
        while( ! TI);        //若 TI=0,在此等候
        TI = 0;
}
/ * * * * * * * * * * * * * * 串口 2 发送 * * * * * * * * * * * * * * * * /
void UART_2SendOneByte( unsigned char c)
{
        S2BUF = c;
        while( ! (S2CON&S2TI));    //若 S2TI=0,在此等候
        S2CON& = ~ S2TI;    //S2TI=0
}
void main( void)
{
        InitUART( );  //串口初始化
        jdq1 = 0;
        jdq2 = 0;
        jdq3 = 0;
        jdq4 = 0;
        while(1)
}
//如果串口 2 收到数据,将由串口 1 发送
Print2Strings( "heheppppp");
if( flag2 = = 1)
{
flag2 = 0;
    switch (temp2){
```

```
    case 'a':
       jdq1 = 1;
    break;
    case 'b':
       jdq1 = 0;
    break;
    case 'c':
       jdq2 = 1;
    break;
    case 'd':
       jdq2 = 0;
    break;
    case 'e':
       jdq3 = 1;
    break;
    case 'f':
       jdq3 = 0;
    break;
    case 'g':
       jdq4 = 1;
    break;
    case 'h':
       jdq4 = 0;
    break;
   case 'w':
UART_2SendOneByte(U8RH_data_H);
UART_2SendOneByte(U8RH_data_L);
UART_2SendOneByte(U8T_data_L);
UART_2SendOneByte(U8checkdata);
break;
    case 'l':
    LED1 = 0;
    break;
      case 'm':
        LED1 = 1;
      break;
    }
      //UART_1SendOneByte(temp2);
```

```
        }
   if( flag1 = = 1 )
   {
   flag1 = 0;
       UART_2SendOneByte( temp1 );
   }
   if( key = = 0 ){
           UART_2SendOneByte( 0x01 );
   } else {
   //LED1 = 1;
   }
       }
       }
```

```
/ * * * * * * * * * * * *串口1中断处理* * * * * * * * * * * * * /
void UART_1Interrupt( void ) interrupt 4
{
   if( RI = = 1 )
   {
       RI = 0;
       flag1 = 1;
       temp1 = SBUF;
   }
   }
/ * * * * * * * * * * * *串口2中断处理* * * * * * * * * * * * * /
void UART_2Interrupt( void ) interrupt 8
{
       if( S2CON&S2RI )
       {
       S2CON& = ~ S2RI;
       flag2 = 1;
       temp2 = S2BUF;
   }
}
voidPrint2Strings( unsigned char code * sts )
{
       for ( ; * sts ! = 0; sts++) UART_2SendOneByte( * sts );
}
```

```
voidPrintStrings(unsigned char code  * sts)
{
    for ( ;  * sts !  =  0;  sts++) UART_1SendOneByte( * sts);
}
void Delay(unsigned char n)
{
    unsigned int x;
    while (n--)
    {
        x = 0;
        while (++x);
    }
}
```

17　智能养鱼一体化系统

17.1　设计任务

设计一套养鱼与植物培养一体化的智能化系统,该系统由控制部分和输入输出装置构成。输入装置采集数据,返回给单片机 STC89C52,通过与系统设置的对应参数进行比较并做出相应的动作,自动控制并调整养鱼与植物培养环境,克服环境参数改变带来的影响。水浊度传感器 TSW-20MK 对水质进行监测,通过对水质透光率进行检测反馈给单片机,单片机经过数据对比,控制排水电磁阀的通断,及时排出不适宜鱼与植物生存的水。上下液位传感器 XKC-Y25 完成对水量的监测反馈给单片机并控制进水电磁阀通断完成水量的及时补充。光敏传感器对光照强度进行监测,将模拟数据量发送给单片机进行处理转换从而控制仿生 LED 灯对植物进行光照补充。采用两个超声波 Hc-sr04 模块对漂浮板和水面分别进行距离测量发送给单片机计算差值,随后与设置好的参数进行对比,从而控制充放气泵调节漂浮板漂浮高度,改变植物根部入水深度。为节约用水和循环利用,系统搭建在上下两层的鱼缸结构体上,构成一个内部循环系统。

17.2　设计任务描述

本设计主要由 STC89C52R 单片机为控制核心,水质和水位传感器对水族箱的水量和污浊度进行检测,通过光敏电阻和仿生 LED 灯对植物的光合作用进行光照补偿,通过双超声波和充放气泵对漂浮板漂浮高度进行调控,同时安装了自动投食装置对鱼食进行定时定量投放。通过以上设备完成自动换水、自动补水、自动光照补偿、自动投食、自动调节植物根部入水深度的养鱼与水生植物培养一体化智能系统。

17.3　系统结构设计

17.3.1　整体结构设计

整体结构由大小两个玻璃制鱼缸组成。养鱼整体结构放置在结构架上,大鱼缸在上为主,进行养鱼和植物培养,漂浮板在大鱼缸上漂浮。小鱼缸在下为副,主要进行水的存储和大鱼缸排出水的过滤、消毒。整体构成一个内部循环系统,可节约用水。同时结构架下层放置控制系统、氧气泵和充放气泵等设备,使得整体结构美观实用。图 17.1 为整体结构图。

在结构左边有上、下水位限制传感器监测水位高度,控制同侧的上水泵及时补充水量。水质传感器安装在主鱼缸底部左侧,进行水质的测量,控制排水电磁阀,排出污浊水。水箱过滤层为副鱼缸,放置了过滤杀菌物质,水由右向左处理后,可以继续供给主鱼缸重复使用。补光灯为仿生 LED 灯,其上部有光传感器,控制 LED 灯及时打开,为植物提供光照补偿。水

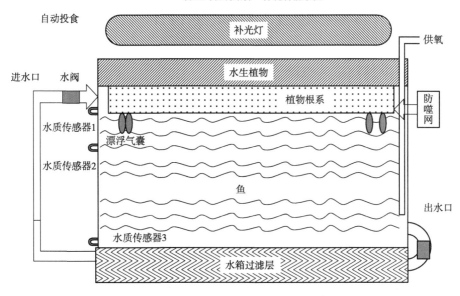

养鱼与植物培养一体化智能系统

图 17.1 整体结构图

生植物和漂浮板在主鱼缸上方,漂浮在水面上,植物根系由防噬网保护。供氧和自动投食均由中央控制器控制,安装在主鱼缸左右两侧。

17.3.2 电控系统设计

电控系统主要由以下三部分组成。

(1)控制部分:主要为控制核心 STC89C52R 单片机、晶振时钟电路、阻容复位电路。

(2)输入部分:由液位传感器 Y25-NO、水浊度传感器 SEN0189、光照传感器 5516 和控制按钮 TELESKY6 * 6 * 7 组成。

(3)输出部分:由进出水电磁阀 DN15、仿生 LED 灯(红蓝)、充放气泵、自动投食机组成。

电控系统工作电压 5V 为低电压,最大工作电流约为 30mA,均在人体安全范围内。输出设备,如氧气泵和充放气泵为 220V,通过系统控制继电器隔离,同样不会有安全隐患。同时,工作电压电流小能够节约用电。图 17.2 为系统电控图。

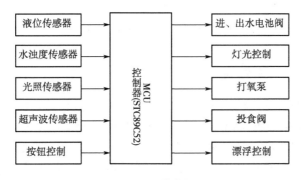

图 17.2 系统电控图

17.4 硬件电路设计

17.4.1 中央控制芯片电路设计

中央控制芯片作为系统的核心,它需要处理本设计输出部分信息,控制输出部分作出相应动作,以及液晶的显示数据等。STC89C52R 单片机带 4×8 并行 I/O 的 8 位处理器,内嵌 5 个中断系统,3 个定时计数器(包括 2 个 16 位的定时器/计数器),512KB 的随机存储器和 8K 的内存。图 17.3 为 STC89C52R 单片机最小系统。

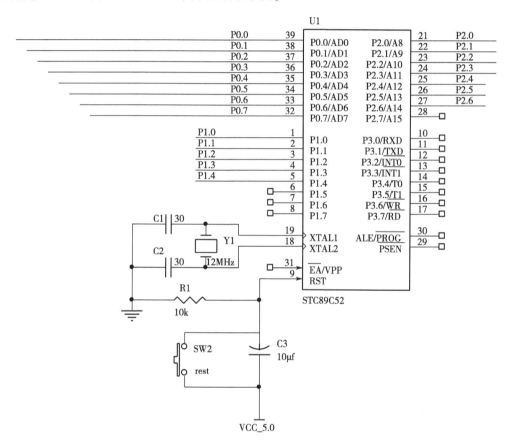

图 17.3 单片机最小系统

17.4.2 液晶显示电路设计

液晶显示电路,通过单片机的 P0 口加上拉电阻作为数据口。P2.4、P2.5、P2.6 分别接 LCD1602 的信号引脚 RS、RW 和 EN,使能端做控制信号和使能信号。液晶屏的 V0 引脚是液晶的偏转电压的引脚,可调整显示分辨率。该引脚与 VEE 引脚之间接 2.2K 的电阻或者 10K 电位器。在系统运行中,通过改变电位器阻值,可以调节显示分辨率。图 17.4 为 LCD1602 显示电路。

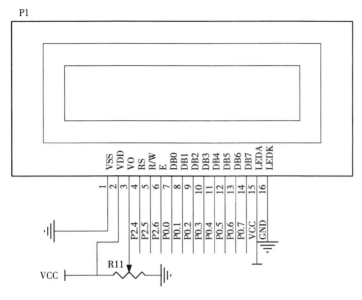

图 17.4　LCD1602 显示电路

17.4.3　电源电路设计

　　本设计中主控芯片对电源稳定性的要求比较高,为防止供电不稳定的情况下出现系统故障,使用稳压芯片 LM1117 搭建一个线性 5V DC 稳压电路。

　　LM1117 调节精度能够达到±1%,输出稳定的 5V DC 电压。利用电容过滤高频电压所产生的噪声,在电源输入端 IN 与地并联 47μF 的瓷片电容,防止高噪声信号对稳压芯片性能的影响。在电压输出端 OUT 端与地并联一个 22μF 钽电容,钽电容独有的无电感和耐高温的性能保证了电源输出电压的稳定性。图 17.5 为稳压电源电路。

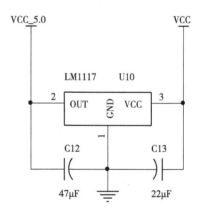

图 17.5　稳压电源电路

17.4.4　驱动模块设计

　　本设计选用的 NPN 型三极管 8050 驱动继电器作为器件隔离开关。三极管的控制原理是用小电流来控制系统的大电流,从而起到开关作用。加上隔离继电器可以控制 220V 的高电压,单片机引脚发送信号通过限流电阻到三极管的基极 B(发射极 C 连接低电平),基极 B 电流发生微弱的变化时,发射极 C 电流就会发生极大的改变,从而使得接在三极管集电极 C 上的继电器电流流通,继电器吸合,被控制部分电路导通开始工作。相比较 MOS 和其他的驱动方式,此方式更简单,控制更轻巧,成本更低。图 17.6 为三极管驱动继电器原理图。

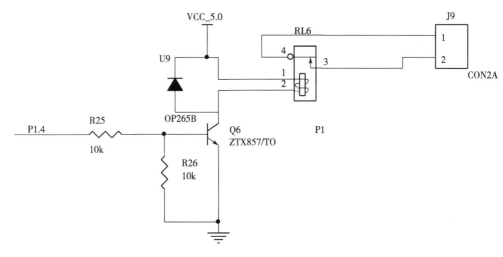

图 17.6　三极管驱动继电器原理图

17.4.5　水位检测设计

17.4.5.1　水位检测原理

液位传感器采用非接触式液位传感器,其原理是利用非接触感应电容感应液位变化转换为电压变换。当感应到液位变化时电容值随之改变,经晶体管放大后输出高低电平。通过 AD 采集电路可转换成数字信号输出,传递给单片机进行液位判别。

17.4.5.2　水位传感器性能

该传感器设计精巧,整体体积只有纽扣大小,圆形外壳方便安装。可以通过检查容器打孔进行水位监测。防水性能优越,能直接接触液体进行测量。电容式触发可多角度进行安装。外壳采用进口塑料制作,光滑易清洗。在金属容器打孔后可用粘贴性中等的胶水进行粘贴,相比于机械传感器更易安装,使用方便,控制灵活。可控精度在 ± 0.5mm 之内,相比于机械液位传感器(精度±6.0mm)和浮子式液位开关(精度±3.0mm)低 2.5mm,其检测结果更为精确。

17.4.5.3　水位测量电路

该传感器为电容式触发,液位高度改变,监测电容的值也随之改变,从而改变测量电压。传感器可以模拟输出高、低电平。传感器消耗最大电流为 $200\mu A$,工作电压范围为 5V ~ 12V DC(或者 12V-24V DC)。单片机引脚可直接检测该传感器的高低电平。单片机引脚检测低于 0.3V 时就可以判断为低电平。对于本设计使用的传感器,设置为高低电平 NPN 型输出,当有液位接触时,输出 VDD(5V),检测不到液位时,输出低电平,相对于 GND 等于 0V,单片机可以正常检测到。水位检测电路如图 17.7 所示。

17.4.6　水质测量设计

17.4.6.1　水质测量原理

浊度传感器利用光学检测原理,通过检测液体溶液中悬浮颗粒的透光率和散射率来判断浊度。发射端发送检测光束,透过检测液体,照射到接收端,计算接收端收到的光照强度,输出模拟量。通过 AD0832 转换为数字量即为浊度值,显示在液晶屏上,同时在单片机中进行比对,执行相关程序。图 17.8 为水质检测原理图,图 17.9 为水质传感器结构图。

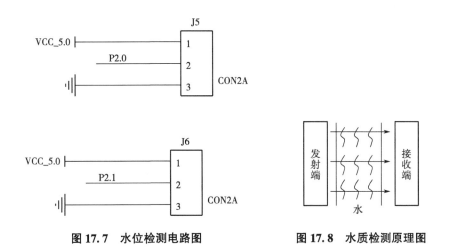

图 17.7 水位检测电路图   图 17.8 水质检测原理图

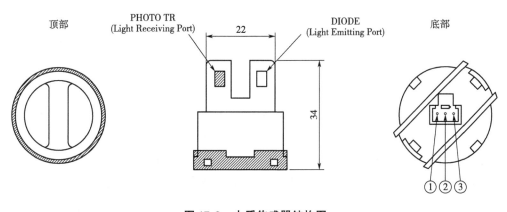

图 17.9 水质传感器结构图

在测试中通过选用不同的水质对水浊度传感器进行性能测试,得到了设计中所需要的数据。

(1)测试电压:5V DC。

(2)测试方式:先在浊度水平为 0% 的液体中进行测试电压值,再在浊度为 3.5% 的水中进行测试电压值并记录表中。

(3)测试电压差:两种环境下电压差在 2.5±35% 之间。

模拟制作在养鱼与水生植物培养一体的环境下的,不同水质的测试液,用水浊度传感器测试。测试数据如表 17-1 所示。

表 17-1　测试水质数据

采样号	浊度水平 0%(0~5V)	浊度水平 3.5%(0~5V)	电压差(1.62~3.51)
2	4.23	1.57	2.66
4	4.77	2.43	2.34
6	4.48	2.00	2.48
8	4.71	2.02	2.69
9	4.74	2.06	2.68
10	4.76	2.30	2.46
13	4.47	1.84	2.90
16	4.66	2.46	2.28
17	4.76	2.04	2.72
20	4.74	2.46	2.28
22	4.69	2.16	2.53
25	4.20	1.73	2.47
26	4.77	2.46	2.90
29	4.72	2.04	2.68
平均	4.61	2.06	2.54
最大	4.77	2.46	2.90
最小	4.20	1.57	2.20

17.4.6.2　水质测量电路

水浊度传感器采集测试水中的透光率,转换成不同的模拟电压值,想要通过单片机直接控制就需要将模拟量通过 AD 转换为数字量,STC89C52 自身不带 AD,需外部接入。本设计中采用了 8 位串行 AD 转换芯片 ADC0832。通过 CS、DO、CLK 与单片机引脚 P2.2、P1.6、P1.5 连接,CH0 引脚进行数据接收,转换成数字量供单片机使用。分辨率精度提高,转换性能稳定,可节约单片机资源。

设计中只用了一块 ADC0832,所以片选引脚 CS 接地使其有效即可,DO、DI 两路模拟输出和选择引脚,根据本设计需求只允许一路模拟检测,所以将 DO、DI 同时连接到单片机 P1.6 引脚,水浊度传感器与 ADC0832 共地,信号输出端口接在 CH1 引脚上,电路连接图如图 17.10 所示。

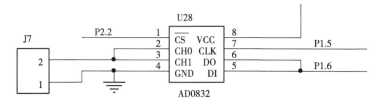

图 17.10　水质传感器电路图

17.4.7 灯光监测设计

灯光检测采用光敏电阻 5516,光敏电阻通常是用化学物质硫化镉制作而成,在特定波长的光照射下,光照导致化学物质产生的载流子参与物理运动,在外加电场的作用下,载流子做定向移动,形成通路,改变(降低)光敏电阻阻值。本设计中采用最常见的光敏电阻 5516型号,光谱峰值能达到 540nm,电阻变化范围为 0~10kΩ,响应时间较快上升为 20ns,下降为 30ns。再通过电压比较器 LM393 进行处理转换成高低电平,供单片机检测,做出相应的处理工作。图 17.11 为 LM393 引脚图。

在实际电路连接中,使用环境的光照强度不同,灵敏度也会不同,使用 50kΩ 滑动变阻器或者 10kΩ 固定电阻,将光敏电阻接地,改变光敏的灵敏度。当光敏电阻两端电压改变后,通过电压比较器 LM393 进行比对,发送给单片机进行相应处理得到光照值,大于设定的值后电路导通,从而点亮仿生 LED 灯,为植物补偿光照,当小于设定的值后电路断开,仿生 LED 灯熄灭。植物吸收来自空间的光照,通过改变

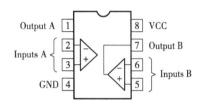

图 17.11　LM393 引脚图

电路中滑动变阻器阻值,改变 LED 灯点亮的环境亮度条件。图 17.12 为灯光检测电路图。

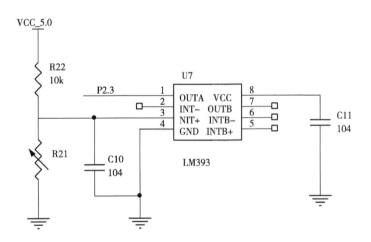

图 17.12　灯光检测电路图

17.4.8 漂浮板控制设计

漂浮板主要做植物培养载体,通过改变位于四角的气囊充气量,改变气囊体积,从而改变浮力实现的。气囊采用进口优质橡胶皮划艇材质制作,密封效果好,抗腐蚀性强。漂浮板是由透明有机玻璃板打孔制作,轻便透明,防噬网是由无毒孔小的网纱制作。气囊的体积由电控系统控制充放气泵进行调节。图 17.13 为漂浮板构造图。

在漂浮板上安装了两路超声波模块,一路监测漂浮板高度,另一路监测水面高度,将测量数据发送给单片机进行数据处理,计算出两个距离的差值即为漂浮板高度(植物根部入水

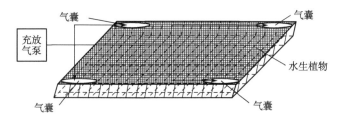

图 17.13 漂浮板构造图

深度）。通过与设定好的参数进行对比,然后控制输出充放气泵进而对气囊进行控制,改变漂浮板漂浮高度,达到控制植物根部入水深度的目的,从而满足植物生长需要。图 17. 14 为漂浮板电路图。

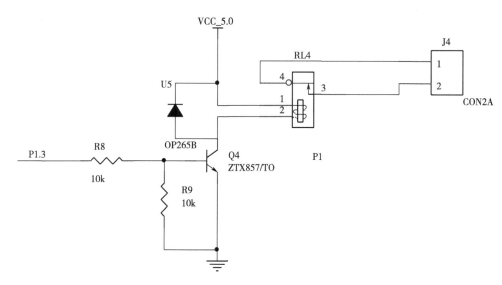

图 17.14 漂浮板电路图

17.5 软件程序设计

17.5.1 系统流程图

系统的设计流程主要按照下面流程图进行(如图 17.15 所示)。

17.5.2 程序代码

程序设计代码如下。

```
//主程序
#include<REG52. h>
```

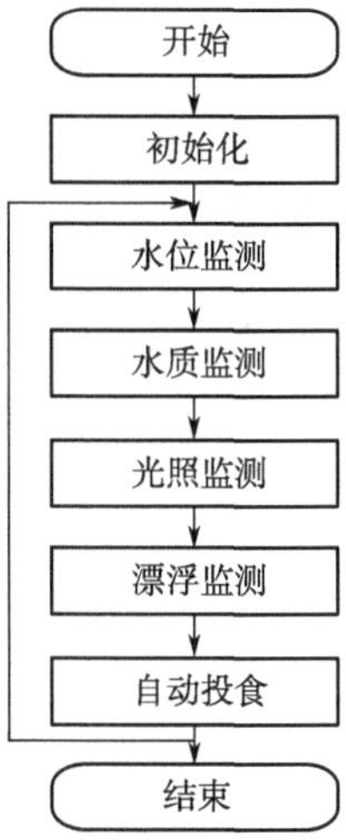

```c
#include<LCD1602. h>
#include<ADC. h>
#define ucharunsigned char
#define uintunsigned int
#define FSCLK11059200
void Delay_ms(uint time)
{
    uint i,j;
    for(i = 0;i < time;i ++)
        for(j = 0;j < 930;j ++);
}
void main()
{
    float res0,res1;
    LCD_1602_Init();//液晶显示前进行初始化
    ADC_Init(ADC_PORT0 | ADC_PORT1);
//配置通道 P1^0 ,P1^1 为 AD 采集口,如要配置其他口,直接用或运算加进初始化函
数中
    Write_1602_String("ADC TEST",0xc0 + 0x04);
    while(1)
    {
        res0 = GetADCResult(ADC_CH0);
        Write_1602_String("U0 = ",0x80);
        Write_1602_Data(0x30 + (uint)res0%10);
        Write_1602_Data('. ');
        Write_1602_Data(0x30 + (uint)(res0 * 10)%10);
        Write_1602_Data(0x30 + (uint)(res0 * 100)%10);
        Write_1602_Data('V');
        res1 = GetADCResult(ADC_CH1);
        Write_1602_String("U1 = ",0x88);
        Write_1602_Data(0x30 + (uint)res1%10);
        Write_1602_Data('. ');
        Write_1602_Data(0x30 + (uint)(res1 * 10)%10);
        Write_1602_Data(0x30 + (uint)(res1 * 100)%10);
        Write_1602_Data('V');
        Delay_ms(1000);
    }
}
```

开始 → 初始化 → 水位监测 → 水质监测 → 光照监测 → 漂浮监测 → 自动投食 → 结束

图 17.15　系统流程图

```
/ * * * * * *LCD1602 驱动程序* * * * * * * * * * * * * */
#include<intrins. h>
/ * * * * * LCD1602 接口定义* * * * * * * * * * * * */
sbit RS_1602 = P0^5;       //数据命令选择端
sbit RW_1602 = P0^6;       //写选择端
sbit EN_1602 = P0^7;       //使能信号
#define LCD_PORTP2         //LCD1602 数据接口
/ * * * * * * * * LCD1602 宏定义指令集* * * * * */
#define CLEAR_SCREEN              0X01       //清屏
#define CURSOR_RESET             0X02       //光标复位
/ * * * * * * * * * * * * 输入方式设置* * * * * * * * * * */
#define SET_MOD                   0X04       //配合两位来配置模式
#define SET_MOD_AC_ADD            0X02       //数据读写操作后 AC 自加一
#define SET_MOD_AC_DEC            0X00       //数据读写操作后 AC 自减一
#define SET_MOD_MOVE_ON           0X01       //数据读写操作后画面移动
#define SET_MOD_MOVE_OFF          0X00       //数据读写操作后画面不动
/ * * * * * * * * * * * * * * 显示开关控制* * * * * * * * * * * * * */
#define DISPLAY_SET               0X08       //配合下面三位来配置模式
#define DISPLAY_SET_ON            0X04       //显示开
#define DISPLAY_SET_OFF           0X00       //显示关
#define DISPLAY_SET_CURSOR_ON     0X02       //光标显示开
#define DISPLAY_SET_CURSOR_OFF    0X00       //光标显示关
#define DISPLAY_SET_BLINK_ON      0X01       //光标闪烁
#define DISPLEY_SET_BLINK_OFF     0X00       //光标不闪烁
/ * * * * * * * * * * * 光标,画面位移* * * * * * * * * * * * */
#define COURSOR_SHIFT_LEFT        0X10       //光标左移 1 个字符位,AC 减 1
#define COURSOR_SHIFT_RIGHT       0X14       //光标右移 1 个字符位,AC 加 1
#define FRAME_SHIFT_LEFT          0X18       //画面左移 1 个字符位,光标不变
#define FRAME_SHIFT_RIGHT         0X1C       //画面右移 1 个字符位,光标不变
/ * * * * * * * * * * * * 显示功能设置* * * * * * * * * * * * * * */
#define DISPLAY_MOD 0X30   //默认设置为 8 位数据口,配合两位来配置模式
#define DISPLAY_MOD_TWO_LINE      0X08       //两行显示
#define DISPLAY_MOD_ONE_LINE      0X00       //一行显示
#define DISPLAY_MOD_5_10          0X04       //5 * 10 的点阵字符显示
#define DISPLAY_MOD_5_7           0X00       //5 * 7 的点阵字符显示
/ * * * * * * * * * * * * 自定义字符* * * * * * * * * * * * * * * */
unsigned char code self_definition_char[ ] = {
    0x00,0x00,0x00,0x1F,0x00,0x00,0x00,0x00,   //"一"代码
```

```
    0x00,0x00,0x0E,0x00,0x1F,0x00,0x00,0x00,   //"二"代码
    0x00,0x0E,0x00,0x0E,0x00,0x1F,0x00,0x00,   //"三"代码
    0x00,0x1F,0x15,0x15,0x1B,0x11,0x1F,0x00,   //"四"代码
    0x1F,0x04,0x04,0x1E,0x0A,0x12,0x1F,0x00,   //"五"代码
    0x08,0x0f,0x12,0x0f,0x0a,0x1f,0x02,0x00,    //"年"代码
    0x0f,0x09,0x0f,0x09,0x0f,0x09,0x11,0x00,    //"月"代码
    0x1f,0x11,0x11,0x1f,0x11,0x11,0x1f,0x00,    //"日"代码
};
/ * * * * * * * * * * * *CGRAM 起始地址 * * * * * * * * * * * * * */
const unsigned char CGRAM_ADD = 0X40;
/ * * * * 函数功能:读写 LCD1602 时用于读写时序的时钟延时 * * * * * * * /
void LCD_Delay(unsigned char z)
{
    unsigned char x,y;
    for(x = z;x > 0;x --)
        for(y = 50;y>0;y--);
}
/ * * * * * 函数功能:LCD1602 忙碌查询
 * * 函数说明:每次读写液晶时需要事先检测芯片是否处于忙碌状态 * * * /
unsigned char Check_1602_Busy(void)
{
    unsigned int time=0;
    RS_1602 = 0;
    RW_1602 = 1;
    EN_1602 = 1;
    while( (LCD_PORT&0X80) ! = 0X00)
    {
        time ++;
        if(time > 1000) return 1;
    }
    return 0;
}
/ * 函数功能:向液晶写入指令 * /
void Write_1602_Com(unsigned char zhiling) //写指令
{
    Check_1602_Busy();
    RS_1602 = 0;
    RW_1602 = 0;
```

```
    LCD_PORT = zhiling;
    LCD_Delay(1);
    EN_1602 = 1;
    LCD_Delay(1);
    EN_1602 = 0;
}
                                                    //向液晶写入数据
void Write_1602_Data(unsigned char shuju)           //写数据
{
    Check_1602_Busy();
    RS_1602 = 1;
    RW_1602 = 0;
    LCD_PORT = shuju;
    LCD_Delay(1);
    EN_1602 = 1;
    LCD_Delay(1);
    EN_1602 = 0;
}
void Write_1602_String(unsigned char * str,unsigned char addr)
{
    Write_1602_Com(addr);
    while( * str)
    {
        Write_1602_Data( * str);
        str++;
    }
}
void Write_Num(unsigned int number,unsigned char addr)
{
    Write_1602_Com(addr);
    if(number/10000 ! = 0)
    {
        Write_1602_Data(0x30 + number/10000);
        Write_1602_Data(0x30 + number%10000/1000);
        Write_1602_Data(0x30 + number%1000/100);
        Write_1602_Data(0x30 + number%100/10);
        Write_1602_Data(0x30 + number%10);
    }
```

```c
    else if(number/1000 ! = 0)
    {
        Write_1602_Data(0x30 + number/1000);
        Write_1602_Data(0x30 + number%1000/100);
        Write_1602_Data(0x30 + number%100/10);
        Write_1602_Data(0x30 + number%10);
    }
    else if(number/100 ! = 0)
    {
        Write_1602_Data(0x30 + number/100);
        Write_1602_Data(0x30 + number%100/10);
        Write_1602_Data(0x30 + number%10);
    }
    else if(number/10 ! = 0)
    {
        Write_1602_Data(0x30 + number/10);
        Write_1602_Data(0x30 + number%10);
    }
    else Write_1602_Data(0x30 + number);
}
void Write_CGRAM(void)
{
    unsigned char i,j;
    for (i = 0; i < 8; i ++)
    {
        for(j = 0;j < 8;j ++)
        {
            Write_1602_Com(CGRAM_ADD+i * 8+j);
            Write_1602_Data(self_definition_char[i * 8+j]);
        }
    }
}
/* * * * * *液晶初始化 * * * * * * * * * */
void LCD_1602_Init()  //初始化
{
    EN_1602=0;
    Write_1602_Com(DISPLAY_MOD | DISPLAY_MOD_TWO_LINE | DISPLAY_MOD_
5_7);  //设置显示模式,两行显示,字符点阵大小为 5 * 7;0X38
```

17

智
能
养
鱼
一
体
化
系
统

331

```
        Write_1602_Com(DISPLAY_SET | DISPLAY_SET_ON | DISPLAY_SET_CURSOR_
OFF | DISPLEY_SET_BLINK_OFF);//开显示,不显示光标,光标不闪烁:0X0F
        Write_1602_Com(SET_MOD | SET_MOD_AC_ADD | SET_MOD_MOVE_OFF);//
设置写入数据后指针 AC 加一,画面不动:0X06
        Write_1602_Com(CLEAR_SCREEN);//清屏
        Write_1602_Com(CURSOR_RESET);
        Write_CGRAM();
        Write_1602_Com(0x80);
}
/ * * * * * AD. H * * * */
#include<intrins. h>
/ * * * * * * * * * 用于配置 P1 口对应管脚为 AD 模拟输入口 * * * * * * * */
#define ADC_PORT0                    0X01
#defineADC_PORT1                     0X02
#define ADC_PORT2                    0X04
#define ADC_PORT3                    0X08
#define ADC_PORT4                    0X10
#define ADC_PORT5                    0X20
#define ADC_PORT6                    0X40
#define ADC_PORT7                    0X80
#define ADC_PORTALL                  0XFF
/ * * * * * * * * 用于获取对应通道的电压值 * * * * * * * * * * */
#define ADC_CH0                      0X00
#define ADC_CH1                      0X01
#define ADC_CH2                      0X02
#define ADC_CH3                      0X03
#define ADC_CH4                      0X04
#define ADC_CH5                      0X05
#define ADC_CH6                      0X06
#define ADC_CH7                      0X07
/ * * * * * * * * * 定义 AD 转换速度 * * * * * * * * * * * * * */
#define ADC_SPEEDLL_540              0X00
#define ADC_SPEEDLL_360              0X20
#define ADC_SPEEDLL_180              0X40
#define ADC_SPEEDLL_90               0X60
/ * * * * * * * * 定义转换控制寄存器控制位 * * * * * * * * * * * * * */
#define ADC_POWER        0X80             //电源控制位
#define ADC_FLAG         0X10             //转换结束标志位
```

```
#define ADC_START                    0X08              //转换开始位
/ * * * 函数功能:内置 ADC 的初始化配置 * * * * * * * * */
void ADC_Init( unsigned char port)
{
    P1ASF=port;//设置 AD 转换通道
    ADC_RES=0;//清空转换结果
    ADC_CONTR=ADC_POWER | ADC_SPEEDLL_540;//打开 AD 转化器电源
    IE=0XA0;//开启总中断,ADC 中断
    _nop_();
    _nop_();
    _nop_();
    _nop_();
}
/ * * 获取 ADC 对应通道的电压值 * * * */
float GetADCResult( unsigned char channel) //读取通道 ch 的电压值
{
    unsigned int ADC_RESULT = 0; //用来存放结果
    float result;
    ADC_CONTR = ADC_POWER | ADC_SPEEDLL_540 | ADC_START | channel; //
开始转换,并设置测量通道为 P1^0
    _nop_();//需经过四个 CPU 时钟延时,上述值才能保证被设进 ADC_CONTR 控制
寄存器
    _nop_();
    _nop_();
    _nop_();
    while(! (ADC_CONTR & ADC_FLAG));//等待转换结束
    ADC_CONTR &= ~ADC_FLAG;//软件清除中断控制位
    ADC_RESULT = ADC_RES;
    ADC_RESULT = (ADC_RESULT << 2) | (0x02 & ADC_RESL);//默认数据存储
方式:高八位在 ADC_RES,低二位在 ADC_RESL 低二位
    result = ADC_RESULT * 5.0 / 1024.0 ;   //基准电压为电源电压 5V,$2^{10}$的分辨
率,即 1024
    return result;
}
//漂浮板控制程序
#include<reg52. h>
#include    <intrins. h>
#define uint unsigned int
```

```
#define uchar unsigned char
sbit trig = P1^0;      //触发控制信号输入
sbit echo = P1^1;      //回响信号输出
sbit trig1 = P1^2;     //触发控制信号输入
sbit echo1 = P1^3;     //回响信号输出
/ * * * * LCD1602 使能端 * * * * */
sbit lcdrs = P3^5;
sbit lcdrw = P3^6;
sbit lcden = P3^4;
uchar num,temp;
uint time;
long aa,bb;
/ * * * 液晶屏显示的初值 * * * * */
uchar code table[ ] = "    WELLO CAME    ";
uchar code table1[ ] = "                    ";
/ * * * * * * * * * * * * * 延时处理 * * * * * * * * * * * * * * * * */
void delay(uint z) //延时子函数
{
    uint x,y;
    for( x = z;x>0;x--)
        for( y = 110;y>0;y--);
}
void write_com(uchar com)                   // LCD1602 写命令
{
    lcdrw = 0;
    lcdrs = 0; //RS 选择写命令还是写数据,写命令
    P0 = com; //将写入的命令送到数据总线上
    delay(5); //稍做延时以待数据稳定
    lcden = 1; //使能端给一个高脉冲,因为初始化函数已将 lcden 置为 0
    delay(5); //稍做延时
    lcden = 0; //将使能端置 0 以完成高脉冲
}
void write_data(uchar date)                 //LCD1602 写数据
{
    lcdrs = 1;
    P0 = date;
    delay(5);
    lcden = 1;
```

```
        delay(5);
        lcden=0;
    }
    void write_sfm(uchar add,uint date)        //将数据写到第二排某个地址上
    {
        uchar qian,bai,shi,ge;
        qian=date/1000;
        bai=date%1000/100;
        shi=date%100/10;
        ge=date%10;
        write_com(0x80+0x40+add);   //地址指针指在第二行的第 add+1 个
        write_data(0x30+qian);
        write_data(0x30+bai);
        write_data(0x30+shi);   //送数据,将数据 data 的十位数送过去
        write_data(0x30+ge);   //送数据,将数据 data 的个位数送过去
    }
    void init_lcd()                            //LCD1602 初始化函数
    {
        lcden=0;
        write_com(0x38);                //设置 16*2 显示,5*7 点阵,8 位数据接口
        write_com(0x0c );               //开显示,不显示光标
        write_com(0x06);                //当写一个数据后地址指针加 1,且光标加 1,
当显示一个数据时,整屏显示不移动
        write_com(0x01);                //数据指针清零,显示清零
        write_com(0x80);                //显示在屏内
    }
    void display_2() //显示第二排的数据
    {
        write_sfm(9,aa); //数据送到第 3 位,数据指针指在第 4 位
        write_sfm(1,bb);
    }
    void delay_10us()
    {
        uchar a;
        for(a=0;a<50;a++);
    }
    void init()//定时器初始化
    {
```

```
        TMOD=0x01;              //设 T0 为方式 1,GATE=1
        TH0=0;
        TL0=0;
        EA=1;
        ET0=1;
    }
    void test( )                //测距
    {
        while(! echo);          //当 echo 为零时等待
        TR0=1;                  //开启计数
        while(echo);            //当 echo 为 1 计数并等待
        TR0=0;                  //关闭计数
        time=TH0*256+TL0;
        TH0=0;
        TL0=0;
        aa=(time*1.87)/100;     //算出来是 cm
    }
    void test1( )               //测距
    {
        while(! echo1);         //当 echo 为零时等待
        TR0=1;                  //开启计数
        while(echo1);           //当 echo 为 1 计数并等待
        TR0=0;                  //关闭计数
        time=TH0*256+TL0;
        TH0=0;
        TL0=0;
        bb=(time*1.87)/100;     //算出来是 cm
    }
    void trig_init( )           //给 trig 一个 10μs 以上的脉冲
    {
        trig=1;
        delay_10us( );
        trig=0;
    }
    void trig_init1( )          //给 trig 一个 10μs 以上的脉冲
    {
        trig1=1;
        delay_10us( );
```

```
        trig1 = 0;
}
void display_1602( )      //液晶刷屏显示
{
    /＊＊＊液晶的显示＊＊＊/
    for( num = 0;num<15;num++)  //刷屏
    {
    write_data( table[ num ] );
    delay( 1 );
    }
    write_com( 0x80+0x40);  //开始时第二行显示
    for( num = 0;num<15;num++)
    {
    write_data( table1[ num ] );
    delay( 1 );
    }
}
/＊＊＊＊＊＊＊水位控制＊＊＊＊＊＊＊/
void In ( )
{
if( w1 = = 0) dj = 1;
    if( w1 = = 1)
       {
           if( w2 = = 1)
               while( w1 = = 1)
               dj = 0;
               dj = 1;
       }
}
/＊＊＊＊＊＊＊主程序＊＊＊＊＊＊＊/
void main( )
{
    init_lcd( );
    init( );
    trig = 0;
    trig1 = 0;
    display_1602( );
    while(1)
```

```
            {
                trig_init( ) ;
                test( ) ;
                trig_init1( ) ;
                test1( ) ;
                display_2( ) ;
            }
    }
    void timer( ) interrupt 1
    {
    }
```

参考文献

[1]谭浩强．C 程序设计[M]．北京:清华大学出版社,2000.

[2]徐爱钧．单片机高级语言 C51 应用程序设计[M]．北京:电子工业出版社,2000.

[3]徐爱钧．单片机原理与应用:基于 Proteus 虚拟仿真[M].3 版．北京:电子工业出版社,2014.

[4]李林功．单片机原理与应用:基于实例驱动和 Proteus 仿真[M]．北京:科学出版社,2011.

[5]牛军．MCS-51 单片机技术项目驱动教程(C 语言)[M]．北京:清华大学出版社,2015.

[6]徐爱均．Keil C51 单片机高级语言应用编程技术[M]．北京:中国工信出版集团,2016.

[7]张东阳．单片机原理与应用系统设计[M]．北京:清华大学出版社,2017.

[8]宋雪松．手把手教你学 51 单片机(C 语言版)[M]．北京:清华大学出版社,2014.

参
考
文
献

附录一　ASCII 码表

二进制	十进制	十六进制	图形	二进制	十进制	十六进制	图形	二进制	十进制	十六进制	图形
0010 0000	32	20	（空格）	0100 0000	64	40	@	0110 0000	96	60	`
0010 0001	33	21	!	0100 0001	65	41	A	0110 0001	97	61	a
0010 0010	34	22	"	0100 0010	66	42	B	0110 0010	98	62	b
0010 0011	35	23	#	0100 0011	67	43	C	0110 0011	99	63	c
0010 0100	36	24	$	0100 0100	68	44	D	0110 0100	100	64	d
0010 0101	37	25	%	0100 0101	69	45	E	0110 0101	101	65	e
0010 0110	38	26	&	0100 0110	70	46	F	0110 0110	102	66	f
0010 0111	39	27	'	0100 0111	71	47	G	0110 0111	103	67	g
0010 1000	40	28	(	0100 1000	72	48	H	0110 1000	104	68	h
0010 1001	41	29	)	0100 1001	73	49	I	0110 1001	105	69	i
0010 1010	42	2A	*	0100 1010	74	4A	J	0110 1010	106	6A	j
0010 1011	43	2B	+	0100 1011	75	4B	K	0110 1011	107	6B	k
0010 1100	44	2C	,	0100 1100	76	4C	L	0110 1100	108	6C	l
0010 1101	45	2D	−	0100 1101	77	4D	M	0110 1101	109	6D	m
0010 1110	46	2E	.	0100 1110	78	4E	N	0110 1110	110	6E	n
0010 1111	47	2F	/	0100 1111	79	4F	O	0110 1111	111	6F	o
0011 0000	48	30	0	0101 0000	80	50	P	0111 0000	112	70	p
0011 0001	49	31	1	0101 0001	81	51	Q	0111 0001	113	71	q
0011 0010	50	32	2	0101 0010	82	52	R	0111 0010	114	72	r
0011 0011	51	33	3	0101 0011	83	53	S	0111 0011	115	73	s
0011 0100	52	34	4	0101 0100	84	54	T	0111 0100	116	74	t
0011 0101	53	35	5	0101 0101	85	55	U	0111 0101	117	75	u
0011 0110	54	36	6	0101 0110	86	56	V	0111 0110	118	76	v
0011 0111	55	37	7	0101 0111	87	57	W	0111 0111	119	77	w

二进制	十进制	十六进制	图形	二进制	十进制	十六进制	图形	二进制	十进制	十六进制	图形
0011 1000	56	38	8	0101 1000	88	58	X	0111 1000	120	78	x
0011 1001	57	39	9	0101 1001	89	59	Y	0111 1001	121	79	y
0011 1010	58	3A	:	0101 1010	90	5A	Z	0111 1010	122	7A	z
0011 1011	59	3B	;	0101 1011	91	5B	[	0111 1011	123	7B	{
0011 1100	60	3C	<	0101 1100	92	5C	\	0111 1100	124	7C	|
0011 1101	61	3D	=	0101 1101	93	5D	]	0111 1101	125	7D	}
0011 1110	62	3E	>	0101 1110	94	5E	^	0111 1110	126	7E	~
0011 1111	63	3F	?	0101 1111	95	5F	_				

附录一 ASCII码表

附录二   Proteus 常用器件查找代码

AND	与门	NOT	非门
ANTENNA	天线	NPN NPN	三极管
BATTERY	直流电源	NPN-PHOTO	感光三极管
BELL	铃,钟	OPAMP	运放
BVC	同轴电缆接插件	OR	或门
BRIDEG 1	整流桥(二极管)	PHOTO	感光二极管
BRIDEG 2	整流桥(集成块)	PNP	三极管
BUFFER	缓冲器	NPN DAR NPN	三极管
BUZZER	蜂鸣器	PNP DAR PNP	三极管
CAP	电容	POT	滑线变阻器
CAPACITOR	电容	PELAY-DPDT	双刀双掷继电器
CAPVAR	可调电容	RES1.2	电阻
COAX	同轴电缆	RES3.4	可变电阻
CON	插口	RESPACK	电阻
CRYSTAL	晶振	SCR	晶闸管
DB	并行插口	PLUG	插头
DIODE	二极管	PLUG AC FEMALE	三相交流插头
DPY_3-SEG	3 段 LED	SOCKET	插座
DPY_7-SEG	7 段 LED	SOURCE CURRENT	电流源
ELECTRO	电解电容	SOURCE VOLTAGE	电压源
FUSE	熔断器	SPEAKER	扬声器
INDUCTOR	电感	SW	开关
INDUCTOR3	可调电感	SW-DPDY	双刀双掷开关
JFET N	N 沟道场效应管	SW-SPST	单刀单掷开关
JFET P	P 沟道场效应管	SW-PB	按钮
LAMP	灯泡	THERMISTOR	电热调节器
LAMP NEDN	启辉器	TRANS1	变压器
LED	发光二极管	TRANS2	可调变压器
METER	仪表	TRIAC	三端双向可控硅
MICROPHONE	麦克风	TRIODE	三极真空管
MOSFET MOS	管	VARISTOR	变阻器
MOTOR AC	交流电机	ZENER	齐纳二极管
NAND	与非门	DPY_7-SEG_DP	数码管
NOR	或非门	SW-PB	开关

7407	驱动门	VOLTMETER	伏特计
1N914	二极管	VTERM	串行口终端
74Ls00	与非门	INDUCTORS	变压器
74LS04	非门	AERIAL	天线
74LS08	与门	CRYSTAL	晶振
74LS390 TTL	双十进制计数器	METER	仪表
ALTERNATOR	交流发电机	RESISTORS	各种电阻
BATTERY	电池/电池组	ANALOG ICS	模拟电路集成芯片
BUS	总线	LED-RED	红色 LED
CAP	电容	CAPACITORS	电容集合
CAPACITOR	电容器	CONNECTORS	排座
CLOCK	时钟信号源	MOTOR SERVO	伺服电机
CRYSTAL	晶振	RESISTOR BRIDGE	桥式电阻
D-FLIPFLOP D	触发器	AMMETER-MILLI MA	安培计
FUSE	保险丝	VOLTMETER-MILLI MV	伏特计
GROUND	地	ELECTROMECHANICAL	电机
LAMP	灯	LAPLACE PRIMITIVES	拉普拉斯
MOTOR	马达	TRANSISTORS	晶体管
OR	或门	DEBUGGING TOOLS	调试工具
POT-LIN	三引线可变电阻器	CAPACITOR POL	极性电容
POWER	电源	CIRCUIT BREAKER	熔断丝
RES	电阻	DIODE	二极管
RESISTOR	电阻器	INDUCTOR IRON	铁芯电感
SWITCH	按钮	ANALYSER	分析器
SWITCH-SPDT	二选通按钮	LOGICPROBE	逻辑探针